LBS 中位置隐私保护：模型与方法

李兴华　程庆丰　雒　彬　刘　海　马建峰　著

科学出版社
北　京

内 容 简 介

基于位置的服务为人们生活带来便利的同时，也带来了位置与轨迹泄露的风险。本书针对 LBS 中的隐私泄露问题，对存在的隐私保护需求与挑战展开研究，分别对现有集中式架构、分布式架构和独立式架构下位置隐私保护与轨迹隐私保护呈现的问题进行探讨，同时，对 LBS 在查询过程中涉及的隐私威胁给出具体的解决方案。本书是作者多年承担项目的成果总结，详尽分析 LBS 下的各类隐私保护问题，并对 LBS 未来的发展进行展望。

本书既可作为网络安全、计算机、物联网和电子商务等专业本科生与研究生学习的参考用书，还可供相关专业的教学人员、科研人员和从业者参考。另外，本书还可作为隐私保护方面的科普读物，供社会各界人士阅读。

图书在版编目（CIP）数据

LBS 中位置隐私保护：模型与方法/李兴华等著. —北京：科学出版社，2021.2

ISBN 978-7-03-067163-9

Ⅰ. ①L… Ⅱ. ①李… Ⅲ. ①地理信息系统-安全技术-研究 Ⅳ. ①P208

中国版本图书馆 CIP 数据核字(2020)第 247836 号

责任编辑：宋无汗 / 责任校对：郭瑞芝
责任印制：张 伟 / 封面设计：陈 敬

科学出版社 出版
北京东黄城根北街 16 号
邮政编码：100717
http://www.sciencep.com
北京中石油彩色印刷有限责任公司 印刷
科学出版社发行 各地新华书店经销
*
2021 年 2 月第 一 版 开本：720 × 1000 B5
2021 年 2 月第一次印刷 印张：16
字数：323 000

定价：128.00 元

（如有印装质量问题，我社负责调换）

前　言

进入 21 世纪以后，随着空间定位技术和移动互联网的迅速发展，一种新的信息服务方式——基于位置的服务(LBS)应运而生，并迅速渗透到了人们生活的方方面面。例如，信息检索类软件，如美团、大众点评、携程旅行、去哪儿旅行等可以为人们搜索指定区域内的美食、酒店、娱乐场所等感兴趣的内容；出行类软件，如高德地图、滴滴出行、美团打车司机等可以为人们规划出行路线并提供精确的导航服务；社交类软件，如微信、陌陌、探探等可以让人们基于自身的实时位置查看周围的地理社交信息，包括发现附近的用户，拓展朋友圈；运动类软件，如 Keep、悦跑圈等可以记录人们的运动路径、距离等信息，为检测运动和健康情况提供参考依据。

然而，LBS 在为人们的衣食住行带来极大便利的同时，就百利而无一害吗?显然不是，任何事物都具有两面性。人们在使用 LBS 时，需要暴露自己的位置信息，而位置信息本身是隐私的一部分，尤其是与时间和空间相互关联，因此，必然涉及个人隐私的泄露问题。具体而言，在 LBS 应用中，用户会将自己的位置发送给位置服务提供商(LSP)，LSP 可能会收集并滥用用户提供的位置信息，从而非法获取相应的隐私信息。隐私泄露按照程度的不同，可分为以下三类：①获取发起 LBS 请求用户最原始的位置；②得到位置信息后，利用观察、推理等技术探究用户的隐私信息；③结合外部资源，如社交网络，进一步对用户的隐私信息进行更深层次的挖掘。

为了解决 LBS 中的位置信息泄露所带来的种种问题，许多位置隐私保护方法相继被提出。本书第 1 章总结现有位置隐私保护机制，介绍轨迹发布以及 LBS 在查询过程中涉及的各项问题。第 2～6 章主要对位置隐私保护方案进行研究。第 7、8 章探讨现有轨迹隐私保护存在的问题。第 9、10 章则对 LBS 在查询过程中涉及的隐私问题加以讨论。三部分内容分别介绍采用集中式架构、分布式架构和独立式架构的解决方案。读者可以依据自己的兴趣参考相应的章节。第 11 章对研究内容进行了总结与展望。

作为国内较早展开位置隐私保护研究的团队之一，作者团队已关注位置隐私保护领域多年，承担的国家自然科学基金项目：面向服务的移动通信用户隐私保护体系架构及关键技术(U1708262)、车联网信息检测与安全防护关键技术研究(U1736203)和面向边缘计算环境的新型认证与密钥协商机制研究(61872449)均对此展开探究。本书的主体内容为团队多年来的科研成果总结，拥有独立知识产权，理论性和创新性较强，学术价值较高。相信本书的出版将为相关领域研究人员和技术人员提供有价值的参考。

感谢在撰写本书过程中提供帮助的张曼、任彦冰、刘坤、王运帷、任哲、刘佼等团队全体成员。

限于作者水平和时间，书中不妥之处在所难免，欢迎读者批评指正。

目　录

第1章 绪 论

1.1 背 景

基于位置的服务(location-based service，LBS)是什么？简言之，LBS是一种信息服务，是在地理信息系统平台的支持下，为用户提供相应服务的一种增值业务。在如今的社交网络中，作为娱乐或安全信息的重要组成，LBS有许多用途，可通过移动网络与移动设备实现。

主流的看法是LBS起源于紧急呼叫服务。这里需要讲述一个不幸的故事，1993年11月，美国一个叫作詹尼弗·库恩的女孩遭绑架之后被杀害。在这个过程中，库恩曾用手机拨打了911电话，但是911呼救中心无法通过手机信号确定她的位置。由于这个事件，美国联邦通信委员会(Federal Communications Commission，FCC)在1996年推出了一个行政性命令E911，要求强制构建一个公众安全网络，即无论在任何时间和地点，都能通过无线信号追踪到用户的位置。FCC要求在2001年10月1日前，各种无线蜂窝网络系统必须能提供精度在125m内的定位服务，而且满足此定位精度的概率不能低于67%，并且在2001年以后，提供更高的定位精度和三维位置信息，这就是LBS的雏形。随后，在定位技术和通信技术的双重推动下，西欧和东亚等地区的国家相继推出了各具特色的商用位置服务，如美国的Sprint和Verizon Wireless、加拿大的Bell Mobility、日本的NTT DoCoMo和KDDI、韩国的SKT和KTF。许多国家以法律的形式颁布了对移动位置服务的要求。

在过去几十年里，定位技术的长足发展，使得多样化的LBS应用出现在了人们的日常生活中。例如，1989～1994年部署的基于卫星的全球定位系统(global positioning system，GPS)已经广泛应用到移动设备上。用户位置的可用性促使过去的种种设想成为现实，如基于数字地理地图的自动导航、地理社交网络、根据给定的需求搜索位置等。

这里举两个例子。第一个例子是国外的Foursquare应用程序。Foursquare最早是一家基于用户地理位置信息的手机服务网站，鼓励手机用户同他人分享自己当前所在地理位置等信息。后期Foursquare发展成了一个应用程序，其根据用户的历史浏览记录和历史登记记录，提供围绕用户当前位置的个性化推荐，如图 1.1 所示。按照官方的说法，Foursquare 应用程序的 50%是地理信息记录工具，30%是社交分享工具，20%是游戏工具。

图 1.1　Foursquare 应用程序围绕用户当前位置的个性化推荐

Foursquare 可以被看作是一个真实版的大富翁游戏，参与的用户通过手机网络记录自己的足迹。当用户经常光顾某家酒店，并且每次都签到(check in)，就有可能获得星级用户的称号，或者用户经常四处游历，可能就会获得一个“冒险家”的徽章。Foursquare 当然不只地点签到这么简单，它最重要的功能是使用户知道其朋友在哪里、做什么事。

第二个例子是在我国市场占有率很高的高德地图，它是我国领先的数字地图内容、导航和位置服务解决方案提供商。高德地图提供了地图浏览、在线导航、出行查询等基本功能，如图 1.2 所示。

图 1.2　高德地图的基本功能展示

对于一款手机地图产品，位置查询与路线导航是其最基本的服务，也是用户最重视的功能。可以直接在高德地图应用程序的首页输入想要去的地名，然后其会基于用户的位置提供出行选项和出行路线。目前，高德地图还集成了打车、公交、骑行、步行等多种选项，为用户提供更好的使用体验。

以上是 LBS 应用的两个直观例子，下面介绍 LBS 技术的组成。图 1.3 显示了 LBS 技术的组成。使用先进的移动设备接入互联网和地理信息系统(global information system, GIS)使得移动互联网(mobile internet)和移动地理信息系统(mobile-global information system，Mobile-GIS)成为可能。同时，空间数据库在网络上的应用，促成了网页地理信息系统(web-global information system，Web-GIS)。这些技术的结合形成了 LBS，其基本系统架构如图 1.4 所示，包括移动设备、定位系统、位置服务提供商(location-based service provider，LSP)和通信网络。下面将详细地描述每个组件。

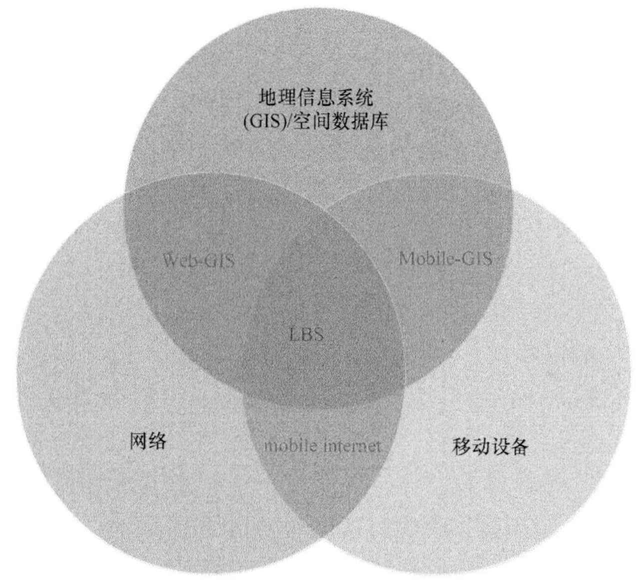

图 1.3 LBS 技术的组成

(1) 移动设备：它是移动用户携带的移动对象(mobile object，MO)，可以用来请求各种服务并向移动服务提供商发送所需的信息。如今，最普遍的移动设备是具有导航定位功能的智能手机。

(2) 定位系统：该系统允许移动设备在本地自动确定其位置。确定位置的方法有很多，如可以通过导航定位系统或移动无线电系统完成定位，其中移动无线电系统能确定移动用户所在的蜂窝网络，从而知晓移动用户的所在位置。

(3) LSP：可以根据用户移动设备提交的位置信息，为用户提供信息查询、

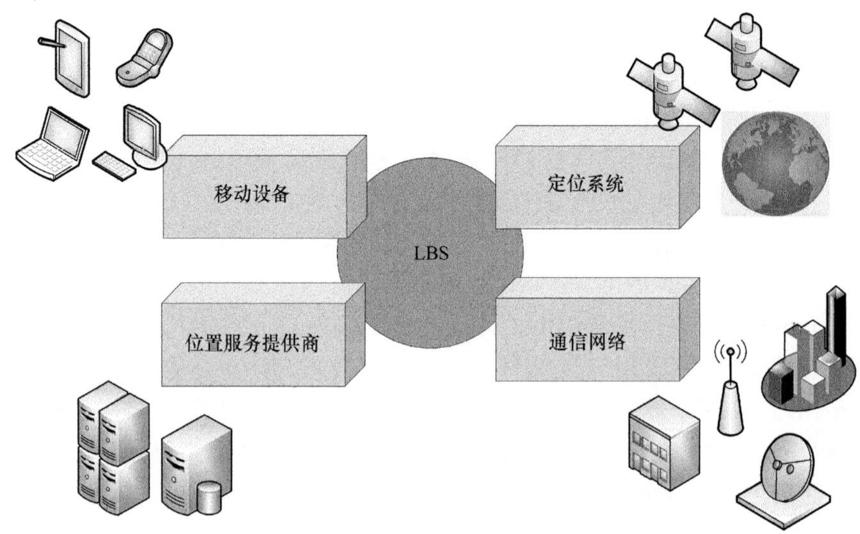

图 1.4　LBS 的基本系统架构

娱乐游戏等服务，包括信息资讯、路线规划、目标追踪、安全救援等。

(4) 通信网络：最后需要在系统组件之间建立一个通信网络，以便实现它们之间的信息交换。

LBS 利用移动用户的位置信息，为移动用户提供多种服务。目前，LBS 几乎覆盖了人们的日常生活。这里介绍几种典型的应用场景，分别是基于位置的兴趣点(point of interests，POI)检索服务、基于位置的精确导航服务、基于位置的社交网络服务和基于位置的运动检测服务。

(1) 基于位置的 POI 检索服务：一些主流的信息检索类软件，如美团、携程旅行、去哪儿旅行等都是基于位置的 POI 检索服务。用户可以在该类软件上搜索具体区域内感兴趣的内容，如美食、住宿和娱乐场所等。除了能看到相关的推荐内容外，还可以检索到其他用户的使用记录，如用户评价、使用体验等。这类服务通常是基于用户的单个孤立请求。

(2) 基于位置的精确导航服务：一些出行类软件，如高德地图、滴滴出行、美团打车司机等都是基于位置的精确导航服务。用户在使用该类服务时，需要持续地向服务商提供自身精确的实时位置信息，服务商根据这些信息规划用户的出行路线。

(3) 基于位置的社交网络服务：一些社交软件，如微信、陌陌、探探等都是基于位置的社交网络服务，提供了附近区域检索服务和签到服务。附近区域检索服务是指用户可以基于自身的实时位置查看周围的地理社交信息，如发现附近的用户，便于用户拓展朋友圈；签到服务是指用户可以在某个语义位置签到，服务提供商返回该位置附近的信息，并将该位置信息通知其朋友。通过这类软件，好友之间可以了解对方最近的生活状态，从中发现共同爱好。

(4) 基于位置的运动检测服务：一些运动软件，如 Keep、悦跑圈等都是基于位置的运动检测服务，用户在使用该类软件时可以统计步数(部分软件需配合智能手环使用)、记录跑步距离和路径等信息，为用户的运动和健康情况提供参考依据。在这类服务场景中，服务提供商可获得用户完整的运动轨迹。

以上四类基于位置服务的应用已经深入到了人们的日常生活中，为人们的衣食住行提供了极大的便利。除此之外，还有一些位置服务应用场景，如基于位置的广告推送服务、基于位置的游戏等。

总体而言，目前全球 LBS 市场正处于起步阶段，预计将以强劲的步伐扩张，吸引更多新企业的参与，加剧了竞争。因此，整合似乎是前进的方向。各公司已经在互相合作，改善产品供应，从而在市场上获得更稳固的立足。根据透明市场研究(Transparency Market Research)公司的一份报告[1]，2017～2025 年，全球 LBS 市场将以 19.9%的年复合增长率强劲增长。以这样的速度扩张，预计到 2025 年，LBS 市场价值将达到 997.7 亿美元。

1.2 LBS 中的安全和隐私威胁

人们在享受 LBS 带来便捷生活的同时，个人隐私安全信息也面临泄露的风险。对于应用 LBS 的用户而言，地理位置信息的公开会涉及个人隐私的问题。从位置信息中，可以分析出目标人物的住址、工作地点、生活习惯等。同时，研究发现人们的活动具有很强的规律性。因此，获得人们的位置信息不仅对人们当前时刻的隐私有所侵犯，而且对将来位置的预测也有很大的威胁。

国外学者通过大量实验证实了位置数据的泄露对用户造成的危害。例如，Ding 等[1]指出人们约 80%的日常生活信息与位置坐标有关。Montjoye 等[2]收集了约 150 万名用户在 15 个月内的移动轨迹，经过匿名化处理去除用户的身份标识后，建立了一个以小时为单位的用户位置数据库。他们发现，只需要 4 个位置坐标就可辨识出实验样本中约 95%的用户身份信息。随后，他们又收集了约 110 万名用户 3 个月内在商场的消费记录，同样经过匿名化处理去除用户的身份标识后，发现仍然只需要 4 个位置坐标就可识别出实验样本中约

1 Location Based Marking Service Market 2017-2025[EB/OL]. [2017-11-01]. https:www. transparencymarketresearch. com/location-based-marketing-services-market.html.

90%的用户身份信息[3]。具体而言，LBS 中的位置隐私泄露可以分为以下四类，如图 1.5 所示。

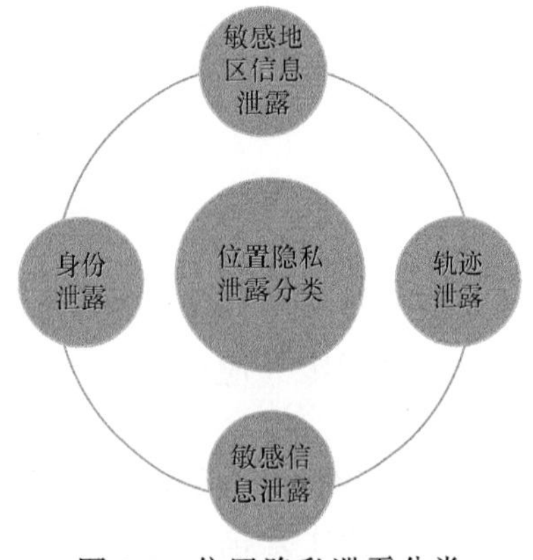

图 1.5　位置隐私泄露分类

1) 敏感地区信息泄露

当使用 LBS 时，LSP 可以方便地获知用户当前的位置信息。当用户处于一些敏感区域时，如国家军队驻扎地、军事基地或者战略导弹基地等，该区域中用户位置信息的泄露可能会威胁到社会的稳定和国家的安全。

例如，国外反动组织预先建立一个 LSP，让所有位于我国的间谍在该 LSP 上注册。当间谍到达敏感地区时，便可以使用类似于"签到"的业务在 LSP 上"签到"，将自己所在敏感地区的坐标传送给 LSP。如此一来，我国敏感地区的坐标便能轻易地被反动组织掌握，从而危害国家安全。

《解放军报》曾发表题为《外卖软件，关闭！》的文章并指出，手机打车、外卖等软件依赖的是 LBS 技术，该技术通常会在手机系统后台强制启动并进行定位。官兵们一旦发出预订信息，就会既暴露部队具体位置，又泄露个人身份信息。为警惕手机软件背后的黑手，规定严令禁止在有泄密隐患的情况下使用手机软件。

2) 轨迹泄露

目前有很多 LBS 并不是通过运营商提供的，如 Google 提供的 Geolocation API 服务。该服务要求终端应用按照 Google 所规定的格式，通过分组交换网向 Google 服务器发送导航定位结果(经纬度)、基站信息(包括 Cell-id、LAC、信号强度等)、Wi-Fi 接入信息(包括 MAC 地址、信号强度等)三者中的一个或多个至服务器中，经过计算再返回经纬度、海拔、精确度、地址等信息到手机中。在整个消息传递过程中，没有对消息的传输进行加密，这显然会使服务用户面临暴露自身位置及轨迹隐私的风险。2015 年 8 月英国《每日快讯》也发出警告，称任何用户(包括恐怖分子)均可利用名为"FlightRadar24"的位置服务软件实时获取英国女王日常乘坐直升机的飞行线路等。

LBS 的广泛应用，产生了大量与移动用户相关的轨迹数据。攻击者通过对用户的一些轨迹数据集进行分析和研究，不仅能够发现移动对象的即时位置，而且能够推断出用户曾经访问过的位置，或者分析出用户之后大概率会出现的位置。现实生活中已发生位置轨迹数据的泄露或发布而导致移动用户隐私或人身安全遭受威胁的事件。例如，美国某公司曾报道有人通过导航定位对朋友进行跟踪，进而实施人身攻击和打击报复的案例，说明了用户轨迹隐私的泄露会给生活带来恶劣影响[1]。

3) 身份泄露

可能存在一些恶意的攻击者根据所掌握的部分先验知识，通过对 LBS 产生的大量与用户相关的数据进行分析和推理，以较高的概率推断出用户的真实身份，导致用户的隐私和安全遭受威胁。

实际应用中，从服务请求信息中可以推断出用户的身份信息。例如，在用于近邻交友的服务中，用户上传个人数据和兴趣简介，攻击者可以从发送者的请求信息中获取发送者的位置，接着获取相应地区的人员名单，并结合用户上传的信息推断出用户的真实身份。

此外，假如不法分子已知某重要人物的住址后，建立一个 LSP，持续观察所有来自该住址的服务请求。若发现所有来自此处的服务请求都来自同一个用户，那么就可以断定该用户就是这位重要人物或者与其亲密的人，便可对该用户进行跟踪，威胁重要人物或与其亲密的人的安全。

又如某个人经常在清晨固定的时间从某地出发，在固定的时间到达另一地点，那么攻击者通过分析和研究，能够以很高的准确性推断出其身份信息。假设一个教授在工作日经常在居住地和大学之间进行往返并发起 LBS，那么结合查询行为，攻击者可以大致推测这是居住地和工作地两种位置类型，通过交叉比对居住在房子中和相应大学的人员名单，可以推断出该教授的身份信息。

4) 敏感信息泄露

用户的位置及轨迹数据通常包含了和移动用户相关的丰富信息，因而，现实生活中出现了很多对位置及轨迹数据集进行分析和挖掘的移动应用。与此同时，许多国家及研究所也增强了对轨迹数据集的研究强度。例如，美国政府曾经通过分析移动对象的导航定位行为数据对交通设施的情况进行检查，从而更新和优化，使得交通更加便利；有的公司通过分析公司员工的上下班轨迹，以提高员工的工作效率等。

但是，也有一些恶意的攻击者为了达到某些目的或进行某种攻击，在没有经过移动用户允许的情况下，对用户的位置及轨迹数据进行分析计算。不仅可以推测出用户的生活规律，包括上下班的时间及路线、兴趣爱好等，还可以获得用户的身份证号、家庭住址、工作地点、健康状况、政治背景或宗教信仰等敏感信息，导致用户的隐私泄露。例如，用户在参加政治游行时使用位置服务，那么攻击者可以将用户身份与其政治信仰联系起来；当用户在肿瘤医院发送 LBS 请求时，攻击者可推测出用户身体存在问题。当然，一次

1 Technobuzznet[EB/OL].[2017-07-25].https://www.youtube.com/watch?v=dlaZF0R1z8Q.

这样的位置请求信息可能说明不了什么问题，但是如果是多次这样的请求，从中获得的信息可以使推断更加可信。例如，一个人经常周末在教堂发起 LBS 请求，则可以推断出该人的宗教信仰；当用户经常在某小区发送 LBS 请求，可推测出用户的家庭住址在该小区。可将用户的隐私信息分为一般信息与敏感信息，如图 1.6 所示，这些信息均有被泄露的风险。

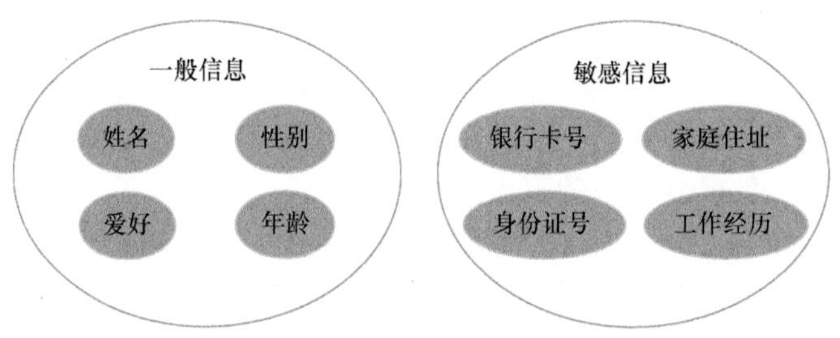

图 1.6　用户的隐私信息

综上所述，位置隐私威胁并不仅仅指位置信息的泄露，更重要的是在位置信息泄露后受到的与时间和空间相关的推理攻击。攻击者可以根据用户的位置信息推断出用户的个人隐私信息。因此，根据隐私泄露程度的不同，位置隐私面临的威胁可分为以下三种：①物理威胁，攻击者直接攻击传输网络或者服务器等物理设备获取用户最原始的位置信息；②推理威胁，攻击者在获得用户的位置信息后，利用观察、推理、挖掘等技术推断出用户的隐私信息；③联合攻击，攻击者在获得用户位置信息后联合用户使用的其他移动应用等外部资源，对用户隐私进行更深度地挖掘。例如，攻击者可以联合用户的社交网络信息来挖掘用户朋友的隐私信息。

显然，物理威胁只涉及用户的物理位置信息；推理威胁会危及用户的个人身份信息；联合攻击则影响到了用户的整个生活环境。位置信息的泄露是导致以上威胁的根本原因。

1.3　现有位置隐私保护机制

现有位置隐私保护机制可大致分为以下几类，如图 1.7 所示。下面将分别对这几类机制给出简要说明。

1. 基于 K 匿名的位置隐私保护机制

根据是否依赖可信第三方(即匿名服务器)，现有的基于 K 匿名的位置隐私保护机制可分为需要匿名服务器的集中式 K 匿名位置隐私保护机制和无需匿名服务器的分布式 K 匿名位置隐私保护机制。

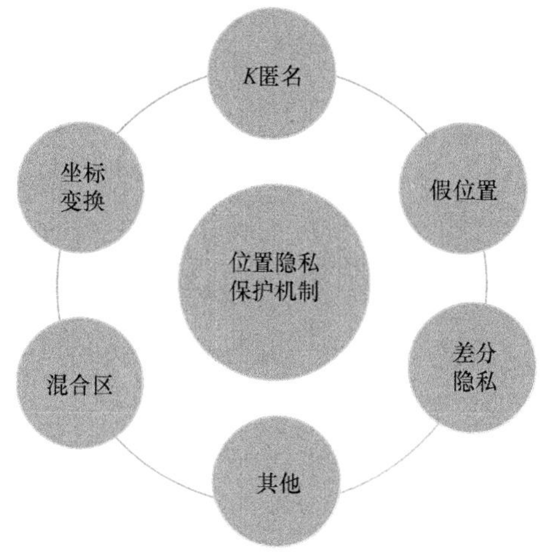

图 1.7 现有的位置隐私保护机制

1) 集中式 K 匿名位置隐私保护机制

集中式 K 匿名位置隐私保护机制最早是由 Gruteser 等[4]提出。在他们的方案中，当用户发送 LBS 请求时，首先将自己的真实位置连同查询内容发送给一个可信第三方(即匿名服务器)，然后匿名服务器选取其他 $K-1$ 个用户的真实位置构造出匿名区，最后将该匿名区连同请求用户的查询内容一同发送给 LSP，使得 LSP 难以从匿名区中识别出请求用户的真实位置。Mokbel 等[5]从服务质量和隐私安全两个角度对 Gruteser 等的方案进行改进，提出了 Casper 方案，即若当前节点不满足 K 匿名，则按照兄弟节点、父节点的顺序依次进行检索，直至满足隐私需求。此外，他们还提出了最小匿名区面积 $A_{\min}$ 的概念，使用户隐私安全性增强。Gedik 等[6]同样指出当生成的匿名区较小时，LSP 能以较大概率推测出请求用户的真实位置。在 Gedik 等的方案中，类似的，用户不再提交自己的真实位置给匿名服务器，取而代之的是提交一个经过泛化的区域，并且匿名服务器在挑选其余用户的真实位置时，应确保这些用户的真实位置并不位于请求用户提交的泛化区域中。然而，Yiu 等[7]和 Chow 等[8]研究发现若提交的匿名区过大，不仅会导致服务质量降低，而且 LSP 也可能利用差异攻击缩小匿名区，乃至直接推测出用户的真实位置。因此，他们通过让用户指定形成的匿名区面积大小的方法来保护请求用户的位置隐私。此外，为提高匿名成功率，降低匿名服务器的计算开销，Bamba 等[9]提出利用四叉树结构的根结点存储当前请求用户的真实位置，叶子结点存储其余用户的位置信息。通过该方法，自顶向下地遍历四叉树结构即可为请求用户快速构造出匿名区。Poolsappasit 等[10]指出当参与匿名区构造时，不同用户的隐私保护需求有所差别。因此，他们认为在构造匿名区时，匿名服务器应将具有相同隐私保护需求的用户形成群组，为这些用户构造相同的匿名区。Wang 等[11]则考虑了基于熵和基于差分隐私特征的两种隐私度量，提出了一个概率框架来启动基于 K 匿名的位置隐私保护机制。所提方案中设计了最大化预期熵(maximal expected entropy，MEE)和最小化预期比率(minimal expected ratio，MER)两种算法，分别采用最大化基于熵的隐私度量和最小化差异隐私行为的隐私度量对用户的查询兴趣进行划分，并据此生成查询报告。

上述研究仅考虑了用户单次查询时匿名区的构造，但是在现实生活中，用户可能会频繁地发送 LBS 查询。如果直接使用集中式 K 匿名位置隐私保护机制，LSP 可通过求交集攻击缩小匿名区，乃至识别出请求用户的真实位置。为解决上述问题，Xu 等[12]通过查找包含相同 $K-1$ 个其他用户的方法，为频繁查询的用户构造匿名区，保护其位置隐私。但是该方案存在匿名区爆炸式增大，从而降低服务质量的缺陷。因此，Pan 等[13]通过预测用户未来发送 LBS 请求的位置，在连续查询的最初时刻为所有请求生成统一匿名区的方法，保护用户的位置隐私。然而，一旦用户在预定/预测位置之外发送 LBS 查询，该机制便不能有效保护用户的位置隐私。为了解决该问题，Pan 等又提出利用其他用户的历史足迹为用户的连续查询构造匿名区。Xu 等[14]提出了访问频度的概念，在寻找共同用户时，通过确保区域内用户的访问频度不低于公共区域的访问频度来保护用户的隐私。Wang 等[15]为减少计算开销，实现快速匿名，在四叉树结构的基础上提出位置感知的位置隐私保护(location aware location privacy protection，L2P2)算法，该算法自底向上构造匿名区，不仅保证参与匿名的用户数大于 K，同时增加了共同用户的个数。Hasan 等[16]将匿名区划分为网格，并引入匿名服务器来记录每个网格包含用户数量的表格。当用户发起 LBS 查询时，若用户所在网格包含了至少 K 个用户，则直接将当前网格所覆盖的区域发送给 LSP；否则，在表格中逐个查询与当前网格相邻的网格，直至用户总数超过 K 为止。Mouratidis 等[17]提出基于道路网络的互惠性方案。在现实生活中，大多数用户在前往兴趣点时是在道路上移动，因此，不同于以往方案中所使用的欧氏距离，他们提出基于网络的距离，如在城市中前往某个兴趣点过程中消耗的时间等。该方案将区域内道路编号并记录在树形结构中，区域内用户以 K 值划分为若干分组。当用户发起 LBS 查询请求时，其当前分组中所有用户所在的道路段集合将被发送给 LSP。Kim 等[18]则将传统的道路网络转换为星形网络，其中每个星节点至少包含三条道路。之后，利用希尔伯特曲线遍历星形网络中的每一个星节点，再对其进行划分，使得每个匿名区都包含了至少 K 个用户，且匿名区满足互惠性。

然而在现实环境中，上述方案依赖的完全可信的第三方匿名服务器难以找到；并且，引入可信第三方还会导致请求用户与第三方之间存在通信瓶颈，

降低了集中式 K 匿名位置隐私保护机制的实用性。

2) 分布式 K 匿名位置隐私保护机制

分布式 K 匿名位置隐私保护机制最早由 Chow 等[19]提出，其基本思想是请求用户利用点对点通信方式获取至少 $K-1$ 个协作用户的真实位置构造匿名区。然而，在 Chow 等的方案中，请求用户和协作用户需要拥有两个独立的通信网络，分别用于匿名区协同构造通信和 LBS 查询通信，极大地降低了该机制的实用性。Ghinita 等[20]利用 Hibert 曲线将请求用户和协作用户的位置信息从二维空间映射至一维空间，并将每个用户的一维位置信息存储于 B+树中，使得请求用户可快速获取相邻协作用户的真实位置来构造匿名区。但是，当协作用户较多时，请求用户需从 B+树的根节点进行检索，从而增大请求用户的计算开销。为了解决该问题，Ghinita 等[21]又利用环形结构替代 B+树结构存储所有用户的一维位置，使得请求用户可快速查找相邻用户以构造匿名区。Sun 等[22]将网络中所有用户的真实位置进行分类，使得请求用户构造出的匿名区中不仅包括至少 $K-1$ 个其他协作用户的真实位置，而且协作用户真实位置的类型也要与请求用户真实位置的类型一致。许明艳等[23]指出在分布式环境中，请求用户难以获知协作用户位于区域的人群密度。一旦请求用户采用位于人群密度较为稀疏区域内的协作用户提供的位置信息来构造匿名区时，LSP 能利用人流量缩小匿名区。因此，他们设计了一个基于密度的分布式 K 匿名位置隐私保护机制。

当请求用户未收到 $K-1$ 个协作用户发送的位置信息时，上述机制均通过提高点对点通信跳数的方法来获取更多协作用户提供的位置信息。随着通信跳数的不断增多，将增加网络传输延迟，加重网络通信负担。为了解决该问题，Chow 等[24]提出利用协作用户的历史位置来构造匿名区。在 Chow 等的方案中，请求用户在进行每次 LBS 查询后，均会将所采用的协作用户的位置信息进行存储。若下次构造匿名区时获得的协作用户数量不满足其位置隐私保护需求，可直接利用历史位置信息构造匿名区。为了进一步降低请求用户的存储开销，Kim 等[25]采用 Hibert 曲线对历史协作用户的位置信息进行降维处理，并利用构造出的匿名区的信息熵来度量请求用户的位置隐私保护等级，提出了一个基于网格的分布式 K 匿名位置隐私保护方案。Peng 等[26]通过让请求用户发送虚假协作请求来获取协作用户的真实位置，并将获得的位置信息存入缓存中。当请求用户要发送真实查询时，直接利用缓存中存取的位置信息构造匿名区。Zhang 等[27]同样利用缓存信息，提出了一个基于多级缓存和空间 K 匿名(caching and spatial K anonymity)的增强隐私保护方案。在该方案中，当用户发送连续 LBS 请求服务时，首先依次查询本地客户端、邻居用户及可信匿名服务器，若用户能从这些缓存中得到所需结果，则不需要与 LSP

交互，这也就意味着用户无需将任何信息暴露给 LSP。若用户没有得到所需结果，则由匿名服务器利用马尔科夫模型根据用户移动性预测下一查询位置，并根据预测位置、单元缓存贡献率及数据新鲜性选择 K 个单元，构造一个包含 K 个单元的匿名区。除采用历史协作用户的位置信息外，Zhong 等[28]、Takabi 等[29]结合现有的移动通信基础设施，分别提出两个基于区域感知的分布式 K 匿名位置隐私保护方案。其基本思想均是让请求用户随机构造匿名区，通过向移动通信运营商询问该区域内包含的其他用户数量来确定该匿名区是否满足请求用户的隐私保护需求。然而，这两个方案均不能抵抗来自移动通信运营商和 LSP 的合谋攻击。Che 等[30]通过让网络中所有用户主动发送自己的真实位置以及自己周围邻居的位置信息表的方法，提出了一个双向主动的分布式 K 匿名位置隐私保护方案，确保请求用户可获得满足其隐私保护需求的协作用户真实位置数量来构造匿名区。Zhang 等[31]在分布式环境下实现了互惠性，将用户划分为 ROAMER、FOLLOWER、LEADER 和 END 四种状态，并根据用户当前状态进行相应的交互。为避免构造的匿名区之间产生重叠，他们规定无论是请求用户发起协作请求或是协作用户对请求用户进行应答，都需先将自己锁定，在锁定期间用户将无法与当前交互用户之外的其他用户进行交互。近年来，王涛春等[32]在考虑位置隐私的同时，还考虑了用户的数据隐私，他们提出一种基于 K 匿名的位置及数据隐私保护方案。该方案采用基于多方安全合作的方法来构造一个包含 K 个互相没有任何连接的用户的等价类，以保证参与用户的位置隐私。同时，采用数据迭代的方法，使数据在等价类中进行迭代，直到最后一个用户将所有数据上传到服务器，从而确保参与用户数据的隐私性。这种方法不仅能保护用户的位置隐私及数据隐私，还能降低服务器及用户设备的开销。

Yang 等[33]指出原有的分布式 K 匿名位置隐私保护机制均假设协作用户会提供自己真实的位置给请求用户。然而，在现实环境中，用户都是自利的。若请求用户直接使用分布式 K 匿名位置隐私保护机制，将难以成功地构造出匿名区。因此，他们利用单轮密封式双重拍卖机制允许多个请求用户通过拍卖的方式获取协作用户的真实位置，从而有效地激励网络中的所有用户都参与到匿名区的构造。但是，当请求用户的真实位置过于敏感时，请求用户难以拍卖到满足其隐私保护需求的协作用户位置数量来构造匿名区。为了解决该问题，Zhang 等[34]利用贪心算法设计了一个“中标”判定规则，使得所有请求用户均能获得满足其隐私保护需求的协作用户位置数量来构造匿名区。Fei 等[35]提出了一种用户分组的方案，他们将查询概率相似的用户划分为相同的组并相互匿名，组中任一用户可充当代理，负责构造 $K-1$ 个假位置，连同自身的真实位置构造匿名区，并向 LSP 发送查询请求。随后同一组中的其他用户可以搜索其缓冲区，获取匹配的数据。该方案同样利用拍卖机制来确定每个用户对其组内代理的补偿金额，以此激励组内用户担任代理。此外，Gong 等[36,37]指出为更好地保护请求用户的位置隐私，请求用户与协作用户在参与匿名区构造时应更换使用的假名。为激励协作用户更换假名，他们将参与匿名区构造的请求用户和协作用户视为一类特殊的社会群体，基于群体用户间的社会关系，通过最大化群体收益，激励协作用户在参与匿名区构造时更换假名。

2. 基于假位置的位置隐私保护机制

基于假位置的位置隐私保护机制最早是由 Kido 等[38,39]提出的，其基本思想是在发送 LBS 请求时，用户首先生成大量的假位置，然后将这些假位置连同自己的真实位置一起发送给 LSP，从而避免 LSP 识别出自己的真实位置。他们提出了两种假位置生成算法：第一种是随机生成算法，在用户真实位置周围随机地生成假位置；第二种是基于区域密度的假位置生成算法，仅在人群较为集中的区域生成假位置。然而，当采用上述算法为用户生成假位置时，会出现生成的假位置都集中在某一区域的情形，从而不能有效地混淆用户的真实位置。为解决上述问题，Lu 等[40]将位置分散度的概念引入到假位置生成过程中，使得用户生成的各个假位置与其真实位置间的距离尽可能地远。Suzuki 等[41]指出当生成的假位置与用户的真实位置过于分散时(如不在同一城市或乡镇区域时)，LSP 仍能识别出某些假位置。因此，他们利用生成的假位置与用户的真实位置构成的区域面积大小来度量所生成假位置的合理性。

但是，上述基于假位置的位置隐私保护机制均忽略了 LSP 所拥有的背景知识，如城市地图信息。一旦 LSP 拥有城市地图信息，使用上述机制时生成的假位置(如位于湖泊中心或地铁轨道上)就能被 LSP 轻易地识别出来。对此，Niu 等[42]将信息查询熵引入到假位置生成中。他们认为在生成假位置时应遵循如下原则：首先应确保用户在每个假位置上发送 LBS 查询的频次与用户真实位置上发送 LBS 查询的频次尽可能相等，再考虑位置间的分散度。此外，Niu 等[43]还指出如果用户在同一位置频繁地发送 LBS 查询，原有的基于假位置的位置隐私保护机制均不能有效地保护用户的真实位置。造成该问题的根本原因是在这些机制中，假位置是随机生成的，使得 LSP 可通过查找多次查询时所发送的位置集合间的交集，来识别出某些假位置，甚至直接识别出用户的真实位置。因此，他们利用无线网络接入点来存储用户的历史查询结果，避免用户在同一位置频繁地发送 LBS 请求。Chen 等[44]指出在使用假位置来保护用户的位置隐私时，还应考虑其他客观因素(如时间)对假位置的影响(如在早上 6 点发送 LBS 请求时，应避免生成位于娱乐场所的假位置)。

Zhang 等[45]将图论引入基于假位置的位置隐私保护机制的研究中，把实际路网划分成互不重叠的 Voronoi 图用于生成假位置，确保用户提交的位置集合位于不同的子图区域中，从而抵抗单一路段攻击[46]。Hayashida 等[47]指出当用户连续发送 LBS 时，其移动状态会随时发生改变。因此，他们首先结合用户移动状态生成相邻查询时间间隔可达的假位置，并对用户在位于某些敏感度较高的位置时发送的 LBS 查询，采用延时发送的方法，从而保护连续查询时用户的位置隐私。近年来，Kang 等[48]借鉴假位置的概念，提出了一款新颖的定位隐私保护移动应用 MoveWithMe，它不仅可以在用户使用 LBS 时自动生成假位置，还将生成虚假查询，从而隐藏真实用户的位置和意图。Ma 等[49]则将 LBS 用户隐私保护需求和社交需求相结合，提出了可扩展和社交友好的隐私感知的位置服务(scalable and social-friendly privacy-aware location-based service，SSPA-LBS)系统，该系统可动态调节用户的需求。在具体请求服务时，用户将生成伪装点(即假位置)，并可以通过控制伪装范围与伪装类型这两个参数控制泄露位置隐私的程度，据此提出了一种可靠的位置访问控制机制。此外，梁慧超等[50]指出生成假位置时应确保各假位置周围的兴趣点不重合，从而降低查询开销。夏兴有等[51]则提出当用户享受 LBS 时，无需发送自己的真实位置，而是发送多个由真实位置偏移后得到的假位置给 LSP，从而保护用户的位置隐私。

3. 基于坐标变换的位置隐私保护机制

基于坐标变换的位置隐私保护机制[52]的基本思想是当用户享受LBS时，不需要发送自己的真实位置给 LSP，而是发送一个平移自己真实位置得到的假位置(称为锚点)，通过降低提交的位置坐标精度来保护自己的隐私。Ardagna 等[53]指出当用户随机生成一个锚点用于兴趣点查询时，生成的锚点可能与真实位置相距甚远，使得用户获得的查询结果毫无意义。为了解决该问题，他们让用户不仅仅发送一个锚点，而是发送由多个锚点组成的模糊区域给 LSP，确保用户最终能获得准确的查询结果。Yiu 等[54]对群组查询中的位置隐私保护机制进行研究，指出当群组中的不同用户具有不同的隐私保护需求时，若这些用户生成的锚点互不相同，就使得 LSP 可通过求交集攻击缩小用户提交的模糊区域。因此，他们首先将城市区域划分成互不重叠的子区域，随后在每个子区域中生成固定的锚点，并通过为用户指定可使用的锚点，使得：①具有相同隐私保护等级的用户提交的模糊区域相同；②具有不同隐私保护等级的用户提交的模糊区域互不重叠。然而，在使用该机制时，LSP 能利用模糊区域形状从模糊区域中识别出锚点，从而推测出请求用户的真实位置。为了解决该问题，Li 等[55]首先让用户生成若干模糊区域，并对这些模糊区域进行扭曲和变形，从而打乱原模糊区域的几何图形，避免 LSP 利用统计学攻击和交集攻击缩小模糊区域，识别出锚点，从而推测出用户的真实位置。

但是，当 LSP 拥有某些背景知识(如用户的无线通信信号强度等)，上述方案所生成的模糊区域提交给 LSP 后，其能利用背景知识有效地缩减模糊区域，识别出锚点。为了解决该问题，Luo 等[56]认为可由可信的移动通信运营商来为用户进行位置坐标变换，使得生成的锚点均为用户所属蜂窝网络中的移动通信发射塔所在位置。Damiani 等[57]发现若用户只提交锚点给 LSP，生成的锚点应与用户真实位置的属性尽可能相异(如用户的真实位置是医院，应避免生成的锚点位置也是医院)，才能有效保护用户的位置隐私。除了考虑单个位置的模糊化外，Ghinita 等[58]从用户移动轨迹出发，所提方案在降低位置精度的同时，还降低了与位置相关时间信息的精度，以抵抗最大速度攻击或背景知识攻击。Ardagna 等[59]认为在为用户生成锚点时还应考虑各锚点的使用频次，避免生成某些不合理的锚点(如位于河流中心和山峰上)。此外，还根据用户的真实位置，采用 Laplace 变换生成锚点，防止 LSP 获取锚点后推测出用户的真实位置。为了抵御地图匹配攻击，Ardagna 等提出了基于用户出现在地图上的分布概率选择模糊区域的地面空间感知(landscape-aware)模糊方法。

然而，上述基于坐标变换的位置隐私保护机制并不适用于用户连续发送 LBS 查询的场景。为了解决该问题，Kachore 等[60]利用正交矩阵为用户连续查询时的真实位置进行坐标变换，生成锚点，从而抵抗 LSP 的推测攻击。Li 等[61]指出在保护用户连续查询中的位置隐私时，应确保生成的锚点具有的时间属性与真实位置具有的时间属性相似。除此之外，Takbiri 等[62]还探讨了生成的模糊区域面积大小对位置隐私保护等级的影响。

整体而言，在基于坐标变换的位置隐私保护机制中，由于用户不提交真实位置给 LSP，使得用户难以获取准确的查询结果。因此，该类位置隐私保护机制难以满足用户的服务需求，实用性较差。

4. 基于混合区的位置隐私保护机制

基于混合区的位置隐私保护机制最早是由 Beresford 等[63]提出，其基本思想是在某特定区域内所有用户主动更改自己的假名，通过扰乱用户名称与用户位置间的映射关系，保护用户的个人隐私。Huang 等[64]指出用户在进行假名变换时，如果频繁地与 LSP 进行通信，那么该方法将不能有效保护用户隐私。为了解决该问题，他们提出静默期的概念，即用户在进行假名变换前/后某固定时间周期内，禁止再次发送 LBS 请求。Palanisamy 等[65]将混合区与路网相结合，通过考虑用户的运动模式，提出上下文感知的混合区位置隐私保护机制。但该机制仅适用于十字路口等特殊区域。Ying 等[66]根据用户运动模式，通过考虑时间约束因素，提出一个动态的混合区构造机制，使得构造的混合区不再仅适用于十字路口等交叉区域。然而，该机制构造出的混合区域总是矩形区域，但是结合实际路网，构造出的混合区往往是非矩形(如圆形或不标准图形)区域，导致该机制的实用性较低。因此，Palanisamy 等[67]通过研究用户构造任意形状的混合区所需的时间，设计了一个基于时间特性的混合区位置隐私保护机制，使得 LSP 难以通过混合区的时间特性推测出用户相邻两次所使用的假名间的关联性。Liu 等[68]提出新的度量标准来衡量系统抵抗隐私攻击的能力，设计了多粒度的混合区部署方案，以最大化地保护用户隐私。该方案可对多个混合区进行构造，不仅考虑了人口密度，还考虑了交通互异性。Sun 等[69]发现当混合区内用户数量较少时，通过假名变换无法有效保护用户的位置隐私。因此，他们通过基于统计学的指标来选取最小范围混合区，并将其部署在城市道路网络中。Guo 等[70]指出原有基于混合区的位置隐私保护机制均要求混合区内含有大量的用户，但是在一些特殊时段中的敏感区域内的用户数量往往较少(如凌晨医院区域)，故原有基于混合区的位置隐私保护机制均不实用。在 Guo 等的方案中，每个用户在混合区中用多个不同假名向 LSP 分别发送不同的服务请求，从而实现在用户数量较少的混合区中扰乱用户名称和位置的映射关系。

除保护用户单次查询的位置隐私外，国内外学者也采用基于混合区的位置隐私保护机制来保护连续 LBS 查询时用户的位置隐私。Xu 等[71]指出群组用户在发送连续 LBS 请求时，运动模式迥异。若不能确保用户是同时在同一混合区中变换假名，将不能有效保护他们的位置隐私。他们根据群组用户的移动速度和移动方向，对混合区的划定进行研究。Arain 等[72,73]发现如果忽略相邻混合区间可达路径的敏感性，那么 LSP 仍可通过可达路径推测出用户在发送相邻查询时使用假名间的关联性。此外，Arain 等[74]还提出在连续生成混合区时，还要考虑当时实际交通的流动状况，避免生成的混合区内包含的用户数量较少。

Freudiger 等[75]指出在现实环境中，不同用户对相同位置的敏感度不同。此时，位置敏感度较低的用户在混合区内不会主动更换自己的假名，从而导致即使具有较高位置敏感度的用户更换了自己的假名，也能被 LSP 正确识别。为了解决该问题，他们引入可信第三方服务器，探讨了在非合作博弈下如何激励混合区域内的所有用户同时更换假名。Ying 等[76]提出了一种基于混合区的假名变换激励机制，使得用户协助他人在混合区中变换假名时，信誉值会增加。因此，当用户的假名到期时，其可向其他用户寻求协助变换假名，以保护隐私。

但是，Bindschaedler 等[77]在信息安全领域顶级会议 S&P 2016 上指出，当用户频繁地发送 LBS 请求时，如果采用基于混合区的位置隐私保护机制扰乱用户名和位置间的映射关系，那么 LSP 仍可通过多目标追踪的方法将同一用户使用的不同假名进行关联，从而导致用户的位置隐私泄露。因此，基于混合区的位置隐私保护机制并不能有效保护用户的位置隐私，实用性较低。

5. 基于差分隐私的位置隐私保护机制

基于差分隐私的位置隐私保护机制最早是由 Andrés 等[78]提出。在该机制中，用户首先将地图划分为不同的区域(每个区域称为一个簇)，然后通过统计每个区域内用户历史发送 LBS 请求的次数，利用 Laplace 变换在每个区域内添加噪声数据，使得 LSP 难以通过统计分析出用户的所属区域。Dewri[79]将差分技术与坐标变换相结合，利用 Laplace 分布对用户的真实位置进行扰动生成锚点，避免 LSP 利用该锚点反向推测出用户的真实位置。Xiao 等[80]对用户连续查询下的差分隐私的位置隐私保护机制进行研究。在 Xiao 等的方案中，用户通过统计其余用户历史足迹，获得从当前位置移动到其余可达位置的状态转移矩阵(矩阵中元素为到达的概率)，并基于该转移矩阵在未来可达位置集合中添加 Laplace 噪声。当用户下次发送 LBS 请求时，则将添加过噪声的位置集合发送给 LSP，从而扰乱用户连续请求时提交位置集合间的时空关联性，保护用户的位置隐私。随后，Xiao 等[81]又利用隐马尔可夫(hidden Markov)矩阵对上述机制中的状态转移矩阵进行优化，防止 LSP 获取状态转移矩阵时能以较大概率推测出用户的真实位置。

然而，在上述基于差分隐私的位置隐私保护机制中，用户计算状态转移矩阵所需的开销较大。Wang 等[82,83]利用线性规划快速生成状态转移矩阵，降低了用户端的计算开销。Elsalamouny 等[84]指出在连续 LBS 查询中，用户位于不同位置时，对隐私保护需求可能不同，因此他们对个性化的位置差分隐私保护机制进行研究。Yang 等[85]发现在生成状态转移矩阵时，若不考虑各个位置区域中其他用户的数量，LSP 仍可能推测出用户的真实位置。此外，Fung 等[86]认为用户的查询内容也可能会泄露用户的位置隐私。因此，他们将差分隐私技术与个人信息检索(personal information retrieval,PIR)技术相结合，兼顾了 LBS 用户的位置隐私和查询隐私。Gao 等[87]利用差分隐私技术对 LBS 推荐系统进行研究，使得服务推荐系统在不能获得用户真实位置的情形下，向用户推荐其感兴趣的信息。吴云乘等[88]通过对用户完整轨迹上各位置间的时空关系进行分析，提出一个适用于轨迹发布的差分隐私保护机制。然而，大量的计算开销以及用户如何获取准确的状态转移矩阵，均限制了基于差分隐私的位置隐私保护方案的可用性。

除上述研究外，轨迹发布中的轨迹数据隐私保护也得到了国内外研究者的广泛关注，现有工作主要分为三种：轨迹 K 匿名、轨迹抑制和假轨迹。

1) 轨迹 K 匿名

轨迹 K 匿名的概念由位置 K 匿名引申而来，是指在轨迹发布前由匿名服务器挑选出 $K-1$ 条与用户真实轨迹无法区分的轨迹，从而实现轨迹隐私保护。Tang 等[89]提出一种健壮、系统的有效方案来处理 K 近邻轨迹数据库中的查询问题。该系统采用全局堆的数据结构，每次只访问数据库的小部分数据生成轨迹候选集合，然后进行验证。为了处理轨迹的斜率和查询位置的异常值，他们又设计了限定符的期望机制来为候选集合进行排序，且能够加速查询过程。Xu[90]提出利用由其他用户的历史足迹构成的信息库，从中选择 $K-1$ 条轨迹，以实现轨迹 K 匿名的保护。杨静等[91]基于传统的泛化方法，首先针对各个用户对每条轨迹不同的个性化匿名需求，同时考虑到轨迹集合中各条轨迹之间的方向夹角和位置点的重合情况，提出一种基于 (S,λ) -覆盖个性的轨迹构造方案。然后结合轨迹之间的欧氏距离和方向得到权值，将选取 $K-1$ 条轨迹的问题转化为轨迹图划分问题。最后将匿名处理后的轨迹集合重构，以实现对轨迹隐私信息保护的目的。随后，针对已有轨迹隐私保护方案在衡量轨迹相似度时未考虑轨迹形状，使得生成的轨迹集合可行性不高。王超等[92]不仅考虑了轨迹的时间和空间要素，也加入了轨迹的形状因素的考虑，提出了一个结合轨迹整体形状相似性的轨迹数据隐私保护方案。王爽等[93]首先将轨迹转化为不确定的区域这一思想引入到轨迹 K 匿名中。然后利用布朗运动模型，将轨迹处理为更加真实的轨迹区域。最后对比各个轨迹区域，将相似的轨迹区域聚合成等价类并发布。

2) 轨迹抑制

轨迹抑制是指在轨迹发布之前，隐去轨迹中某些敏感或者访问频率较高的位置。Gruteser 等[94]首先提出将轨迹所经过的区域划分为敏感区域和非敏感区域。当用户运动至敏感区域时，对轨迹采取相应的抑制处理。Fung 等[95]提出了一种 LKC 隐私方案，该方案主要针对高维和稀疏的射频识别(radio frequency identification，RFID)数据隐私问题。所提方案假设恶意攻击者能够知道的最大长度的 L 子序列，至少能够被 K 条记录共享，并且要求恶意攻击者推断出敏感属性的概率不得大于预先设定的阈值 C。最后，利用全局轨迹抑制的算法实现了 LKC 隐私方案。Chen 等[96]针对全局轨迹抑制法带来的数据信息损失问题，提出利用局部抑制算法来实现 LKC 隐私方案。随后，Terrovitis 等[97]针对位置序列发布中用户隐私泄露问题，使用位置抑制和轨迹分割的方法以减少数据信息丢失，防止用户的隐私泄露。

3) 假轨迹

假轨迹技术最早是由假位置隐私保护方案扩展而来。假位置技术是指用户在发送服务请求时，产生多个与真实位置不可区分的假位置，将它们与真实位置一同发送给 LSP，制造以假乱真的现象。即使是恶意攻击者截获了所有信息，也不能明确知道该请求是由谁发出。假轨迹隐私保护方案是指由用户生成 $K-1$ 条与真实轨迹不可区分的假轨迹，并与真实轨迹构成含有 K 条轨迹的集合进行发布。然而，假轨迹技术最大的挑战是要求生成的假位置要与移动用户的真实位置完全不可区分，尤其是当恶意攻击者具有强大的背景知识(如地图背景)且有足够的时间跟踪用户。添加假数据的基本思想是由 Kido 等[38,39]提出的，用户可利用其前后两次请求产生的假位置[40,42]形成的假轨迹来保护自己的真实轨迹。You 等[98]针对某一时刻对应的位置数量和轨迹集合中的轨迹数量，提出了两个假轨迹生成方案。第一个方案中，用户首先决定假轨迹的起点和终点，然后在起点和终点之间随机生成与真实轨迹运动模式相似的假轨迹；第二个方案则是基于用户的真实轨迹，首先选择真实轨迹上的某个位置点，然后以该点作为轴点旋转真实轨迹，以此来生成虚假轨迹。Lei 等[99]提出可通过在旋转后得到的轨迹上增加交叉点的方法来增加假轨迹数量，从而提高用户真实轨迹的隐私保护等级。Wu 等[100]不仅考虑了真实轨迹与假轨迹之间的距离，还考虑了假轨迹之间的距离，通过扰动文献[98]生成的假轨迹，使得最终形成的轨迹集合满足用户的隐私保护需求。李凤华等[101]对用户行动模式和轨迹相似性等特征可能被敌手获取情形下的轨迹隐私保护方案进行研究，利用文献[98]所提的假轨迹旋转生成方案，通过轨迹旋转保证假轨迹与真实轨迹的相似性，最后将该轨迹上的各个点偏移至附近最接近真实的服务请求概率[102]的位置，从而生成假轨迹。

由上述讨论可知，目前应用在 LBS 中的位置及轨迹隐私保护技术种类繁多，所采用算法也不尽相同，但这些技术中最常利用的系统模型结构主要可分为三类：集中式模型、分布式模型和独立式模型。

1) 集中式模型

集中式模型由三部分构成：移动用户智能终端、LSP 和第三方匿名服务器。其中，移动用户智能终端能够自定位且发送 LBS 请求；LSP 是诚实且好奇的，能够为用户提供其所需要的服务信息，但同时也可能收集用户的请求偏好；第三方匿名服务器通常是完全可信的，用于对用户的真实位置或轨迹进行匿名化处理。集中式模型如图 1.8 所示。具体应用过程如下：首先移动用户进行自定位，将他们基于位置或轨迹的请求发送给匿名服务器进行匿名处理，匿名服务器将匿名处理得到的结果发送至 LSP。然后 LSP 将匿名区内满足用户需求的查询结果返回给匿名服务器，再由匿名服务器进行信息的筛选与过滤。最后匿名服务器将筛选过滤后的查询结果发送给移动用户智能终端。众多方案中，位置及轨迹 K 匿名是集中式模型典型的应用。

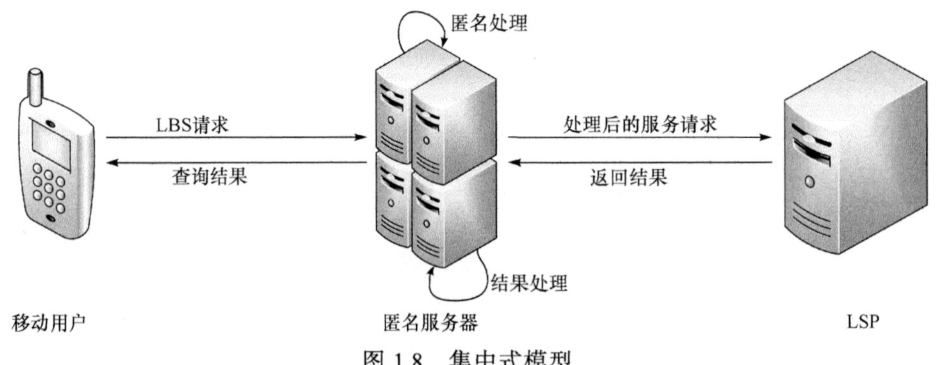

图 1.8　集中式模型

集中式模型的关键在于具有匿名服务器，并要求其完全可信且具有较强的数据处理能力。其优势在于将大量的计算放在匿名服务器上，能够有效地减轻用户终端的负担。然而，现实世界中往往难以找到完全可信的第三方服务器。此外，当大量信息存放在可信第三方中时，它的处理速度会直接影响整个模型系统的性能。并且，可信第三方容易被恶意攻击者视为攻击目标，成为系统瓶颈。

2) 分布式模型

分布式模型由两部分构成：移动用户智能终端和 LSP。移动用户之间构成 P2P 网络，由网络中的用户相互合作完成位置或者轨迹隐私保护工作。分布式模型如图 1.9 所示。移动用户在发送服务请求之前，利用无线网络查找出满足其要求的其他用户，并构成匿名区。请求用户根据匿名区中各个用户的位置信息构造匿名区，在匿名区中随机选择任一用户作为代理，将匿名区及 LBS 查询提交给 LSP。LSP 根据所接收到的匿名区进行查询，再将查询到的结果返回给代理，最后由代理返回给请求用户。

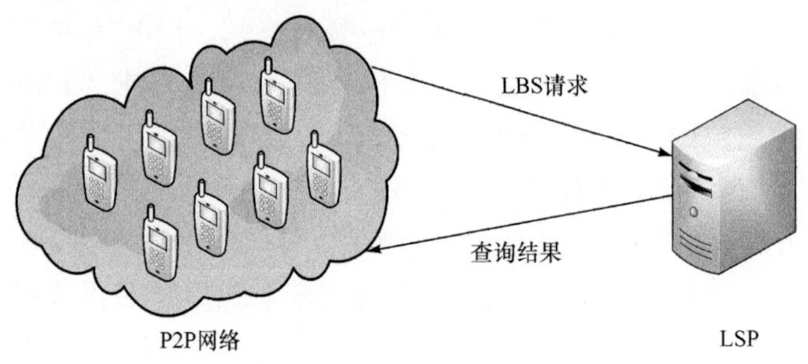

图 1.9　分布式模型

分布式模型不存在集中式模型中的瓶颈，但是该模型要求匿名区中各个用户之间相互信任。例如，在建立匿名区之前需要用户之间进行相互认证，导致需要较多的时间开销，并且需要移动用户智能终端具有较强的计算能力和一定的存储空间。

3) 独立式模型

独立式模型也是包括移动用户智能终端和 LSP 两个部分，是一种 C/S 结构的应用，基于假位置和假轨迹的隐私保护技术均由该模型实现。独立式模型如图 1.10 所示。移动用户依据自身拥有的背景知识发起位置或轨迹隐私保护工作，然后将处理后的服务请求发送给 LSP。LSP 根据服务请求返回查询结果后，由移动用户自己筛选出满足要求的查询结果。此过程中，隐私保护工作完全由移动用户自己完成，无需借助外力的帮助。

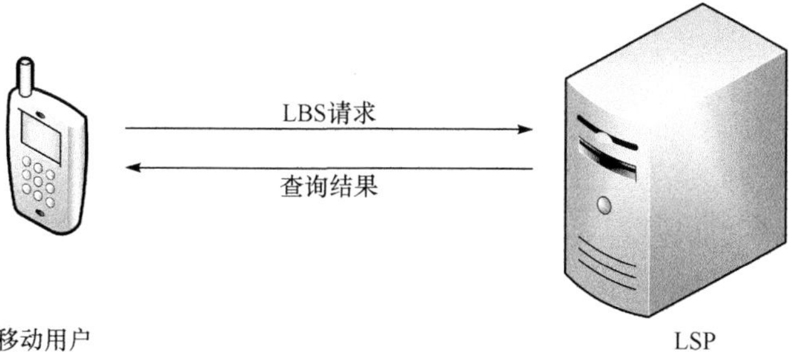

图 1.10 独立式模型

独立式模型简单且易于实现，容易与其他已成熟的技术相结合。然而，由于匿名工作和对结果的筛选由用户完成，因此要求用户具有较高的计算能力，给用户带来了较大的计算开销。同时，用户对位置或轨迹隐私的保护程度依赖于用户所具备的背景知识，拥有的背景知识越多，匿名保护越有效。

1.4 本书主要内容

本书主要针对 LBS 中位置及轨迹隐私保护的若干问题展开研究。在 LBS 中，匿名区的构造依赖于节点间的相互合作。然而，现有方案很少考虑其他用户为服务请求者提供帮助以协助其建立匿名区的意愿问题，使得这些方案实用性较差。针对此，第 2 章在分布式模型中引入半可信的第三方云服务器，提出一种基于本地信誉存储的 K 匿名激励机制。第 3 章指出现有的大部分方案对用户的隐私和服务质量需求进行了统一处理，忽略了用户在不同的位置具有不同的隐私和服务质量需求；同时，这些方案容易造成匿名区增长速度过大的问题。对此，采用集中式模型提出一种连续 LBS 请求下的需求感知位置隐私保护方案。与第 3 章类似，第 4 章同样针对连续 LBS 请求进行探究，在独立式模型下提出时空关系感知的假位置隐私保护方案。第 5 章和第 6 章则均采用分布式模型，针对现有的分布式 *K* 匿名位置隐私保护方案存在的不足，如未考虑匿名区构造过程中存在的位置泄露和位置欺骗行为(即自利的请求用户会泄露协作用户的真实位置，而自利的协作用户也会提供虚假的位置，导致 LSP 能识别出请求用户的真实位置)，第 5 章提出一种基于区块链的分布式 *K* 匿名位置隐私保护方案，第 6 章则考虑已有分布式 *K* 匿名位置隐私保护方案无法兼顾用户的互惠性与个性化需求，提出一种基于 *K* 匿名的互惠性个性化位置隐私保护方案。

针对轨迹隐私保护，第 7 章提出一种基于频率的轨迹发布隐私保护方案。该方案采用集中式模型，主要解决对于已经发布的轨迹数据集，攻击者根据所掌握的部分知识，对轨迹数据进行分析和推理的问题。第 8 章则具体分析轨迹数据中前后位置间具有的时空关联性，采用独立式模型，提出一种基于时空关联的假轨迹隐私保护方案。

现有 *K* 匿名方案在匿名区构造过程中未考虑用户的查询范围，导致当参与匿名的用户分布离散时，存在服务质量差的问题。第 9 章采用集中式模型提出一种基于查询范围的 *K* 匿名区构造方案。第 10 章同样采用集中式模型，对基于密文搜索的 LBS 中位置隐私保护方案展开研究。本书旨在进一步完善 LBS 下用户位置隐私保护的方案，同时探索提高服务精准度的方法。

第 2 章　基于本地信誉存储的 *K* 匿名激励机制

2.1　引　　言

K 匿名[4]作为 LBS 中位置隐私保护的一项重要技术，可将用户的精确位置扩展为包含其他 $K-1$ 个用户的匿名区，以包含 K 个用户的匿名区发起 LBS 请求。该技术主要分为基于可信第三方(trusted third party, TTP)的[9,103]集中式 K 匿名方案和无可信第三方的分布式 K 匿名方案。本章主要关注的分布式 K 匿名是 LBS 请求者与附近其他 $K-1$ 个真实用户[39]交互，由这些用户对其提供帮助来建立匿名区。然而，在现实 LBS 场景中，由于节点频繁移动，节点间均互不可信。当一个节点收到某个邻居节点的构造匿名区请求时，如果为该邻居节点提供帮助则意味着需要与其交互消息消耗资源[104]，并且交互的消息中通常包含用户的位置等信息，从而导致自身隐私受到一定程度的威胁。同时，即使节点为其提供完帮助，自身也得不到任何利益。这使得节点通常选择拒绝加入匿名区，从而导致邻居节点请求匿名服务失败。因此，迄今为止的众多研究成果无法在实际应用中得以实现[33]。

针对上述问题，本章将激励机制引入 LBS 中位置隐私保护，提出一种基于本地信誉存储的 K 匿名激励机制。用户每次交易产生的信誉信息会以证书的形式保存在本地，由用户自行维护和更新。每次交易前，LBS 查询请求发起者将自身信誉证书交由其他用户验证完整性，只有验证信誉证书中提供服务次数与请求服务次数的比值达到一定的阈值时，其他节点才会为其提供匿名服务。然而该比值仅能通过为其他用户提供服务的方式增加，从而达到激励用户积极参与匿名区为其他用户提供帮助的目的。

本章主要内容如下：

(1) 首次将基于信誉的激励机制引入 LBS 中位置隐私保护，并设计相关的方案，激励用户积极参与分布式 K 匿名集合的构造，累积信誉并持续激励，增强分布式 K 匿名方案的实用性。

(2) 分析表明所提方案能够抵抗伪装、重放、共谋等典型攻击，并能够避免搭便车[105]行为。相对于目前的 K 匿名激励方案[33]，所提方案优势明显。

(3) 搭建无线网络环境测试床，实现所提的 K 匿名激励机制。大量实验表明，所提方案建立匿名区的时间总体较低，且随着用户数量的增加增长缓慢，引入的额外通信量很小。

2.2　激励机制及椭圆曲线相关技术

2.2.1　激励机制介绍

随着互联网的发展，以及各种点对点网络的广泛使用，激励机制作为一种社会学范畴中起源的理论成果，在促使参与者耗费自身资源参与到不同的过程活动中发挥着无比重要的作用。针对激励机制，近年来国内外相关学者做了诸多研究。根据核心思想，激励机制大致分为基于微支付、基于直接互惠和基于信誉值三种类型。

1. 基于微支付的激励机制

基于微支付的激励机制交易过程如图 2.1 所示，作为网络中一种可靠的机制在 P2P 网络中得到了一定的应用。基本思想是引入虚拟货币作为网络中一种可流通的标识，以此量化表示网络中的资源及服务，根据网络中各节点不同的贡献值进行不同的反馈，从而激励各节点积极参与网络合作。

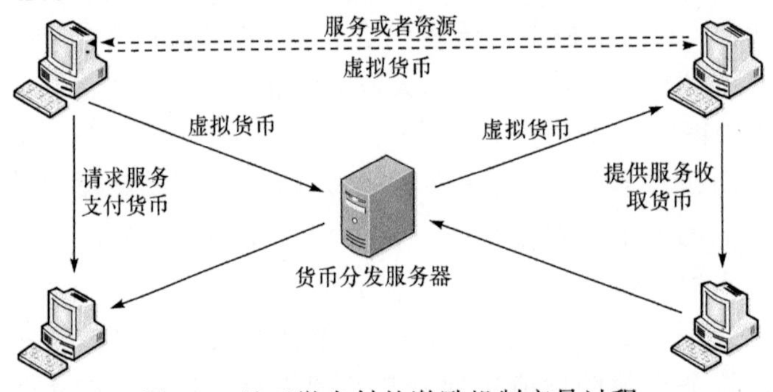

图 2.1　基于微支付的激励机制交易过程

基于微支付的激励机制中需要可信第三方参与，作为虚拟货币分发机构维护所有参与者的账户信息，并且货币分发机构需为参与者的交易提供足够的安全机制。因此，该机制对中央货币分发服务器的要求较高。

Golle 等[106]最早将基于微支付的激励机制的思想引入网络中，运用经济学中的博弈论方法进行分析论证，结果表明该机制对网络激励有效，其优越性在于具有较强的可靠性。然而该机制需要一个中央货币分发服务器进行虚拟货币的分发及维护，因此除服务器性能、安全瓶颈问题及可行性不强之外，还具有以下两个重要问题。

(1) 信息隐藏问题：当前计算机网络领域中该问题通常是应用经济学中的

各种理论进行解决，但如何完美地运用激励机制于 P2P 网络中的技术尚不成熟，且亟须更加深入地解决。

(2) 信息不对称问题：在 Ad Hoc 网络中，信息不对称问题已有了一些理论成果，主流解决方案也是采用经济学原理，运用委托-代理模型处理问题。然而，该模型与点对点网络的完美融合问题仍未找到完善的处理方案。

以上分析表明，基于微支付的激励机制并不适于在 LBS 场景中应用。目前，相关领域也尚无将微支付应用于 LBS 隐私保护的方案。

2. 基于直接互惠的激励机制

基于直接互惠的激励机制交易过程如图 2.2 所示，其主要思路是网络中服务请求者在得到服务提供者的服务后能为其提供直接的利益。这种机制的最大优点是实时性高，仅保存节点当前会话的信息，只考虑本次交易直接互惠，两次交易毫无关联。基于直接互惠的激励机制已在 eMule 和 BitTorrent 等中得到了应用，该机制以 Tit-for-Tat[107]方式鼓励共享。Levin 等[108]将拍卖、竞价机制引入 BitTorrent，以达到激励目的。

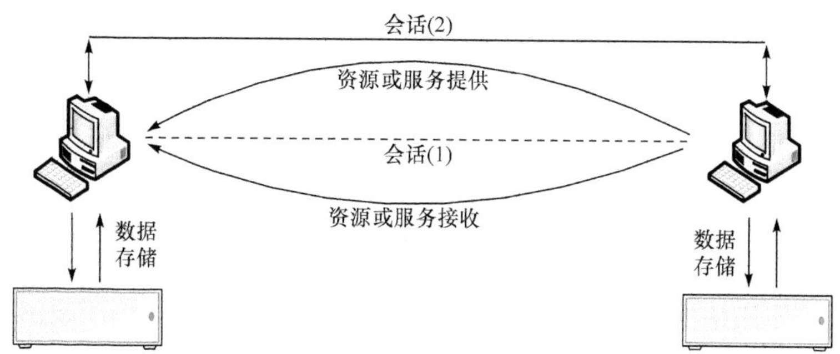

图 2.2　基于直接互惠的激励机制交易过程

为了进一步提高基于直接互惠的激励机制效率，将交换的思想引入其中，扩展了该机制的范畴。其思想为将 M 个参与者形成参与环，环中的参与者之间遵循直接互惠的原则，服务提供者仅为能给其直接回馈的参与者提供协助。

迄今为止，基于直接互惠的激励机制仍存在很多缺陷，只在某些固定场景得到了运用。究其根本原因主要在于以下两个方面。

(1) 基于直接互惠的激励机制仅适合单次交易持续时间长、交易双方相对固定的场合，而在点对点网络中，重复交易场景较少，并不适合该机制的应用场景。

(2) 由于点对点网络中各个参与者的能力存在很大差异，某些计算能力弱或网络通信差的参与者不能顺利表达参与该机制的意愿。

由于以上原因，基于直接互惠的激励机制在 LBS 乃至整个 P2P 网络中鲜有应用。文献[33]首次将拍卖引入 LBS，也是首次将激励机制引入 LBS 中位置隐私保护。该机制是一种非合作博弈模型，已通过博弈论论证了该机制是有效的。但如前述，该机制仅适合单次交易持续时间长、交易双方相对固定场合的应用，然而在 LBS 场景下节点频繁移动，因此该机制并不适合在 LBS 场景下应用，可见文献[33]将该机制引入 LBS 中位置隐私保护有待改进。

3. 基于信誉值的激励机制

基于信誉值的激励机制交易过程如图 2.3 所示，该机制最先应用于资源共享应用 KaZaA[109]，其基本思想为节点根据自身的过往行动累积信誉值，交易完成后，交易双方通过互相评价的方式获得信誉值。在以后的交易中，参与者之间通过信誉值的不同提供相应的服务，从而促进用户积极参与交易，累计信誉值。在各类激励机制中，基于信誉值的机制是目前研究的热点。其中，对信誉评价的存储及共享等成为需要重点解决的问题。

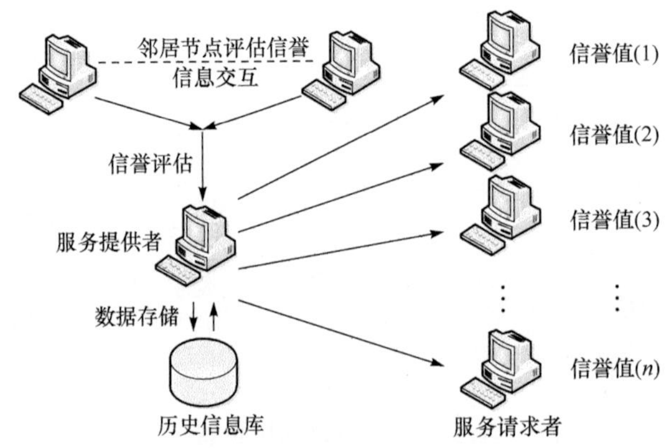

图 2.3　基于信誉值的激励机制交易过程

在点对点网络中，参与者之间的通信大多是随机的，节点信誉值的存储形式大概分为以下三种。

(1) 集中式存储：这种信誉值的存储方式将所有节点的信誉值集中存储在第三方节点，方便信誉值的共享与管理。但在方便共享的同时又带来了巨大的安全隐患，即单点失效问题，且集中式存储的理念与 P2P 分布式的出发点背道而驰。

(2) 接收端存储：每个参与者存储自身信誉，由该节点自行维护并更新。这种方式方便了信誉值的共享，但带来了信誉值真实性的安全问题，因此，完备的安全机制以保证信誉值无法被节点自身篡改是该存储方式的研究重点。

(3) 发布端存储：每个参与者存储自身对其他参与者的信誉评价。这种方式减少了节点自身恶意修改信誉值的威胁，但同时增加了参与者之间共谋攻击的可能性，更加不利于参与者间的信誉信息共享。

结合点对点网络的设计理念以及在实际场景中的需求，在点对点网络中的激励设计方案需要着重参考以下设计原则。

(1) 匿名性：在点对点网络中，参与者之间的交易大多是随机的，各参与者之间均为互不可信状态。因此，匿名性是 P2P 系统中的重要设计原则。参与者隐藏身份信息可以在一定意义上避免其他节点的攻击，同时也能够促使节点积极参与网络协作。然而完全匿名又无法准确表示节点的信誉信息，因此，要寻求匿名性与信誉之间的协调。

(2) 抗攻击性：信誉系统的参与者均为不可信节点，其内外节点都可能发起恶意攻击。攻击类型种类繁多，并且可能存在共谋攻击行为，因此健壮的信誉系统尤为重要，一个优秀的信誉系统必须具有鲁棒性。

(3) 可靠性：信誉系统中参与者的信誉信息均由交易对方评价并由自身或第三方存储，可靠性是指该信誉值能够准确反映参与者的真实行为，确保攻击节点无法随意修改自身以及其他节点的信誉值。

(4) 可扩展性：在点对点网络中，参与者大多是非固定的，并且任何时刻都有节点参与到系统中，增加节点意味着需要更多的信息交互、信誉信息存储、共享等问题。因此，可扩展性要求系统能够综合考虑通信、能耗、负载均衡等问题。

(5) 容错性：如可扩展性所述，节点任何时刻都可能参与或退出系统。因此，在点对点网络中，网络拓扑随时发生改变。当新的参与者到来时，不仅要为其建立新的信誉信息，同时需要维持其他参与者的信誉信息的可用性，这要求信誉系统必须具有高容错性。

综上可见，基于信誉值的激励机制适用于网络拓扑结构相对较大、参与者的动态性较高、参与者之间重复交互次数不多的使用环境，而且可累积信誉的特点正好契合 LBS 下参与者频繁移动的场景。本章基于此提出的方案如下，将参与者的信誉值以信誉证书方式由参与者自身存储，并自行维护和更新，通过引入椭圆曲线签密机制，双方签名的数字证书确保了信誉的有效性，椭圆曲线签名及批验证机制确保了信誉证书的快速生成及验证。

2.2.2 椭圆曲线密码体制

在目前的公钥密码体制中，椭圆曲线密码(elliptic-curve cryptography, ECC)是具有每比特最高安全强度的一种密码体制，即使用相同长度密钥可实现最高的安全强度。ECC 于 1895 年由 Neal Koblita 和 Victor Miller 发明，该密码基于椭圆曲线离散对数问题(elliptic curve discrete logarithm problem，ECDLP)[110]的计算复杂性。由于该密码体制具有参数少、速度快、密钥和证书较小的优点，使其获得了广泛应用。国际标准化组织已将 ECC 作为新的信息安全标准，如 IEEE P1363、ANSI X9.62 等草案标准。

1. ECC 的设计思想

ECC 基于数学领域的重要概念——ECDLP，设计思想如下：假设 F_p 是一个特征值大于 3 的有限素数域，那么在仿射坐标平面上，F_p 上的椭圆曲线 E 是由符合以下方程的所有解 $(x,y)\in F_p\times F_p$ 及一个额外的无穷远点 $o(0,1,0)$ 构成：

$$E: y^2 = x^3 + ax + b \pmod p \tag{2.1}$$

其中，$a,b\in F_p$，并且 $4a^2+27b^3\neq 0 \pmod p$。

对于椭圆曲线方程式(2.1)，构造加法交换群，在曲线上选取一个 $B(x,y)$ 作为基点，对于某个整数 m，计算 $mB=Q$ 是简单的，但依据 Q 和 B 推出整数 m 在计算上不可行，这个问题称为椭圆曲线上的离散对数问题。

上述曲线定义下，密码的每一步运算都由某些域参数构成。在 ECC 发布的草案定义中，该域参数定义为一个六元组 T：

$$T=(p,a,b,B,n,h) \tag{2.2}$$

其中，p 为一个有限域 F_p；$a,b\in F_p$ 指出了由式(2.1)定义的椭圆曲线；B 为该曲线的基点；n 为一个素数，且该素数等于点 B 的阶；h 为余因子。

在各种基于椭圆曲线的签密协议中，都需要提供椭圆曲线域参数，从而确定该条椭圆曲线及其基点，然后定义该曲线上点群满足的算术运算。这是基于 ECC 体制的基本设计思想。

2. EdDSA 简介

作为最常用的一种基于 ECC 体制的算法——ElGamal 算法[111]的改进，ECC 在密码学界得到了广泛重视与使用。本章采用的 EdDSA[112]签名系统选取 Edwards 曲线——Curve-25519[113]作为有限域的 ECC 签名验证系统。EdDSA 签名在 eBACS[114]上公开了源码，已被证明是安全高效的数字签名验证系统。该算法采用 32 字节公钥 PK，32 字节私钥 SK，相当于 3000bitRSA 签名的密码强度。签名支持单个验证和批验证[115]，既可一次验证单个签名，又可同时验证来自不同签名者的多个不同签名，并且安全高效。

2.3 方案设计

2.3.1 方案模型

本章在分布式 K 匿名中引入基于信誉的激励机制，当用户请求需要位置隐私保护的 LBS 时，定义其为服务请求者 C。首先 C 以广播的形式向附近用户发出参与构造匿名区的请求，通过返回的消息可获得愿意提供帮助的用户列表，定义其为服务提供者 S。C 与 S 协作构造匿名区，每形成一次匿名区称为一次交易，每次交易有唯一标识本次交易的交易号，简记为 TID，该交易号确保了信誉证书的完整性，因此需要合理地设计以保证交易号的连续性。为此，引入半可信云服务器，记为 Cloud，C 与 S 协作构造匿名区之前，S 需要先验证 C 历史信誉证书的完整性，该验证消息经 Cloud 转发以确保 TID 的连续性，进而确保了信誉是完整的。综上，K 匿名激励机制方案模型如图 2.4 所示，其中每个参与者的历史信誉信息通过信誉证书的方式由参与者自身存储、维护和更新。

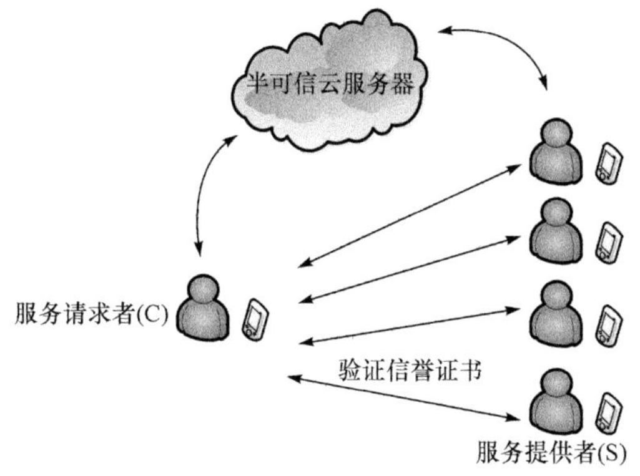

图 2.4　K 匿名激励机制方案模型

针对以上提出的方案模型并结合实际使用场景，本章特做出以下假设：服务请求者 C 与服务提供者 S 均不可信，并且 C 与 S 可能发起共谋攻击，Cloud 为半可信，即 Cloud 会忠实执行方案所设计的协议，但其会对用户的隐私内容感兴趣，因此 C 和 S 与 Cloud 交互的信息中不能包含任何隐私信息。

2.3.2 信誉证书格式

针对上述模型，信誉值以信誉证书的形式由节点存储在本地自行维护并更新。节点本地存储的内容由两部分组成：信誉头和旧证书队列。其中，信誉头简记为 RCH，格式如表 2.1 所示；旧证书队列为节点之前交易产生的旧信誉证书列表，每次交易对应一个信誉证书，简记为 RC，格式如表 2.2 所示。

表 2.1 RCH 的格式

内容	符号
节点公钥证书	PKC
第一个交易号的前驱号	TID_0

表 2.2 RC 的格式

内容	符号
交易号	TID_n
角色标志位	RF
节点自身签名	$Signature_1$
交易对方节点公钥	PK
交易对方节点签名	$Signature_2$

其中，信誉头固定不变，包含节点的基本信息，唯一标识一个节点。每个节点拥有唯一的公钥 PK 、私钥 SK，用于信誉证书的签名和验证，该公私钥对由节点向可信的证书颁发机构 CA 申请。其中 SK 由节点本地私密存储，PK 以 PKC 的形式包含在信誉头中。除 PKC 之外，信誉头中还包含一个重要字段：节点第一个交易号 TID_1 的前驱号 TID_0，其作用为防止节点恶意删除旧信誉证书。信誉证书包含评价节点单次交易的所有信息。节点信誉证书保存在本地，证书的生成及验证过程详见协议设计部分。

节点每进行一次交易生成一个 RC，包含以下字段：本次交易的交易号 TID_n，TID 由两部分组成：前缀 $\text{prefix}(\text{TID})$ 由节点的公钥 PK 经过哈希运算产生，$\text{prefix}(\text{TID}) = \text{Hash}(PK_C)$，后缀 $\text{postfix}(\text{TID})$ 由节点自身生成的从 1 开始的连续数字。角色标志位 RF，代表节点在本次交易中的角色(“消费”或“服务”)，节点自身对这两个字段的签名 $Signature_1$，交易对方公钥 PK 以及对方节点的签名 $Signature_2$。

2.3.3 交互过程

1. 协议符号说明

假设 C 即将发起一次 LBS 查询，并向周围其他节点请求形成 K 匿名区，设 C 即将进行第 $n+1$ 次交易，S 接受 C 的请求，即将进行第 $m+1$ 次交易。交

易过程的协议符号(以 C 为例，= 为定义，|| 为连接符，Sign 为数字签名)说明如下。

C 的信誉头：

$$\mathrm{RCH_C} = \mathrm{PKC_C} \parallel \mathrm{TID_{C,0}}$$

C 的旧证书队列(前 n 次交易累积的信誉证书)：

$$\mathrm{RC_{C\text{-}Old}}\text{队列} = \mathrm{RC_{C,1}} \| \mathrm{RC_{C,2}} \| \cdots \| \mathrm{RC_{C,}}_n$$

第 $n+1$ 次交易中生成的仅有 C 签名的新证书：

$$\mathrm{RC}_{\mathrm{C\text{-}New},n+1} = \mathrm{TID}_{\mathrm{C},n+1} \parallel \mathrm{RF}_{\mathrm{C},n+1} \parallel \mathrm{Sign_C}\left(\mathrm{TID}_{\mathrm{C},n+1} \parallel \mathrm{RF}_{\mathrm{C},n+1}\right)$$

第 $n+1$ 次交易结束后产生的完整的信誉证书：

$$\mathrm{RC}_{\mathrm{C},n+1} = \mathrm{RC}_{\mathrm{C\text{-}New},n+1} \parallel \mathrm{PK_S} \parallel \mathrm{Sign_S}\left(\mathrm{RC}_{\mathrm{C\text{-}New},n+1} \parallel \mathrm{PK_S}\right)。$$

2. 协议设计

方案交互过程如图 2.5 所示，主要由四部分组成：查询过程、第一轮验证过程、第二轮验证过程和交易过程。其中，第一轮验证过程主要为交易双方验证新证书，第二轮验证过程主要为 S 验证 C 的旧证书队列，具体交互如下。

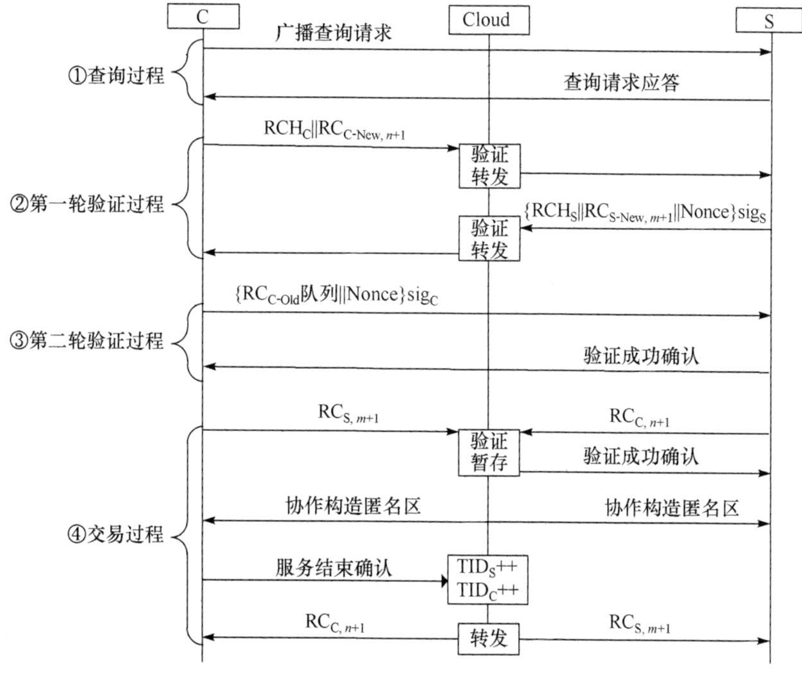

图 2.5　方案交互过程

1) 查询过程

当服务请求者 C 发起匿名 LBS 查询时，首先以广播的形式向周围用户发起匿名请求。当某个节点接收到广播请求后，如果该节点愿意加入匿名区为 C 提供匿名服务，则向 C 回复查询请求应答消息，该节点成为服务提供者 S。C 收到所有应答消息后形成服务节点列表，假设当前 C 的隐私需求为 K，若收到的应答请求个数小于 $K-1$，则 C 将广播范围扩大，直到接收到至少 $K-1$ 个应答请求后停止扩大请求查询区域；若收到的应答请求个数大于 $K-1$，则从中随机选取 $K-1$ 个节点作为 S，准备开始第一轮验证过程。

2) 第一轮验证过程

C 生成一个新的信誉证书 $\mathrm{RC}_{\text{C-New},n+1}$ 准备进行第 $n+1$ 次交易，其中证书的交易号 $\mathrm{TID}_{\mathrm{C},n+1}$ 字段是本次交易的唯一标识，为节点上一次交易的交易号(假设为 n)加 1，该交易号由 C 自身生成，Cloud 校验，以确保该值的连续性。角色标志位 $\mathrm{RF}_{\mathrm{C},n+1}$ 标识该节点本次交易角色为"消费"，置为 1。C 用自身私钥为以上信息签名后生成新证书 $\mathrm{RC}_{\text{C-New},n+1}$。C 本地存储了 RCH，该部分固定不变，第一字段为节点公钥证书 PKC，第二字段为节点第一笔交易中交易号 TID_1 的前驱号 TID_0，其中 $\mathrm{prefix}(\mathrm{TID}_0)=\mathrm{Hash}(\mathrm{PK}_C)$，$\mathrm{postfix}(\mathrm{TID}_0)=0$。C 将自身信誉头和新证书连接准备发送给 S。

为保证本地存储的信誉证书的完整性与方案的健壮性，交易号的连续性是需要着重考虑的一个问题。方案通过借助 Cloud，为每个节点存储当前最新一次交易的 TID。各个节点的公钥不同，而交易号的前缀为节点的公钥 PK 经过哈希运算产生，后缀为连续数字，因此不同节点不同次交易的交易号也不同。C 将 $\mathrm{RCH}\,\|\,\mathrm{RC}_{\text{C-New},n+1}$ 并非直接发送给 S，而是发送给 Cloud，由 Cloud 验证并转发。Cloud 的验证过程：首先根据 TID 前缀查找对应节点，验证证书中 TID 的连续性(即验证 TID 是否是当前存储的该节点 TID 值加 1)以及确保角色标志位 $\mathrm{RF}_{\mathrm{C},n+1}$ 为 1。一旦验证失败，由 Cloud 向 C 发出拒绝服务消息，本次交易结束，Cloud 存储的 TID 保持不变；若该消息验证成功，则 Cloud 将该消息完整转发给 S，S 收到 Cloud 转发来的消息，验证证书中签名 $\mathrm{Signature}_1$ 的有效性，若验证失败，也是向 C 发送拒绝服务消息，若验证成功，则 S 将 C 的新证书暂存，同时会有与 C 相同的生成新证书过程。不同的是，假设 S 已经进行过 m 次交易，当前即将进行第 $m+1$ 次交易，S 为本次交易生成新证书 $\mathrm{RC}_{\text{S-New},m+1}$，其中的 $\mathrm{RF}_{\mathrm{S},m+1}$ 位标识 S 在本次交易中的角色为"服务"，置为 0，其他字段分别为与 C 对应的 S 的信息。为了防止重放攻击，S 生成一个随机数 Nonce 作为挑战，连同新证书以及 S 的信誉头一起再次签名后发送给 Cloud，与 C 对应，Cloud 验证证书中 TID 的连续性，验证成功后转发给 C。C 验证

$RC_{S\text{-}New,m+1}$ 中签名 $Signature_2$ 以及 S 对所发送消息签名(sig_S)的有效性。验证通过后，C 将 S 的新证书暂存，并记下其中的随机数 Nonce，第一轮验证过程完成。若上述任一过程验证失败，协议都将终止。

3) 第二轮验证过程

第一轮验证完成后，C 存储了 S 发送的为本次交易生成的新证书及 S 发送的随机数 Nonce，C 将本地存储的旧证书队列与 Nonce 连接并签名。在第一轮验证过程中 Cloud 已经确保了双方本次 TID 的连续性，因此，该签名后的消息直接发送给 S，而不需要经过 Cloud 转发，避免了 Cloud 的额外开销。S 收到该消息后先验证 Nonce 应答，确认该消息的新鲜性，如果收到的消息中 Nonce 字段与 S 在第一轮验证过程发送的 Nonce 字段相等，说明该条消息为 C 对 S 第一轮验证的应答，验证通过；如果收到的消息中 Nonce 字段与 S 在第一轮验证过程发送的 Nonce 字段不相等，说明该条消息为攻击者截获 C 的已失效消息发起的重放攻击，验证不通过。然后对 C 的旧证书队列中所有证书的合法性进行验证，由于该方案采用 ECC 体制进行签名，因此可采用高效的批验证方式，一次性验证来自不同用户的不同签名，即 S 可一次性批验证 C 发送的所有旧证书的有效性。所有验证通过后，S 清点 C 所有旧证书中的角色标志位，计算信誉值 D_C 如式(2.3)所示：

$$D_C = \frac{\text{提供服务次数}}{\text{请求服务次数}} = \frac{\sum(\mathrm{RF}=0)}{\sum(\mathrm{RF}=1)} \geqslant \lambda \tag{2.3}$$

考虑到当节点初次接入本服务时，本地存储的旧证书为 0 的情况，若采用式(2.3)的信誉值计算方法，则当新节点初始接入系统时无法享受服务，只有当该节点为其他节点提供一定数量的服务次数，使 $D_C \geqslant \lambda$ 时才能享受服务。假如此时该节点所处区域附近的其他节点较少，将无法通过为其他节点提供服务而获得信誉证书。因此受贝叶斯理论启发，将式(2.3)修正为式(2.4)的形式：

$$D_C = \frac{\text{提供服务次数}}{\text{请求服务次数}} = \frac{1+\sum(\mathrm{RF}=0)}{2+\sum(\mathrm{RF}=1)} \geqslant \lambda \tag{2.4}$$

其中，λ 为提供服务的阈值，系统可预先设置。当节点初次接入本服务时，即可享受一定数量的服务。当 S 计算 D_C 满足式(2.4)时，所有验证通过，S 向 C 发送验证成功确认消息，第二轮验证过程完成。

4) 交易过程

C 收到第二轮验证过程中 S 发送的验证成功确认消息后，两轮验证完成，双方互相验证通过，交易过程开始。

S 将第二轮验证成功确认消息发送给 C 后，将自身公钥 PK 和 $Signature_2$ 依

次写入到 $RC_{C\text{-}New,\ n+1}$ 中，得到完整的信誉证书 $RC_{C,\ n+1}$，其中 $Signature_2$ 是 S 对 C 为本次交易产生的新证书的数字签名，S 将以上信息写入 $RC_{C\text{-}New,\ n+1}$ 中后，将该信誉证书发送给 Cloud，由 Cloud 验证该证书的有效性，并暂存，目的是防止 C 请求 S 提供服务后拒绝在 S 的新信誉证书上签名。C 收到第二轮验证成功确认消息后与上述 S 过程相同，构造完整的信誉证书 $RC_{S,\ m+1}$,并发送给 Cloud 暂存。由于 S 为服务提供者，此时不存在 C 拒绝在 S 的新信誉证书上签名的情况，该消息无需 Cloud 的验证。Cloud 收到双方的新信誉证书并验证 $RC_{C,\ n+1}$，通过后向 S 发送验证成功确认消息，通知 S 已经收到正确的信誉证书，双方开始协作构造匿名区，S 为 C 提供 LBS 匿名服务。

当协作构造匿名区完成后，由 C 向 Cloud 发送服务结束确认消息，表明 S 为 C 提供了匿名服务。Cloud 收到该消息后将 Cloud 存储的双方的 TID 加 1 并把上一步暂存的双方的信誉证书转发给对方，该信誉证书由双方自身产生并经过对方签名后方为合法的信誉证书，分别代表了双方在本次交易中新增的信誉，由双方自身加入旧证书库并存储在本地，交易过程完成，协议交互过程结束。

由于协议需要进行多次验证过程，任何一步验证失败都会导致交易过程终止。加之交易双方在交易前就已经产生了新信誉证书，如果协议被提前终止，消费节点需要再次选择下一个服务节点，那么双方的新信誉证书将成为一个不完整的证书。因此，协议在交易过程阶段，当 LBS 结束后 Cloud 再更新双方的 TID，一旦双方交易失败，节点仅需将不完整的证书删除，这些删除的证书并不影响 TID 的连续性,即不影响方案的有效性及对节点信誉的评价。

2.4 方案分析

2.4.1 安全性分析

由方案模型中的假设：服务请求者 C 与服务提供者 S 均不要求可信，并且 C 与 S 可能共谋，云服务器 Cloud 为半可信。因此，安全性分析主要包括以下几个方面：首先，服务请求者 C 或服务提供者 S 单方面发起攻击，即交易中任意一方企图通过对本地存储的信誉证书篡改等方式发起攻击，从而达到无需为其他节点提供服务即可获得其他节点提供的服务的目的；其次，服务请求者 C 与服务提供者 S 二者发起共谋攻击，交易双方企图寻找一种二者共赢，即双方都无需给其他节点提供服务而免费获得服务以达到不劳而获的攻击目的；再者，除参与本次交易的服务请求者 C 与服务提供者 S 之外的其他攻击者可能发起重放攻击，即通过截获其他节点发送的消息而达到增加其他节点请求服务证书而自身免费获得服务的攻击目的；最后，在激励机制中需要重点解决的一种攻击方式——搭便车行为，本方案所设计的协议也能够有效的预防。

1. 单方攻击

单方攻击方式可分为以下三种情况。

1) 情况一

当某节点作为服务请求者 C 发起匿名请求时，由于其近期请求服务次数过多，产生了大量的请求服务证书，而本方案采用的计算 D_C 的方式只考虑最近 N 次交易的证书，服务提供者 S 根据式(2.4)计算的 D_C 值若小于 λ，则 S 会拒绝为 C 提供匿名服务，此时 C 企图回滚自身 TID 以掩盖近期请求服务的证书而发起单方面攻击。

本方案采用 TID 保证节点信誉证书的完整性，为了防止节点交易号 TID 被节点自身恶意删除或修改，在 Cloud 中存储每个节点的最新交易号。协议第一轮验证过程中，节点将新证书经 Cloud 转发的方式发送给对方，而非直接发送。在转发过程中由 Cloud 比较其存储的交易号和节点本次生成的新证书中的交易号的连续性。若 Cloud 存储的该节点的最新交易号加 1 与新证书中的交易号不相等，则交易号验证失败，Cloud 拒绝服务；只有交易号验证成功，Cloud 才会将该条消息转发给 S。当交易完成后，Cloud 存储的交易号加 1，通过验证交易号的新鲜性确保了节点每次使用的均为最新的交易号，防止了 C 回滚交易号以掩盖近期请求服务的证书而发起的攻击行为。

2) 情况二

当节点前期请求服务过多时，与情况一类似，服务提供者 S 根据式(2.4)计算的 D_C 也可能小于 λ，此时 S 也会拒绝为 C 提供匿名服务。这种情况下 C 企图删除旧证书队列中请求服务的证书，从而达到提高信誉值 D_C 的目的。

当攻击节点为服务请求者 C 时，服务提供者 S 在第二轮验证过程中验证了服务请求节点所有旧证书队列中各证书交易号的连续性，从而确保了 C 中旧信誉证书的连续性，即确保了证书不存在被删除的情况。若旧证书队列中各证书交易号的连续性验证失败，S 拒绝为 C 提供 LBS 匿名服务，本次交易终止；若旧证书队列中各证书交易号的连续性验证成功，交易才能正常进行，S 为 C 提供 LBS 匿名服务。当攻击节点为服务提供者 S 时，即使该节点删除了部分旧信誉证书，也允许其正常为其他节点提供服务，即此时无需验证服务提供节点的旧证书队列；当该攻击节点在某次充当服务请求者 C 时，如前述对 C 的验证过程所示，该节点在其充当服务提供节点时对历史旧证书队列中旧证书的删除行为也会导致该次交易验证失败，从而有效地防止了该节点删除旧证书的攻击行为。

3) 情况三

本方案的激励机制基于历史信誉值，节点能否获得邻居节点提供的 LBS 匿名服务完全取决于其历史信誉信息，而该信誉信息是以信誉证书的形式保存在节点本地，由节点自行维护和更新。因此，当节点历史信誉较差，信誉值 D_C 小于能够获得服务的阈值时，节点企图伪造提供服务证书或修改已产生的信誉证书中的角色标志位的方式增加自身提供服务的次数，从而非法获取其他节点提供的服务，完成攻击行为。

本方案每个节点的公钥证书都由 CA 颁发，在协议的第一轮验证过程中，C 将自身的公钥证书 PKC 以及自己的 TID_0 作为信誉头发送给 S，确保公钥 PK 无法伪造，S 收到 C 发送的信誉头后会有与 C 相对应的过程，交易双方均会验证信誉证书上彼此的签名；在协议的第二轮验证过程中，S 需要验证 C 所有历史信誉证书的合法性，而历史信誉证书队列的每个信誉证书中都存有参加交易双方的公钥 PK，并且该公钥无法伪造，因此，可以有效防止伪造或修改信誉证书情况的发生。

2. 共谋攻击

共谋攻击是指交易双方协同工作，以某种形式共同发起攻击，从而达到破坏系统或协议对双方形成双赢，而对除此双方之外的其他实体造成损失或破坏的攻击行为。

在本方案中，如上述情况三所示，信誉证书存储在节点本地，由节点自行维护并更新。因此当服务请求者 C 与服务提供者 S 共谋攻击时，双方企图通过正常交易流程，一方帮助另一方产生提供服务证书的方式达到双方互利的目的。

本方案在信誉证书中加入 TID 位，该位是一个由节点自身产生的、唯一标识一次交易的、连续的值，通过引入半可信云服务器确保交易号的连续性，使得 C 与 S 无法删除或修改信誉证书，从而不能达成互利，完成共谋攻击。

在第一轮验证过程中，服务请求者 C 首先需要将自身为本次交易生成的新的信誉证书发送给 Cloud，由 Cloud 验证并转发给服务提供者 S。Cloud 验证 C 交易号连续性的同时也验证其证书中 RF 是否为 1，即确保了 C 是以服务请求者的身份发起的服务。此时若交易双方发起共谋攻击，双方都将自身为本次交易生成的新信誉证书中的标志位 RF 置为 0，即交易双方都作为服务提供者发起本次交易，在第一轮验证过程中，Cloud 验证 C 中角色标志位失败，拒绝本次交易。因此，协议第一轮验证过程中 Cloud 对服务请求者 C 标志位进行验证，以确保 C 的角色标志位必须为 1，使得 S 获得一个提供服务证书的同时 C 必然获得一个享用服务证书，而连续的交易号使得该享用服务证书无法修改或删除，即一方的盈利必然建立在另一方利益受损的基础之上。因此，鉴于付出代价的问题，本协议能有效地防止节点间的共谋攻击。

3. 重放攻击

要完成重放攻击，攻击者必须获得一次交易的完整信息。在协议第二轮验证结束后，交易双方才交互完本次交易的所有信息。因此，攻击者可能假冒 C 发起的重放攻击分为两种：一种是窃听一次完整交易发起重放；另一种是攻击者窃听包括第二轮验证过程在内的前三个过程的消息，并拦截第四步交易过程的消息使双方交易失败，之后利用窃听的前三个过程的消息假冒 C 发起重放。

(1) 当攻击者发起第一种重放攻击时，由于攻击者获得的是一次成功交易的消息，假设交易号为 $n+1$，此时该节点在 Cloud 存储的交易号已经更新为 $n+1$。当攻击者重放该条消息时，Cloud 验证该消息中的 TID 需为 $n+2$ 方能验证成功，而 TID 在消息中是经过合法用户签名而无法修改的。因此，通过 TID 的验证可有效防止第一种重放攻击的发生。

(2) 当攻击者发起第二种重放攻击时，攻击者已经获得一个合法节点一次交易的完整信息，并且攻击者通过拦截第四步交易过程的消息导致正常节点交易失败，从而使 Cloud 存储的该合法节点的 TID 未更新，导致验证 TID 的方式无法防止这种重放攻击的发生。为此本方案在第一轮验证过程加入了挑战应答机制，S 将一个随机数 Nonce 与信誉头及新证书共同签名并发送给 C，C 回复旧证书队列时需将该随机数与旧证书队列共同签名并发送，使得攻击者即使获得了 C 完整的旧证书队列，当其假冒 C 将该证书队列重放时，此时 S 的随机数 Nonce 已经改变，从而第二轮验证过程中随机数验证失败，因此有效防止了假冒 C 的重放攻击的发生。

4. 搭便车行为

“Free-Riding”即搭便车行为是指 P2P 系统中节点不付出成本而坐享他人之利的投机行为，这种“懒惰”行为不会对 P2P 系统网络带来破坏，但却对系统可用性有很大的负面影响。因此，搭便车行为是激励机制需要重点解决的一个难题。

本方案的激励机制基于信誉值，协作双方交易前，服务提供者需验证服务请求者本地存储的信誉证书队列中累积的信誉值，若累积的信誉值低于能够提供服务的阈值，则服务提供者 S 拒绝为其提供服务，防止搭便车行为的发生。针对方案中恶意节点参与匿名区获得其他节点提供的匿名服务后而拒绝签名的行为，采用担保交易的方式：在交易过程开始时，先要求双方节点将为本次交易产生的信誉证书都完成签名后暂存在 Cloud 中，由 Cloud 验证新生成证书的有效性之后，双方再协作构造匿名区。交易结束后，由 C 节点向 Cloud 发送确认消息(即确认 S 确实为 C 提供了匿名服务)后，Cloud 再将信誉证书转发给对方，确保了节点信誉值的正常累积，从而进一步更有效地防止了搭便车行为的发生。

此外，本章也将所提方案同文献[33]中的方案进行了比较。文献[33]首次将基于拍卖的激励机制引入 LBS 中位置隐私保护，其在方案中引入了一个可信第三方服务器作为拍卖商。当节点发起 LBS 查询请求时，该节点将自身为本次交易的出价发送给拍卖商，由拍卖商向该节点的邻居节点发出查询请求；当邻居节点接受该出价时，则为服务请求节点提供匿名服务，否则，拒绝请求，该方案是基于直接互惠的激励机制的一种应用。本章将基于信誉的激励机制引入其中，与文献[33]方案对比可知，本章方案的安全性有较大优势，主要体现在以下两个方面。

(1) 文献[33]方案模型基于拍卖，需要可信第三方拍卖商参与并掌握用户身份等隐私信息，而由于当前的商业化云服务对用户隐私信息感兴趣，并非完全可信。因此，在协议实现阶段需要单独架设作为拍卖商的服务器，引入了大量的额外成本。同时，激励机制作为增加分布式 K 匿名实用性的一种手段被引入，分布式 K 匿名较集中式 K 匿名最大的优势在于无需可信第三方参与，而上述方案引入了作为拍卖商的第三方，该第三方掌握用户大量的隐私信息同样要求完全可信，有悖于分布式 K 匿名的设计理念。

本章所提方案中，Cloud 并不需掌握用户的任何隐私信息，在 Cloud 中存储的信息为节点交易号，该交易号由两部分组成，分别称为前缀和后缀。其中，交易号前缀为节点公钥哈希产生，由于节点公钥是唯一的，该前缀即是唯一的，使得 Cloud 中无需存储用户身份即可通过交易号前缀实现查找功能，借助现存的商业化云服务即可完成工作。考虑到现存商业化服务器的现实环境，其会对用户隐私信息感兴趣，但同时又会忠实执行所设计的协议。因此，本章引入的第三方为半可信服务器，且是已商业化的基础设施，无需搭建额外的硬件设备，简便易行。

由于第三方无需完全可信，避免了一旦第三方服务器被攻击而造成的用户隐私信息的泄露问题，安全性极大提高。同时，Cloud 需在第一轮验证过程验证双方 TID 的连续性，根据交易号前缀查找对应节点在 Cloud 存储的交易号的连续性，在交易阶段暂存交易双方为本次交易生成的新的信誉证书，以上操作均为轻量级，对 Cloud 的资源消耗很小。然而文献[33]方案中，可信第三方拍卖商需要全程参与双方交易，所需计算量较大。因此，本方案消除了可信第三方带来的性能瓶颈问题，降低了第三方服务器带来的拒绝服务攻击威胁。

(2) 文献[33]基于拍卖的激励机制本质上属于直接互惠激励机制范畴，基于直接互惠激励机制在一次交易中要求服务请求者能够提供足够的利益给服务提供者，交易双方的每次交易行为只会影响到本次交易，不会对下次交易产生任何影响。该方案中如果某个节点请求 LBS 隐私查询，则该节点作为服务请求者需要承诺为服务提供者提供某些利益，若此时邻居节点对该服务请求者提供的利益信息不感兴趣，则会拒绝为该节点提供匿名服务，如果大多数邻居节点对该利益信息不感兴趣，则会导致该节点的匿名请求失败。基于直接互惠激励机制仅适合单次交易持续时间长、交易双方相对固定的场景。然而 LBS 场景中节点频繁移动，通过如上分析可知，一旦两次交易互不影响，且节点在本次查询中无需隐私保护，将导致该节点并不会积极参与拍卖，从而对整个激励机制造成负面影响，因此文献[33]基于直接互惠的方案并不能完全契合 LBS 场景的位置隐私保护。

本章节提出的基于本地信誉存储的方案是基于信誉的激励机制。服务请求者获得服务与否完全取决于其本地存储的信誉值是否达到了能够获得服务的阈值。参与者每次交易产生一个信誉证书，信誉证书中的角色标识位 RF 代表了节点在本次交易中的身份(“消费”或“服务”)，该证书存储在用户本地并不断累积。当节点作为服务请求者发起 LBS 隐私查询时，在协议的第二轮验证过程中，服务提供者 S 要验证服务请求者 C 本地存储的旧信誉证书队列，清点所有证书中作为服务提供者 S 与作为服务请求者 C 的次数，并计算两者的比值作为 D_C 的值，只有该值大于能够提供服务的阈值时，服务提供者 S 才会为服务请求者 C 提供匿名服务。因此，节点的每次交易行为都会直接影响到 D_C，会对后续交易产生直接影响，使得参与者必须认真对待每次交易，从而达到长久激励效果。并且，本章方案通过 TID 的引入以及交易双方互相进行数字签名的形式确保了节点本地存储的信誉值是无法被修改的。因此，本章所提方案是一种能够长久激励、高可靠性的激励机制。

2.4.2　实现方面分析

为了增强分布式 K 匿名的实用性，本章提出将激励机制引入其中，因此，实用性是本章重点考虑的内容。本小节主要针对实现方面进行相应分析，与实际使用场景相结合，为 2.5 节的实验与性能分析做出理论指导。

1. 本地历史信誉存储

本方案采用的是本地自行维护更新信誉证书的方式管理自身信誉值，因此证书的维护是需要重点考虑的问题。节点每次交易会产生一个信誉证书，该信誉证书存储在本地，达到累积信誉的目的。然而，移动设备的存储空间有限，为了减少空间占用，存储节点的所有信誉证书是不现实也是没有必要的。因此，本方案采用循环队列存储证书，仅存储最新产生的 N 个证书，既节省存储空间，又能够很好地反映节点近期的历史行为。

本地存储的信誉证书队列中包含信誉头和旧证书队列两大部分，旧证书队列长度 N 固定。信誉头 RCH 保持不变，包括节点的公钥证书 PKC 以及节点第一笔交易的交易号的前驱交易号 TID_0。旧证书队列由每次交易累积的信誉证书连接而成，最大长度为 N 。

当队列不满时，证书队列如图 2.6(a)所示，循环队列中第一部分为信誉头 RCH，接着从 RC(1) 开始依次存储生成的新信誉证书。S 通过验证 C 中 TID_0 到 TID_n 的连续性确保信誉证书的完整性。当队列已满时，根据循环队列 FIFO 的特点，证书队列如图 2.6(b)所示，依次删除最先存入队列的证书。当节点验证旧证书队列时，若证书个数小于 N ，需要验证 TID_0 以及所有旧证书中 TID 的连续性，若 TID_0 与最先存入队列的证书中的 TID 不连续，也可判断证书不完整；若证书个数等于 N ，忽略 TID_0 与当前队列第一个证书中 TID 的连续性，仅需验证该 N 个证书中 TID 的连续性，即仅考虑最近 N 次交易中的信誉情况。

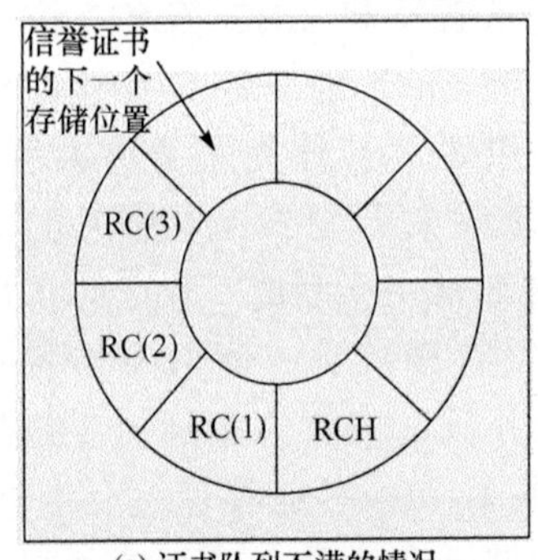

(a) 证书队列不满的情况

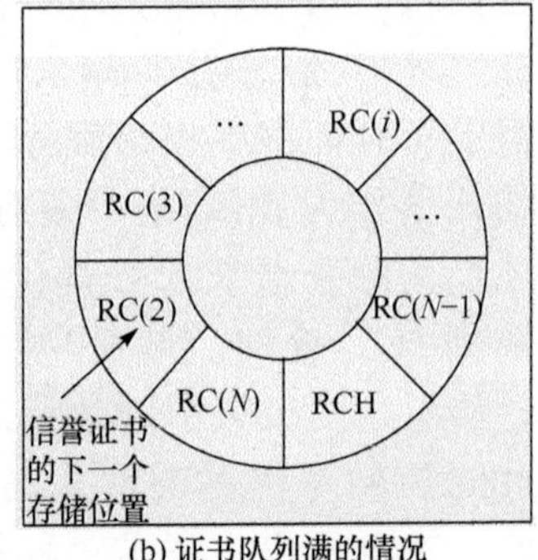

(b) 证书队列满的情况

图 2.6　本地循环队列结构存储的信誉证书示意图

2. 旧证书队列的批验证

为了减少服务提供者 S 验证服务请求者 C 的旧证书队列所需的时间和能量消耗，本方案采用签名的批验证技术。具体可采用文献[116]中提出的椭圆曲线数字签名(EdDSA)算法，该算法是一种采用特殊曲线的 ECDSA 算法，既可在第一轮验证过程中验证单个新证书中签名的有效性，又可在第二轮验证过程中批量验证 C 的旧证书中不同 S 的不同签名，从而达到一次性快速验证 C 的旧证书队列的目的。该算法批量验证的时间与验证单个签名的时间在一个数量级范围内，并且算法安全强度高，128bit 密钥安全强度约等于 3000bit RSA 密钥安全强度，已被证明是安全高效的签名算法。

该算法选取椭圆曲线 ed25519，B 为椭圆曲线的基点，采用将数据小端编码的方式压缩数据。节点的私钥为 b bit 字符串 k，计算公钥 A (A 压缩后记为 $\underline{A}$，其中 A 由私钥 k 与基点 B 计算产生)如下：

$$H(k)=\left(h_0,h_1,\cdots,h_{2b-1}\right)$$

$$a=2^{b-2}+\sum_{3\leqslant i\leqslant b-3}2^i h_i\in\left\{2^{b-2},2^{b-2}+8,\cdots,2^{b-1}-8\right\}$$

$$A=aB$$

节点需要进行签名的消息为 M，签名 sig 计算过程如下：

$$r=H\left(h_b,\cdots,h_{2b-1},M\right)$$

$$R=rB$$

$$S=\left(r+H\left(\underline{R},\underline{A},M\right)a\right)\operatorname{mod}\ell$$

$$\text{sig}=\left(\underline{R},\underline{S}\right)$$

当 C 或 S 收到对方的新证书时，验证证书的有效性为单个证书的验证，只需验证式(2.5)成立：

$$R=SB-H\left(\underline{R},\underline{A},M\right)A \tag{2.5}$$

当 S 收到 C 的旧证书队列时，批量验证所有旧证书是否有效，只需验证式(2.6)和式(2.7)成立：

$$H_i=H\left(\underline{R}_i,\underline{A}_i,M_i\right) \tag{2.6}$$

$$\left(-\sum_i z_i S_i \operatorname{mod}\ell\right)B+\sum_i z_i R_i+\sum_i\left(z_i H_i \operatorname{mod}\ell\right)A_i=0 \tag{2.7}$$

其中，z_i 为随机数。

2.5 实　　验

2.5.1 实验硬件环境

实验所搭建的测试床的拓扑结构如图 2.7 所示。其中三类节点 C、S、Cloud

均采用了相同的硬件配置：HP 台式机(3.00GHz Core(TM)2 Duo CPU 和 2.00G 内存)，配备 TP-LINK TL-WN822N Ver:2.0 高增益 802.11N 无线网卡，搭载了 Microsoft Windows7 32 位 Service Pack 1 旗舰版操作系统。C 和 S 均与接入点(access point, AP)通过无线连接，Cloud 与 AP 为有线连接。本章实验代码均采用 C/C++语言编写。

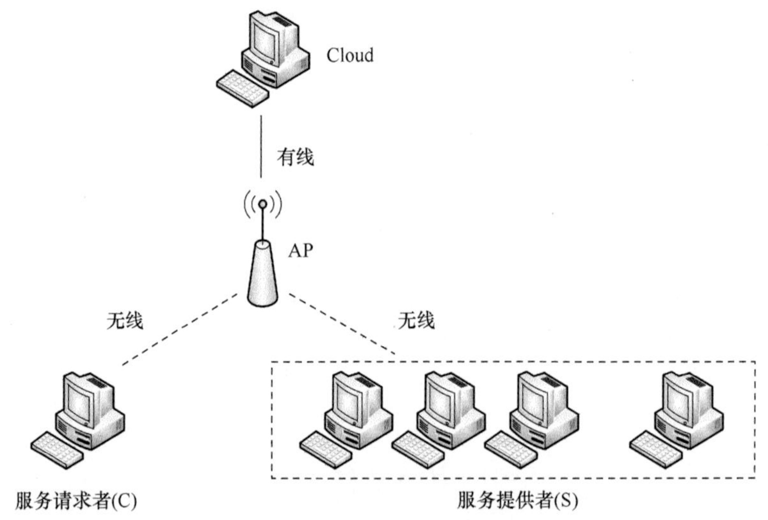

图 2.7　实验拓扑结构图

图 2.7 模拟了一个真实的小型无线通信环境，实验中为了实现为多用户同时提供服务，采用了多线程编程，在 S 端虚拟出 $K-1$ 个提供服务的节点。在该无线环境下，K 个节点互相通信，符合现实场景中 CSMA/CA 协议的特点。

为了保证节点间通信在安全可控的信道中完成，通信协议采用传输控制协议(transmission control protocol, TCP)。在协议开始阶段，服务请求者 C 首先采用用户数据报协议(user datagram protocol, UDP)广播查询请求，当 C 获得了愿意提供服务的节点 S 列表后，C 与每个 S 节点以及 Cloud 之间建立 TCP 连接，当本次匿名交易完全结束之后，TCP 连接断开，交易结束。

实验中采用签名算法 ed25519 − SHA − 512，各参数的设置如下：$b=256$，H 为散列算法 SHA − 512，q 为素数 $2^{255}-19$，255 bit 的 F_q 为小端编码的 $\{0,1,\cdots,2^{255}-20\}$，$d=-121665/121666\in F_q$，$B=(x,4/5)\in E$，其中 $x>0$，素数 ℓ[21] $= 2^{252}+ 277\,423\,177\,773\,723\,535\,358\,519\,377\,908\,836\,484\,93$，椭圆曲线在域 F_q 中的方程为 $v^2=u^3+486662u^2+u$。

2.5.2　实验数据及性能分析

1. 构造匿名区的时间分析

在搭建的 Wi-Fi 环境下，首先固定本地存储旧证书个数 N 值，此处 $N = 20$。变换不同的匿名区大小 K 值来测试构造匿名区所需要的时间，调节 K 值分别为 5、10、20、30 和 40，对每个 K 值随机选取 10 组实验数据，获得的数据情况如图 2.8 所示。

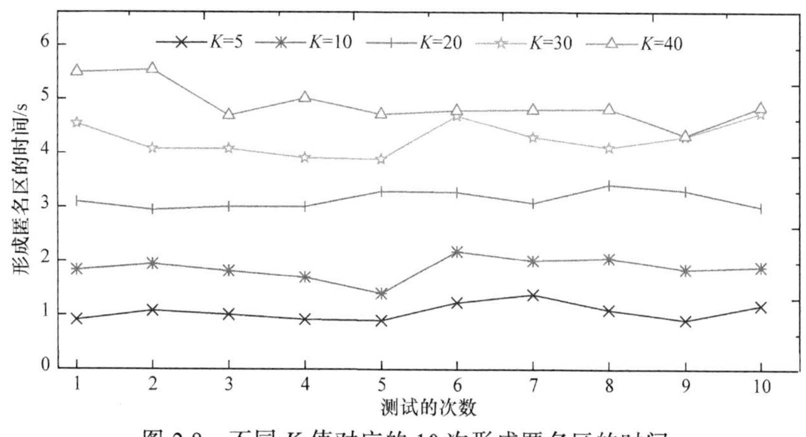

图 2.8　不同 K 值对应的 10 次形成匿名区的时间

图 2.8 所示为当本地存储的旧信誉证书个数 N 值固定，选取不同的 K 值时，测得的构造匿名区的时间散点图，将不同 K 值测得的时间取均值，得到匿名区大小 K 值与构造匿名区的平均时间的关系图如图 2.9 所示。

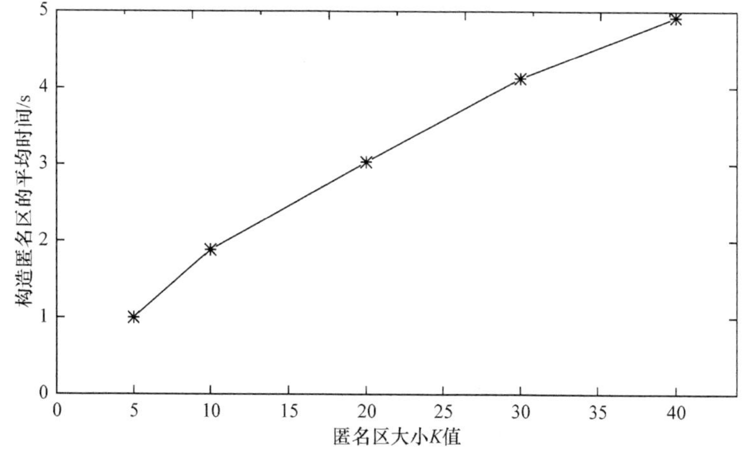

图 2.9　不同 K 值对应的构造匿名区的平均时间

图 2.9 中不同 K 值对应的构造匿名区的平均时间如表 2.3 所示。当匿名区

大小为 5 时，平均时间为 0.985s；当匿名区大小为 10 时，平均时间为 1.773s；当匿名区大小为 20 时，平均时间为 3.060s；当匿名区大小为 30 时，平均时间为 4.228s；当匿名区大小为 40 时，平均时间为 4.918s。可见，随着需要形成的 K 匿名集合大小的增长，形成 K 匿名区所需的时间呈缓慢增长趋势。

表 2.3　不同 K 值对应的构造匿名区的平均时间

K 值	5	10	20	30	40
平均时间/s	0.985	1.773	3.060	4.228	4.918

该趋势形成的原因：服务请求者 C 发起 LBS 匿名请求时，与其他 $K-1$ 个节点进行通信，交互信息，在无线环境下，交互的消息信道冲突，在 CSMA/CA 协议下，通信时间呈递增趋势，但增长趋势缓慢。

当固定匿名区大小 K 值不变时，调节本地存储的旧证书个数 N，即修改本地存储旧信誉证书队列的数据结构的大小，构造匿名区的平均时间如图 2.10 所示。可以看出，随本地存储的旧信誉证书个数 N 的增加，构造匿名区的平均时间增加基本可以忽略不计，其中平均时间为测量 40 次取均值。可见方案采用的批验证旧信誉证书的方式是高效的，N 的大小对构造匿名区的平均时间几乎没有影响。

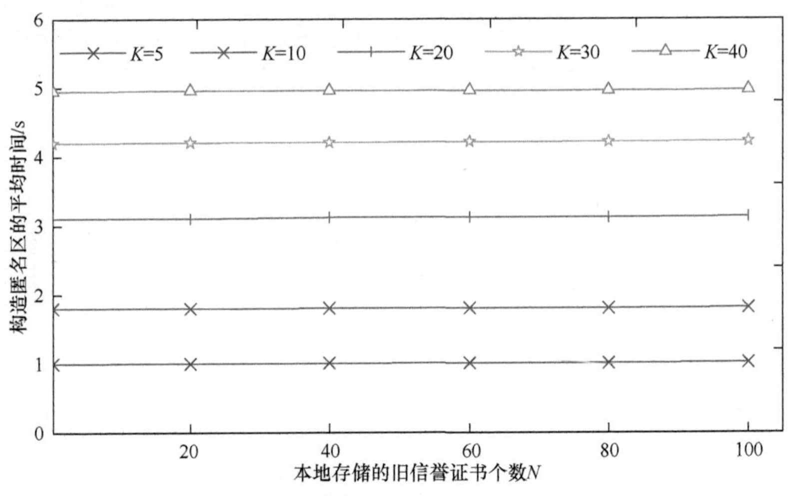

图 2.10　N 与构造匿名区的平均时间的关系

该趋势形成的原因：由图 2.9 分析可知，形成匿名区的时间大多为消息争抢信道消耗导致，而与传播时延关系不大。当 N 变化时，仅对传输时延有一定影响，而传输时延远小于传播时延，传播时延又远小于信道获取时延。因此，当固定匿名区大小 K 值时，变换本地存储的旧信誉证书个数 N 对匿名区形成的平均时间的影响可忽略不计。

2. 构造匿名区的通信量分析

服务请求者 C 在构造匿名区过程中的通信量与本地存储的旧信誉证书个数 N 和所形成的匿名区大小 K 值的关系如图 2.11 所示。由此可以看出，当构造匿名区大小 K 值固定时，C 的通信量随本地存储的旧信誉证书个数 N 的增加呈单调递增趋势；当本地存储的旧信誉证书个数 N 固定时，C 的通信量随需要形成的匿名区大小 K 值的增加也呈单调递增趋势。

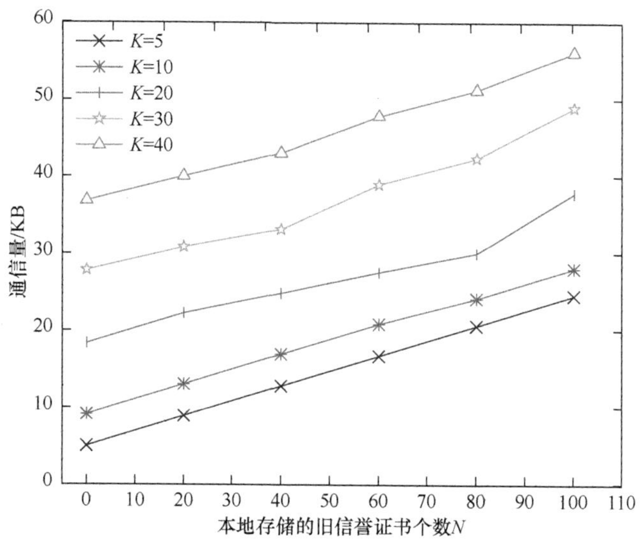

图 2.11　服务请求者 C 的通信量与 N 和 K 的关系

该趋势形成的原因：当服务请求者 C 发起匿名查询请求时，在协议第二轮验证过程中，C 需将本地存储的所有旧信誉证书发送给服务提供者 S，由 S 验证旧信誉证书队列中所有证书的有效性。因此，C 消耗的通信量大小与本地存储的旧信誉证书的个数呈正相关关系。当本地存储的旧信誉证书个数 N 值固定时，在协议的第一轮验证和第二轮验证过程中，服务请求者 C 均需向每个服务提供者 S 发送消息，第一轮发送本次交易产生的新信誉证书，第二轮发送本地存储的所有旧信誉证书。因此，C 消耗的通信量与匿名区 K 值也呈正相关关系。

服务提供者 S 在构造匿名区过程中的通信量与本地存储的旧信誉证书个数 N 和匿名区大小 K 值的关系如图 2.12 所示。由此可以看出：当匿名区大小

K 值固定时，S 的通信量随本地存储的旧信誉证书个数 *N* 的增加呈单调递增趋势；当本地存储的旧信誉证书个数 *N* 固定时，S 的通信量随需要构造匿名区大小 *K* 值的增加基本处于恒定状态，即 S 的通信量与需要形成的匿名区大小 *K* 值无关。

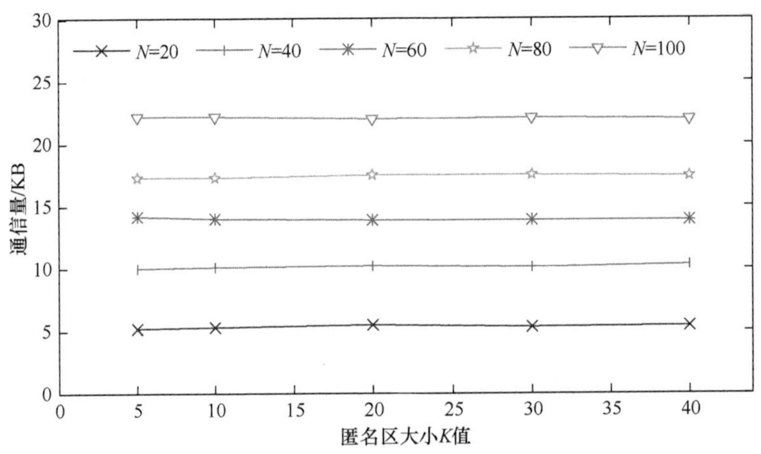

图 2.12　服务提供者 S 的通信量与 *K* 和 *N* 的关系

该趋势形成的原因：当服务提供者 S 收到匿名请求时，与服务请求者 C 进行通信，在协议第二轮验证过程中，S 需验证 C 存储的所有旧信誉证书的有效性，因此，C 本地存储的旧信誉证书个数 *N* 对 S 的通信量会产生直接影响，导致 S 的通信量与 C 本地存储的旧信誉证书个数 *N* 呈正相关。当本地存储的旧信誉证书个数 *N* 固定时，变换构造匿名区大小 *K* 值，此时在协议的整个执行过程中，服务提供者 S 仅需与一个服务请求者 C 及 Cloud 进行交互。因此，*K* 值的大小对 S 的通信量不会产生任何影响，即 S 的通信量与需要形成的匿名区大小 *K* 值无关。

2.6　结　　论

本章针对分布式 *K* 匿名中被广泛忽视的节点参与匿名区为其他节点提供匿名服务的意愿问题，首次将基于信誉的激励机制引入 LBS 的分布式 *K* 匿名位置隐私保护中。节点每次参与构造一次匿名区称为一次交易，节点每次交易产生一个信誉证书，该信誉证书标识节点本次交易担任的角色(“消费”或“服务”)，由节点存储在本地自行维护并更新，通过交易双方互相签名以及引入半可信第三方云服务器确保了信誉信息的完整性。当节点发起 LBS 匿名请求时，节点仅为信誉值大于能够提供服务的阈值的节点提供服务，通过限制为低信誉用户提供匿名服务，增加了用户参与到 K 匿名集合中的积极性，达到了激励目的，使广泛研究的基于分布式 K 匿名的 LBS 中位置隐私保护方案具有了实用性。

安全性分析表明，所提方案能够防止伪装攻击、共谋攻击、重放攻击等各种典型攻击行为，并且能够有效防止激励机制中普遍存在的搭便车行为。与文献[33]相比，本方案的激励机制考虑了用户的历史行为，节点每次交易都会对信誉值产生影响，从而间接影响节点以后的交易行为。因此，本方案持续激励效果更加显著，且不需要可信的第三方，仅需借助半可信第三方云服务器即可完成工作，方便易行，避免了其带来的性能瓶颈及安全问题，是一种更加适合在无线移动环境下 LBS 中位置隐私保护场景的安全高效的激励方案。

另外，本章通过搭建 Wi-Fi 环境测试床，编程实现了所提激励机制，实验结果表明，随用户数量增加，所提方案构造匿名区的时间总体较短且增长缓慢，并且由实验数据可知，该方案所引入的额外通信量很少，在本地存储信誉证书所占用的存储量也很小，比现存广泛使用的各大社交 APP 的本地存储量小一个量级。因此，所提方案是一种安全、实际可行的 K 匿名激励机制方案，极大增加了分布式 K 匿名的实用性，在 LBS 中位置隐私保护领域具有重要意义。

第3章　DALP:连续LBS请求下的需求感知位置隐私保护方案

3.1　引　　言

现有的连续 LBS 请求匿名方案均没有考虑对匿名区大小的约束，而匿名区的大小直接关系着服务质量的高低。因此，根据连续 LBS 请求构造的具有共同用户足迹的匿名区可能较大，从而直接影响 LBS 请求的服务质量(增加查询的时延以及服务器的负载)，严重时还可能造成返回的查询结果候选集过大而失去其实际的价值。基于此，本章将服务质量需求考虑进来，允许用户设置匿名区大小的约束，提出了连续 LBS 请求下的需求感知位置隐私保护(demand-aware location privacy protection，DALP)方案。

在 DALP 模型中，考虑到用户对隐私和服务质量需求是多样化的：不同用户对位置隐私和服务质量的需求不同，即使同一用户在不同场景下对这两者的要求也是动态变化的。例如，用户在医院的位置隐私需求比在商场的需求要高；如果用户处于迷路的情况，则仅仅需要最精确的帮助，即服务质量最大化，对隐私需求考虑较少。如果在连续 LBS 请求下不使用个性化的需求，而是采用统一值(即每个 LBS 请求的隐私和服务质量需求都保持不变)，则不能根据用户在不同位置的隐私和服务质量的需求来更好给用户提供服务，导致整体服务质量不高。因此在 DALP 模型中，允许用户针对每个 LBS 请求自定义个性化的位置隐私需求和服务质量需求。

研究发现，为用户的连续 LBS 请求引入服务质量需求后，可能会导致隐私需求和服务质量需求不能同时满足，无法得到一个满足需要的请求序列。会存在即使连续 LBS 请求下的所有匿名区均已达到服务质量约束的上界，仍有某些匿名区基于共同用户集获得的隐私值无法满足用户的隐私需求。观察发现，可能存在某个 LBS 请求，其在服务质量约束的区域内足迹稀疏，极大地限制了其余请求与该请求的共同用户数量，从而使得连续请求中较大比例请求的隐私需求无法得到满足。因此，针对连续 LBS 请求的隐私和服务质量需求无法同时满足的情况，在 DALP 方案提出最大化需求感知请求序列(Max demands-aware query sequence，Max DAQS)算法，通过对少量请求的抑制，最大化同时满足用户个性化位置隐私需求和服务质量需求的 LBS 请求个数，即在用户对连续 LBS 请求存在服务质量需求的情况下，最大化满足隐私需求服务的请求个数。

在此基础上，设计了最小化匿名区算法，针对每个服务请求点在保证隐私水平的情况下将匿名区缩至最小，进一步提高了请求的服务质量。综上所述，本章主要内容总结如下：

(1) 提出 DALP 模型，允许用户基于所在位置环境为所请求的 LBS 设置不同的隐私需求和服务质量需求；

(2) 深度分析基于共同历史足迹所形成的匿名区不能满足用户自定义需求的原因，提出 Max DAQS 算法，得到能同时满足用户个性化位置隐私需求和服务质量需求的最长 LBS 请求序列，即尽可能多地提供满足用户需求的 LBS；

(3) 在满足用户位置隐私需求的前提下，提出两种进一步缩小所构造的匿名区大小的算法，分别通过删除最远足迹和缩小匿名区边界，最小化共同用户的历史足迹所形成的匿名区，以减小查询时延和服务器的负载，进一步提高用户 LBS 请求服务质量；

(4) 基于匿名集的大小和信息熵来度量用户的隐私水平，通过实验仿真验证所提方案能够保证较高的匿名服务成功率，且有效地提高连续 LBS 请求的整体服务质量。

3.2　历史足迹信息存储结构及位置隐私度量标准

3.2.1　历史足迹信息存储结构

为了高效地检索位置数据，与现有的工作[5,14,90]一样，本章同样基于网格为足迹数据库建立索引，如图 3.1 所示。网格表 G 的每个网格单元用来记录哪些用户的足迹曾出现在该网格区域内，具体表示为<网格标识，用户集>。例如，网格标识为 c_4 的区域内曾出现过用户集 $\{u_2,u_3\}$ 的历史足迹；网格标识为 c_8 的区域内曾出现过用户集 $\{u_1,u_2,u_3\}$ 的历史足迹。此外，为每个用户建立其历史足迹表 F，用来存储每个用户的所有历史足迹信息 $F=\{f_1,f_2,\cdots,f_n\}$，其中任意一条足迹记录 f_i 表示为 $\langle t,l(x,y)\rangle$，分别记录用户每条足迹的时空信息。因此，通过用户身份标识，可在足迹表中快速找到其所有足迹记录。

另外，对于给定的一个网格单元 c_i，可以很容易地从网格表 G 和历史足迹表 F 找到通过该网格单元的足迹记录。根据用户需求所建立的不同匿名区，可以找到所对应的网格单元，从而通过网格表很容易找到匿名区中的共同用户集合，最终形成具有共同足迹的匿名区。

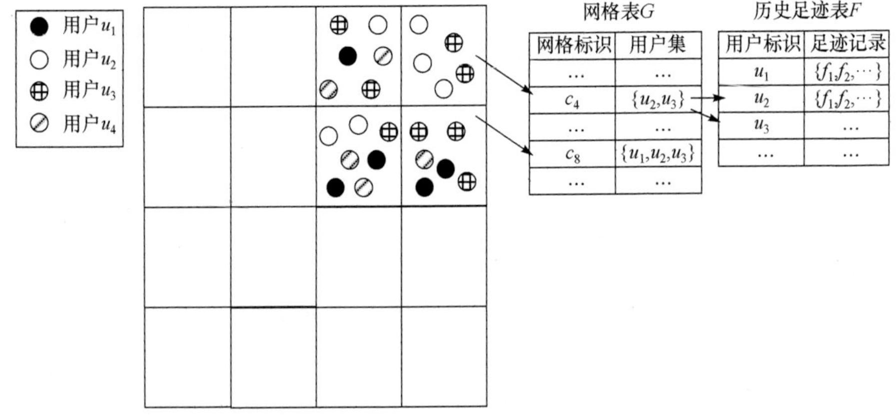

图 3.1　历史轨迹存储

3.2.2　位置隐私度量标准

目前的位置隐私度量标准主要包括两种：基于匿名集合大小和基于信息熵。与文献[15]一样，匿名区 C 的隐私水平记为 $P(C)$，定义如下。

定义 3.1　基于匿名集合大小：通过用户匿名集合大小来表征匿名区隐私水平。例如，匿名区 C 中 t 时刻用户集合为 U，则匿名区 C 所能达到的隐私水平 $P(C)=|U|$。

$P(C)$ 的取值意味着产生的匿名区内的 $P(C)$ 个不同用户是不可区分的，即攻击者将用户身份和请求发起位置相关联的概率为 $1/P(C)$。因此，为获得所需的 $P(C)$ 值，可扩大匿名区 C 以包含更多用户，增大隐私保护程度。

定义 3.2　基于信息熵：匿名区 C 中包含的用户集为 $U=\{u_1,u_2,\cdots,u_m\}$，若 u_i 的足迹在匿名区 C 中出现的次数为 n_i，则 $N=\sum_{i=1}^{k}n_i$ 表示匿名区 C 中包含的足迹数，匿名区 C 的信息熵为 $H(C)=-\sum_{i=1}^{m}\frac{n_i}{N}\log_2\frac{n_i}{N}$，故匿名区 C 的隐私水平定义为 $P(C)=2^{H(C)}$。

$H(C)$ 可以被解释为将用户 LBS 请求中的精确位置信息转换为匿名区 C 后，攻击者从用户集合 U 中识别出用户身份所需的额外信息，其中，$1<P(C)\leqslant m$。当集合 U 内的每个用户在匿名区 C 内拥有相同数量的足迹时，得到最大 $P(C)$ 值 m。当集合 U 内的某一个用户在匿名区 C 内拥有数量为 $N-m+1$ 的足迹，而其余用户均只有数量为 1 的足迹时，$P(C)$ 值最小。观察

得知：①m 越大，$P(C)$值越大。也就是说，一个区域内访问者越多，该区域活跃度越大。②足迹分布越不均匀，$P(C)$值越小。如果某些用户在某区域内的足迹数量占主导位置，那么 $P(C)$值将远小于 m。这种情况下为了获得所需的 $P(C)$值，需扩大匿名区 C 以包含更多的用户。

基于匿名集合大小和基于信息熵的衡量方法均能在本章的研究中使用，本章提出的匿名算法可以采用任一量化位置隐私值的隐私衡量方法。Shokri 等[117]的研究表明，基于匿名集合大小和基于信息熵的衡量方法并不与攻击者攻击成功概率相关，因此不是完美的位置隐私衡量方法。他们也提出了一种新的衡量工具来量化位置隐私，在本章提出的算法中，也可将基于匿名集合大小和基于信息熵的方法替换为该算法。

3.3 方案设计

3.3.1 系统模型

与之前的很多工作[4,5,14,15,90,103]一样，本章 LBS 中位置隐私保护模型同样基于经典集中式架构。其由五个模块组成：定位系统、地理信息数据库、终端用户、代理服务器和位置服务提供者(LSP)，如图 3.2 所示。其中，定位系统模块主要用来获取用户的位置信息。地理信息数据库通过存储静态的地理信息完成用户位置的可视化与映射功能，如将经纬度坐标转换为具体的地理街道等。根据终端所在的环境，文献[118]和[119]总结了室外和室内相关的定位技术，其中目前最为广泛的应用是室外导航定位。智能终端和无线技术的快速发展使得越来越多的学者开始研究室内定位[120-125]。总之，这些技术都用来向 LBS 提供相应的位置辅助用户完成位置服务的请求。本章侧重于用户请求 LBS 中位置隐私保护的过程，典型的流程如下：终端用户通过代理服务器完成与 LSP 的交互过程，其中代理服务器的主要作用是接收并匿名用户的请求位置信息，然后将匿名区转发给 LSP，因其能得到用户的位置信息，故要求其是可信的。终端用户 u 向代理服务器发送位置服务请求 $Q_i=\langle u,t,l(x,y),r\rangle$，表示用户 $Q_i.u$ 在 t 时刻位置 $l(x,y)$ 的位置隐私需求为 $Q_i.r$，此过程可通过 SSL 协议来保证通信安全。

收到用户的 n 个连续 LBS 请求 $Q=\{Q_1,Q_2,\cdots,Q_n\}$ 后，代理服务器基于用户历史足迹信息 F，根据用户的个性化位置隐私需求和服务质量需求，得到最大 LBS 请求序列，用以计算包含共同用户的匿名区 C，有关历史足迹信息 F 的形成及存储结构见 3.2.1 小节。随后，用匿名区 C 取代精确的位置集 $L=\{Q_i.l(x,y),$

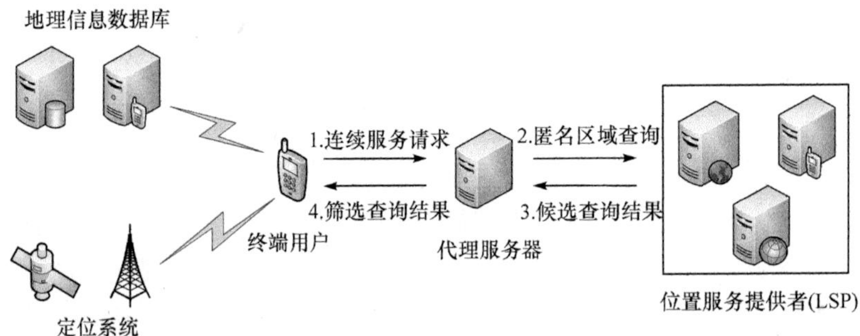

图 3.2　系统模型

$i=1,2,\cdots,n\}$ 并发送给 LSP 以请求服务。其中，如何利用足迹信息计算满足用户需求 $R=\{Q_i.r,i=1,2,\cdots,n\}$ 的最大 LBS 请求序列，用以构成共同用户的匿名区 C，同时获得更好的用户服务质量是本章研究的重点。LSP 基于收到的匿名区 C 请求检索满足要求的候选结果集，并返回给代理服务器；基于用户的精确位置信息 $Q_i.l(x,y)$，代理服务器筛选出满足要求的结果返回给相应的用户。

3.3.2　用户需求分析

在 DALP 模型中，为了满足用户在不同环境下个性化的位置隐私需求和服务质量需求，用户需对每个 LBS 请求都指定位置隐私水平和服务质量约束。需注意，该隐私水平是用 3.2.2 小节中的两种机制度量，服务质量通过所构造匿名区大小表征，这是由于匿名区的大小将直接影响查询的时延、服务器的负载以及返回结果的准确程度。基于上述分析，进一步细化 3.3.1 小节中发送给代理服务器的需求 $r:\langle p,(q_x,q_y)\rangle$，其中位置隐私需求 p 表示构造的匿名区需获得的最小隐私值；而服务质量需求 (q_x,q_y) 表示用户可以容忍的最大位置偏差值，即服务质量约束区域为 $A_i=\left[Q_i.x-Q_i.q_x,Q_i.y-Q_i.q_y\right]\times\left[Q_i.x+Q_i.q_x,Q_i.y+Q_i.q_y\right]$。考虑到连续 LBS 请求间的相关性，仅确保 $P(A_i)\geqslant Q_i.p$，因为攻击者可以通过不同匿名集合求交集的查询跟踪攻击来缩小匿名集合的大小，所以并不能保证真正满足用户的位置隐私需求。为此，本章通过具有共同历史足迹的用户来形成合理的匿名区，此时对匿名区的隐私评估代表了其真实水平。本章将匿名区 C 在共同用户集 U 约束下所能获得的隐私值统一记为 $P_U(C)$。

在 DALP 模型中，当用户发起具有个性化位置隐私和服务质量需求的连续 LBS 请求时，代理服务器需先执行 Max DAQS 算法，得到能同时满足用户位置隐私和服务质量的 Max DAQS $Q'(Q'\subseteq Q)$。在此基础上，通过基于最远足迹删除的最小匿名区构造和基于匿名区边界的最小匿名区构造，两种进一步缩小匿名区大小的算法，在满足用户个性化位置隐私需求的前提下，基于请求的服务质量需求约束边界缩小共同用户的历史足迹所形成的匿名区，以提高用户的服务质量。得到的匿名请求序列需满足如下条件：需求感知请求序列 Q' 尽可能长，即最大化匿名服务成功率。同时，序列中每个匿名区需满足：①匿名区要覆盖请求发起的位置；②匿名区所提供的隐私水平需满足用户个性化位置隐私需求；③匿名区范围需满足用户特定服务质量需求；④匿名区应尽可能小，以获得更好的服务质量。下面给出 DALP 模型的定义。

定义 3.3　DALP：给定历史足迹数据集 F，用户 u 发起的连续请求 $Q=\{Q_1, Q_2,\cdots,Q_n\}$，$\forall Q_i=\left\langle u,t,l:(x,y),r:\left(p,\left(q_x,q_y\right)\right)\right\rangle \in Q$。DALP 模型得到的需求感知序列 $Q'=\{Q_1',Q_2',\cdots,Q_m'\}$ 以及构造的匿名区 $C=\{C_1,C_2,\cdots,C_m\}$ 应满足：

(1) $\max\{|Q'|\}$，即最大化满足需求的请求个数，尽可能地满足用户更多的服务请求；

(2) $Q_i.l(x,y)\in C_i, i=1,2,\cdots,m$，即匿名区 C_i 要覆盖请求发起的位置 $Q_i.l(x,y)$；

(3) $P_U(C_i)\geqslant Q_i.p, i=1,2,\cdots,m$，即匿名区 C_i 基于共同用户集 U 所提供的隐私水平 $P_U(C_i)$ 需满足用户个性化位置隐私需求 $Q_i.p$；

(4) $C_i\subseteq A_i, i=1,2,\cdots,m$，即匿名区 C_i 需包含于用户特定服务质量约束区域 $A_i=\left[Q_i'.x-Q_i'.q_x, Q_i'.y-Q_i'.q_y\right]\times\left[Q_i'.x+Q_i'.q_x, Q_i'.y+Q_i'.q_y\right]$ 内；

(5) $\min\sum_{i=1}^{m}\text{Area}(C_i)$，$\text{Area}(C_i)$ 表示匿名区 C_i 的面积，即匿名区应尽可能小，以获得更好的服务质量。

基于 DALP 模型的定义，进一步对需求感知请求序列进行分析，考虑到连续 LBS 请求 $Q=\{Q_1,Q_2,\cdots,Q_n\}$ 中可能存在某些服务请求点 $Q_i\in Q$，用户的位置隐私需求和服务质量需求 $Q_i.r\left(p,\left(q_x,q_y\right)\right)$ 无法同时满足。为此，在用户需求不能全部满足时，需执行 Max DAQS 算法对请求进行少量抑制得到需求感知请求序列 $Q'(Q'\subseteq Q)$，序列中任一请求 $Q_i'\in Q'$，其服务质量约束区域 A_i 基于共同用户集 U 获得的隐私值均能满足用户隐私需求。基于以上的分析，本章形式化给出 DAQS 的定义。

定义 3.4　DAQS：给定历史足迹数据集 F，用户 u 发起连续 LBS 请求 $Q=\{Q_1,Q_2,\cdots,Q_n\}$，其中 $Q_i=\left\langle u,t,l:(x,y),r:\left(p,\left(q_x,q_y\right)\right)\right\rangle$。在用户位置隐私需求 $Q_i.r$ 约束下，连续 LBS 请求 $Q'=\{Q_1',Q_2',\cdots,Q_m'\}$ 作为 Q 的一个感知序列，当且仅当

$\forall Q_i' \in Q', P_U(A_i) \geqslant Q_i'.p$ 且 $Q' \subseteq Q$ ，其中 $A_i = \left[Q_i'.x - Q_i'.q_x, Q_i'.y - Q_i'.q_y\right] \times \left[Q_i'.x + Q_i'.q_x, Q_i'.y + Q_i'.q_y\right]$。

接下来将重点讨论：①在连续 LBS 请求中，当用户需求不能同时满足时，如何通过适当的请求抑制，获得最大化数量的 DAQS；②如何在满足用户个性化位置隐私需求的前提下，尽可能缩小匿名区面积，以获得更好的服务质量。

3.3.3 DALP 算法

本小节给出了 DALP 算法框图，如图 3.3 所示，主要包括三个步骤。

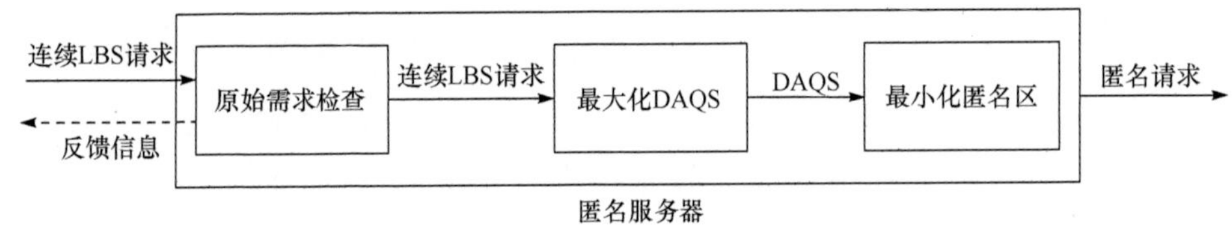

图 3.3 DALP 算法框图

(1) 原始需求检查：检查连续 LBS 请求 $Q = \{Q_1, Q_2, \cdots, Q_n\}$ 中的每个请求 Q_i 是否满足 $P(A_i) \geqslant Q_i.p$ (其中 A_i 为每个请求点服务质量约束的上界)。若不满足则需要用户对所提出的 $Q_i.r: \langle p, (q_x, q_y) \rangle$ 做出相应的调整，降低位置隐私需求或降低服务质量的约束。

(2) 最大化 DAQS：连续 LBS 请求 $Q = \{Q_1, Q_2, \cdots, Q_n\}$ 在共同用户集 U 约束下，若在某些服务请求点用户的位置隐私需求和服务质量需求无法同时满足，即 $\exists Q_i \in Q,\ P_U(A_i) < Q_i.p$ ，则需进行最大化 DAQS 处理。通过发现并抑制对连续 LBS 请求位置隐私保护影响最大的点，使得尽可能多的用户服务请求得到满足，进而得到最长的服务请求序列 DAQS：$Q' = \{Q_1', Q_2', \cdots, Q_m'\}$ 。该序列中每个请求的位置隐私需求和服务质量需求均能得到满足，即 $\forall Q_i' \in Q', P_U(A_i) \geqslant Q_i'.p$ 。

(3) 最小化匿名区：将上一步中得到的满足需求的请求序列 DAQS 作为输入，构造连续 LBS 请求的匿名区。基于服务质量约束上界，在保证隐私的前提下，尽可能缩小匿名区面积，以获得更好的服务质量。

下面，分别对这三个步骤进行介绍。

1. 原始需求检查

用户出行前将其出行过程中期望的所有 LBS 查询及其对每个查询的位置隐私需求及服务质量需求发送给代理服务器，代理服务器在不考虑共同用户集的情况下，检查每个请求点服务质量需求约束区域获得的隐私值是否能够满足该点对位置隐私的需求。如果不满足，需要用户对所提出的需求做出相应的调整，即降低位置隐私需求或降低服务质量的约束。如果单个请求的需求都无法满足，显然是需求设置的不合理，要求更严格的连续请求隐私需求更是无法达到。具体详见算法 3.1。

算法 3.1　原始需求检查

输入：LBS 请求序列 $Q=\{Q_1,Q_2,\cdots,Q_n\}$，网格表 G，历史足迹表 F；

输出：满足要求的区域 A；

初始化 A，$A\leftarrow\varnothing$；

---

for each $Q_i\in Q$ do

　$A_i\leftarrow\left[Q_i.x-Q_i.q_x,Q_i.y-Q_i.q_y\right]\times\left[Q_i.x+Q_i.q_x,Q_i.y+Q_i.q_y\right]$；　//计算服务质量需求约束区域

　$G.c_i\leftrightarrow A_i$；　//将约束区域与网格表 G 中单元相关联

　if $P(A_i)<Q_i.p$ then　//区域隐私水平不满足隐私需求

　　用户根据降低隐私需求或服务质量约束;

　else

　　$A\leftarrow A+A_i$；　//同时满足两者需求的区域;

　end if

end for

---

2. 最大化 DAQS

上一步骤中假设连续 LBS 请求中的每个请求完全独立，这一步骤中则考虑连续 LBS 请求间的相关性，重新计算服务质量需求约束区域在共同用户集下的隐私值，此时，可能存在某些请求中的位置隐私需求不再满足。若因请求的位置隐私需求和服务质量需求不能同时满足，而简单地拒绝该 LBS 请求，则会使得拒绝服务数量较多，最极端情况下，所有请求均无法满足用户的需求。因此，在连续 LBS 请求中，上述需求不能同时满足的情况下，为了最大化满足需求的请求个数，本章详细分析了每个请求的参数设置及请求之间的相互影响，发现造成上述需求不能同时满足的主要原因是个别请求服务质量

约束区中足迹过于稀疏或位置隐私需求设置过大。针对该问题给出 Max DAQS 算法，通过识别和抑制这两类请求，使得连续 LBS 请求中的大部分请求获得满足，从而得到同时满足用户位置隐私需求和服务质量需求的最长 LBS 请求序列。

在 Max DAQS 算法中，进一步检查在共同用户集约束下，所有请求的服务质量需求约束区域获得的隐私值是否仍能满足用户的位置隐私需求。若都能满足，则进入下一步最小化匿名区；若不能同时满足，为了获得最大化 DAQS，需分别对下列两类请求进行识别，并给出相应的抑制请求处理过程，下面给出详细的识别和抑制过程。

1) 服务质量需求约束区域中足迹稀疏请求的识别

在连续 LBS 请求 $Q=\{Q_1,Q_2,\cdots,Q_n\}$ 中，若存在某个请求 Q_i 的服务质量需求约束区域 A_i 中足迹过于稀疏，会导致该请求与其余请求服务质量需求约束区域的共同用户过少，从而使得所有 LBS 请求所获得的隐私水平较低，直接造成较大数量的 LBS 请求需求无法满足。以基于匿名集合大小位置隐私度量为例，如图 3.4 中的请求 Q_1，在其服务质量约束区域中只有两个用户的足迹，与其余请求 Q_2、Q_3 和 Q_4 服务质量需求约束区域的共同用户过少，造成所有请求的基于匿名集合大小隐私保护水平仅为 2。因此，为了最大化满足需求的请求个数，需对足迹稀疏的请求进行抑制。

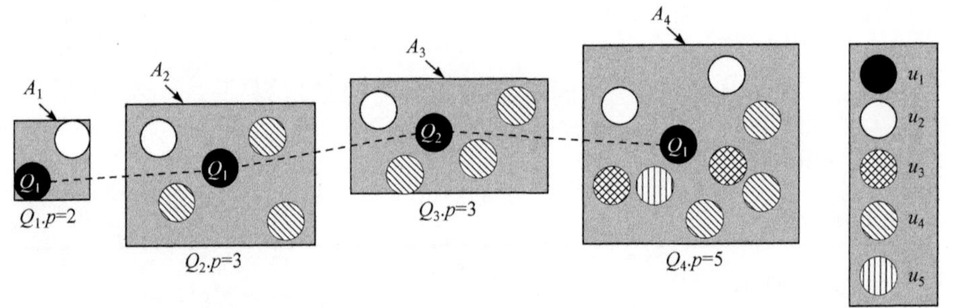

图 3.4 连续 LBS 中 DAQS

为了识别服务质量需求约束区域中足迹稀疏的请求，本章给出足迹稀疏区域请求查找(sparse area search)算法。由上述分析易知，对服务质量需求约束区域中足迹稀疏的请求进行抑制后，会使得其余请求服务质量需求约束区域 $A-A_i$ 的共同用户数显著增加，从而使剩余请求获得的隐私值增大。因此，本章对 Q 中的所有请求依次抑制，计算抑制后其余请求获得的总隐私值，选择总隐私值最大的作为足迹稀疏请求 Q_s 返回，同时返回抑制 Q_s 后的不满足位置隐私需求请求集合 S_1，具体过程见算法 3.2。

算法 3.2　足迹稀疏区域请求查找

输入：LBS 请求序列 $Q=\{Q_1,Q_2,\cdots,Q_n\}$，服务质量约束区域 $A=\{A_1,A_2,\cdots,A_n\}$，网格表 G，历史足迹表 F；

输出：足迹稀疏区域请求 Q_s，不满足隐私需求请求集合 S_1；

初始化 temp$[\bullet]$, S_1；

for each $Q_i \in Q$ do
　$U \leftarrow \bigcap_{j=1\wedge j\neq i}^{|Q|} G(A_j)$;　// 计算除请求 Q_i 的共同用户集
　$\text{temp}[i] \leftarrow \sum_{j=1\wedge j\neq i}^{|Q|} P_U(A_j)$;
end for
$[\text{index}] \leftarrow \max\{\text{temp}\}$;　//选择足迹稀疏区域
　for each $Q_i \in Q - Q_s$ do
　　if $P_U(A_i) < Q_i.p$ then　//共同用户
　　　$S_1 \leftarrow S_1 + Q_i$;
　　end if
end for
Return $[Q_s, S_1]$

2) 位置隐私需求设置过大请求的识别

在连续 LBS 请求 $Q=\{Q_1,Q_2,\cdots,Q_n\}$ 中，若存在请求 Q_i 位置隐私需求 $Q_i.p$ 设置过大，其服务质量需求约束区域基于共同历史足迹获得的隐私值很难达到其位置隐私需求值，即 $P_U(A_i)<Q_i.p$，从而造成连续 LBS 请求的位置隐私需求和服务质量需求无法同时满足。以基于匿名集合大小隐私度量为例，如图 3.4 中的请求 Q_4，其位置隐私需求($Q_4.p=5$)是连续 LBS 请求中需求最高的，基于共同历史足迹获得的隐私值很难满足该需求。显然，为了得到位置隐私需求和服务质量需求均满足的最长 LBS 请求序列，还需对位置隐私需求设置过大的请求进行抑制处理。

为了识别和处理位置隐私需求设置过大的请求，本章给出位置隐私需求过大处理算法。易知，位置隐私需求设置过大的请求必然在不满足需求的请求集合中(将该集合标记为 D)，为了获得最长 DAQS，所提算法对集合 D 中的所有请求依次抑制，计算抑制后不满足需求的请求个数，选择不满足需求个数最少的请求 Q_γ 返回，同时返回抑制 Q_γ 后的不满足位置隐私需求请求集合

S_2，详见算法 3.3。

算法 3.3　隐私需求过大处理

输入：LBS 请求序列 $Q=\{Q_1,Q_2,\cdots,Q_n\}$，服务质量约束区域 $A=\{A_1,A_2,\cdots,A_n\}$，不满足隐私需要的请求集合 D，网格表 G，历史足迹表 F；

输出: D 中使得 DAQS 最长的请求 Q_l，不满足隐私需求请求集合 S_2；

初始化 $\text{temp}[\bullet],S_2$；

计算 A 所对应网格表 G 中的共同用户集 $U\leftarrow\{u_1,u_2,\cdots,u_n\}$；

for each $A_i\in A$ do

　　if $P_U(A_i)<Q_i.p$ then　　//具有共同足迹的匿名区不满足隐私要求，将所对应的请求 Q_i 加入集合 D；

　　　　$D\leftarrow D+Q_i$;　　//存储不满足隐私水平需求的请求

　　end if

end for

for each $Q_i\in D$ do

　　$U\leftarrow\bigcap_{j=1\wedge j\neq i}^{|Q|}G(A_j)$;　　//计算除请求 Q_i 的共同用户集

　　for each $Q_j\in D-Q_i$ do

　　　　if $P_U(A_j)<Q_j.p$ then

　　　　　　$\text{temp}[i]\leftarrow\text{temp}[i]+1$;　　//抑制 Q_i 后不满足需求的个数

　　　　end if

　　end for

end for

$[l]\leftarrow\min\{\text{temp}\}$;

for each $Q_i\in Q-Q_l$ do　　//计算需求不满足的集合

　　if $P_U(A_i)<Q_i.p$ then

　　　　$S_2\leftarrow S_2+Q_i$;

```
        end if
end for
Return [Q_l, S_2]
```

3) 最大化 DAQS

在连续 LBS 请求中，为了最大化满足需求的请求个数，本章提出 Max DAQS 算法，在用户的位置隐私需求和服务质量需求不能同时满足的情况下，分别调用足迹稀疏区域请求查找算法和位置隐私需求过大处理算法，有效地识别服务质量约束区中足迹过于稀疏和位置隐私需求设置过大的请求(Q_s和Q_l)，并得到抑制两个请求后仍不满足需求的请求集合(S_1和S_2)，比较集合内请求的个数，选择个数少的进行抑制处理，直到所有请求的需求均能满足。具体过程详见算法 3.4。

算法 3.4 最大化需求感知请求序列

输入：服务质量约束区域 $A=\{A_1,A_2,\cdots,A_n\}$，对应 LBS 请求序列 $Q=\{Q_1,Q_2,\cdots,Q_n\}$，网格表 G，历史足迹表 F；

输出：DAQS Q'；

初始化U，D；

计算 A 所对应网格表 G 中的共同用户集 $U \leftarrow \{u_1, u_2,\cdots, u_n\}$；

for each $A_i \in A$ do

  if $P_U(A_i) < Q_i.p$ then //具有共同足迹的匿名区不满足隐私要求，将所对应的请求加入集合 D；

    $D \leftarrow D + Q_i$; //存储不满足的隐私水平需求的请求

  end if

end for

while ~ IsEmpty(D) do

//处理不满足条件 1)

  $[Q_s, S_1] \leftarrow$ sparse area search(Q, A, G, F);

//处理不满足条件 2)

$[Q_1, S_2] \leftarrow \text{excessive privacy} - \text{demand area search}(Q, A, D, G, F)$;

if $|S_1| \leqslant |S_2|$ then

　　$Q \leftarrow Q - Q_s$； $D \leftarrow S_1$；

else

　　$Q \leftarrow Q - Q_1$； $D \leftarrow S_2$；

end while

Return $Q' \leftarrow Q$

---

3. 最小化匿名区

为了提高用户连续 LBS 请求的服务质量，本章提出了以下两种进一步缩小所构造的匿名区的算法。将匿名区初始化为服务质量需求约束区域，在满足用户个性化位置隐私需求的前提下，缩小共同用户的历史足迹形成的匿名区，以减小查询时延及服务器的负载。算法过程中需考虑缩小一个匿名区面积将会存在以下影响：①包含的历史足迹变少，自身隐私水平减小；②影响共同用户集的大小，从而降低其他匿名区的隐私水平。

1) 基于最远足迹删除的最小匿名区构造

在满足用户位置隐私需求的情况下，本章通过删除匿名区最远足迹的方法达到缩小匿名区的目的。以基于匿名集合大小的位置隐私度量标准为例，如图 3.5 所示，请求 Q_1 和 Q_2 的位置隐私需求分别为 $Q_1.p = 3$ 和 $Q_2.p = 2$，所对应的匿名区分别为 C_1 和 C_2。在保证用户个性化位置隐私需求 $P_U(C_i) \geqslant Q_i.p, i = 1,2$ 的前提下，通过删除距离最远的足迹来缩小匿名区的大小，如图 3.5 中虚线所示。同样，对于基于信息熵的位置隐私度量标准，可采用相同的过程来缩小所构造的匿名区，达到提高服务质量的目的，算法 3.5 基于最远足迹的最小匿名区构造(Footprint Cloak)详细地描述了此过程。

基于得到的 DAQS 以及其所对应的服务质量约束区域 A，将所有 LBS 请求匿名区 C 初始化为其服务质量约束区域 A，在满足用户位置隐私需求的情况下缩小匿名区 C 的大小。对 DAQS 中每个请求 Q_i 对应的匿名区 $C_i \in C$，利用网格表 G 和历史足迹表 F 计算区域的历史足迹信息 $F_i(C_i)$，删除 $F_i(C_i)$ 中距离用户所在位置 $Q_i.l(x, y)$ 最远的共同用户足迹记录 f。之后，重新计算匿名区的共同用户集 U，比较每个请求此时的隐私水平是否仍然满足用户对位置隐

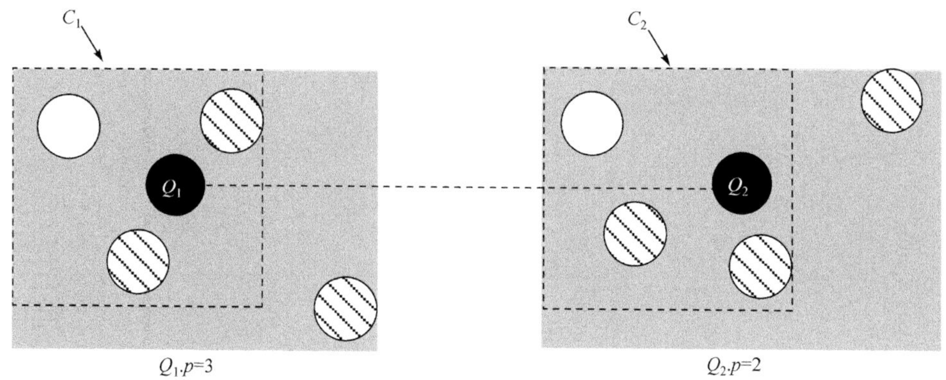

图 3.5　基于最远足迹删除的最小匿名区构造

私的需求，若满足，则取代原来的区域；否则，恢复至原来的区域，并将其加入到不能缩小的匿名区集合 C'。重复此过程直到 C 中所有匿名区均加入集合 C'，即所有匿名区均不能再继续删除最远足迹。具体过程详见算法 3.5。

算法 3.5 基于最远足迹的最小匿名区构造

输入:DAQS $Q' \to Q = \{Q_1, Q_2, \cdots, Q_m\}$，对应匿名区 $A \to C = \{C_1, C_2, \cdots, C_m\}$，网格表 G，历史足迹表 F；

输出：最小匿名区集合 C'；

初始化 C', U；

---

while $|C'| < |C|$ do

　　for each $i = 1$ to m do

　　　　$F_i(C_i) \leftarrow$ 基于 $\{G, F\}$ 计算 C_i 中的足迹信息;//计算区域 C_i 中的足迹信息;

　　　　$U \leftarrow \bigcap_{i=1}^{m} G(C_i)$;

　　　　删除距离 $Q_i.l(x, y)$ 最远的足迹 f,得到新的区域 C_i；

　　　　重新计算新的共同用户集合 $U \leftarrow \bigcap_{i=1}^{m} G(C_i)$;

　　　　for each $j = 1$ to m do

　　　　　　if $P_U(C_j) < Q_j.p$ then

　　　　　　　　加上最远足迹 f 以恢复到原来的区域 C_i；

　　　　　　　　$C' \leftarrow C' + C_i$; //记录不能缩小区域

```
            end if
        end for
    end for
end while
Return C′
```

2) 基于匿名区边界的最小匿名区构造

可以发现，即使匿名区最远足迹不能再删除，仍然能够从每个区域 $C_i \in C$ 的边界 $C_i\left(\left\{x_{\min}, y_{\min}, x_{\max}, y_{\max}\right\}\right)$ 出发进一步缩小匿名区面积。如图 3.6 所示，以基于匿名集合大小的位置隐私度量标准为例，此时如果继续删除请求 Q_1 或 Q_2 的最远足迹，即图中匿名区 C_1 和 C_2 左上角足迹变量，都会使得请求 Q_1 的位置隐私需求不再满足。但仍然可以从匿名区边界出发，进一步缩小匿名区面积：对于匿名区 C_1，从 $x_{\max}$ 方向继续删除足迹记录，仍能保证所有请求的位置隐私需求得到满足；同理，匿名区 C_2 可以从 $y_{\min}$ 方向删除足迹，从而将匿名区进一步缩小为虚线表示区域。对于基于信息熵的位置隐私度量算法，同样可以分别从匿名区四个边界方向进一步减小匿名区。通过以上分析，为了尽可能提高 LBS 请求服务质量，进一步给出了从匿名区边界出发缩小匿名区的算法，详见算法 3.6 基于匿名区边界的最小匿名区构造(Bound Cloak)。

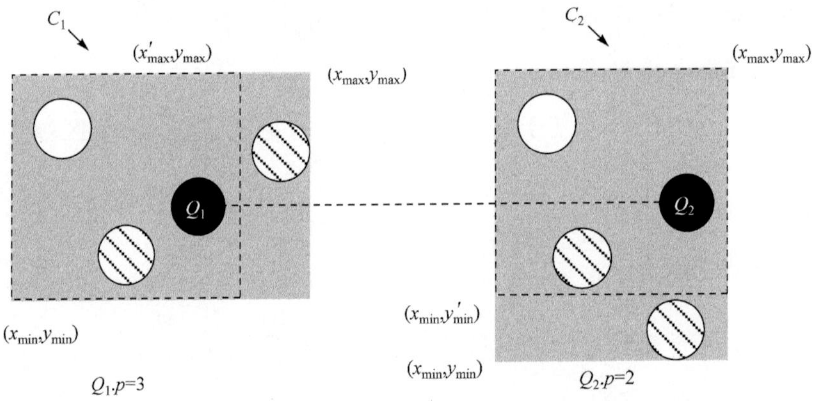

图 3.6　基于匿名区边界的最小匿名区构造

给定 DAQS，以及每个请求 $Q_i \in Q$ 的匿名区 C_i，通过网格表 G 和足迹信息表 F 得到共同用户集 U 在 C_i 中的所有历史足迹 $F_i(C_i)$。对于每个匿名区，分别从其四个边界 $C_i\left(\left\{x_{\min}, y_{\min}, x_{\max}, y_{\max}\right\}\right)$ 出发删除边界足迹来缩小匿名区，

算法 3.6 基于匿名区边界的最小匿名区构造

输入：DAQS $Q' \rightarrow Q = \{Q_1, Q_2, \cdots, Q_m\}$，对应匿名区 $C = \{C_1, C_2, \cdots, C_m\}$，网格表 G，历史足迹表 F；

输出：最小匿名区域集 C'；

初始化 C',U；

while $|C'| < |C|$ do
  for each $i = 1$ to m do
    $F_i(C_i) \leftarrow$ 基于 $\{G, F\}$ 计算 C_i 中的足迹信息； //计算区域 C_i 中的足迹信息
    for each dir $\in C_i(\{x_{\min}, y_{\min}, x_{\max}, y_{\max}\})$ do
      删除区域 C_i 中距离 dir 最近的共同用户足迹 f，得到新的区域 C_i；
      重新计算新的共同用户集合 $U \leftarrow \bigcap_{i=1}^{m} G(C_i)$
      for each $j = 1$ to m do
        if $P_U(C_j) < Q_j.p$ then
          加上足迹 f 以恢复到原来的区域 C_i；
        end if
      end for
    end for
    if C_i 四个边界均未发生变化 then
      $C' \leftarrow C' + C_i$；
    end if
  end for
end while
Return C'

每删除一个足迹需重新计算共同用户集 U，并检查所有请求的位置隐私需求是否仍然满足，若不满足则恢复至删除前的匿名区。若匿名区 C_i 在某次缩小操作中，四个边界 $\{x_{\min}, y_{\min}, x_{\max}, y_{\max}\}$ 均未发生改变，则将 C_i 加入最小匿名区集合 C'。重复上述过程直到所有匿名请求的匿名区都不能再继续减小。

在上述过程中，为了保证连续 LBS 请求的安全性，匿名区的构造仅考虑共同用户的历史足迹。若实时地为连续 LBS 请求提供位置隐私保护，对于第一个 LBS 请求，选择最近的 i 个用户构造匿名区，而后续所有 LBS 请求匿名区均包含与第一个匿名区内相同的 i 个用户。由于 i 个用户行动轨迹的不同，则会造成随着行进路线的变长，匿名区越来越大，最终 LBS 失去意义。为了保证请求的服务质量，连续 LBS 请求匿名区的构造需获知用户的大致出行路线，找到与其行进路径相近的共同用户集合。与位置感知的位置隐私保护(L2P2)算法[15]一样，本章提出的模型以历史足迹记录和连续 LBS 请求作为输入。用户出行前将其出行过程中期望的所有 LBS 请求发送给代理服务器，代理服务器对该连续 LBS 请求进行离线预处理，得到满足用户位置隐私需求和服务质量需求的连续匿名区。由于该过程是预处理，其时延不会对用户出行中的连续 LBS 请求造成影响。

3.4 实　　验

本章主要通过设置不同的位置隐私需求和服务质量需求，对连续 LBS 请求匿名服务成功率和服务质量的影响，与 L2P2 算法[15]进行对比来分析所提算法的有效性。其中，匿名服务成功率指能满足用户个性化位置隐私需求和服务质量需求的请求数占请求总数的百分比，而服务质量主要考虑所构造匿名区的大小。简单起见，本章只针对 L2P2 中效果最好的两个算法(Alg3 和 Alg5)做比较。其中，所有的位置隐私度量都是基于 3.2.2 小节中所提的基于匿名集合大小和基于信息熵两种标准。

3.4.1 实验数据及平台

本章所提算法用 C++编程语言实现，实验环境为 3.0GHz 的 Intel 双核 CPU，2GB 内存，操作系统平台为 Windows XP。实验数据是由 Brinkhoff[126] 提出并实现的基于网络的移动对象生成器(network-based generator of moving objects，NGMO)来模拟移动用户在奥尔登堡市区交通网络图上的行进轨迹，生成移动用户的坐标得到其历史足迹信息，并通过仿真得到位置和时间信息，产生相应的 LBS 请求。仿真实验以德国城市奥尔登堡中面积为 16km×16km 的市区交通网络图作为输入，如图 3.7 所示，移动速度采用模拟器的默认设置，基于不同的道路类型，用户移动速度将随之改变。本章模拟 1000 个用户在不同时间内的移动情况，产生包含时间戳和位置坐标的足迹记录集。连续 LBS 请求是由单个用户在 1000 个连续抽样点所发出，同时随机产生在这些位置用户的位置隐私需求和服务质量需求。

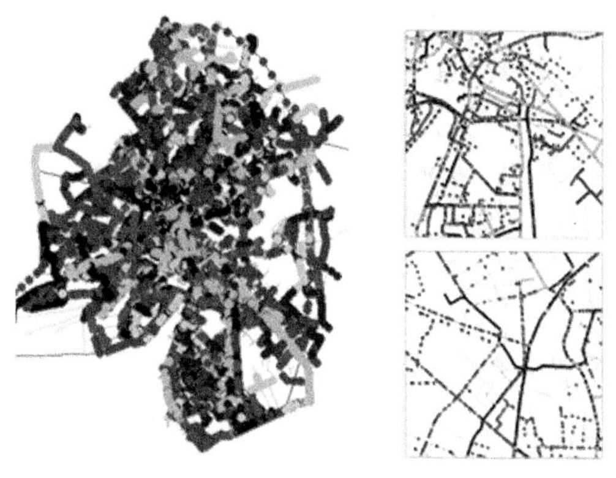

图 3.7　奥尔登堡市区交通网络图

3.4.2　实验结果与分析

1. Max DAQS 过程前后的匿名服务成功率对比

实验由产生器产生 35K 条历史足迹记录，本章设置连续 LBS 请求的服务质量需求 q_x 和 q_y 从区域面积为16km×16km的 0.625%～50%中随机选取。基于匿名集合大小的位置隐私度量标准，位置隐私需求值为[1,40]的随机值，而对于基于信息熵的位置隐私度量标准，位置隐私需求值为[3,10]的随机值。为了观察不同请求个数下 Max DAQS 过程的有效性，本章将连续 LBS 请求个数分别设置为 15、20、25 和 30，对 Max DAQS 过程前后的匿名服务成功率进行对比。

针对不同个数的连续 LBS 请求，本章在 Max DAQS 过程前，将连续 LBS 请求匿名区设置为服务质量约束上界，检查连续 LBS 请求获得的隐私值是否达到个性化位置的隐私需求，结果如图 3.8 所示。在 Max DAQS 过程前，连续 LBS 请求中超过 40%请求的位置隐私需求和服务质量需求不能同时满足，而在经过 Max DAQS 过程后，匿名服务成功率均保证在 87%以上。特别的，当连续 LBS 请求个数较多时(如图 3.8 中连续 LBS 请求个数为 30 个)，Max DAQS 过程前，较大比例[图 3.8(a)中为 93%]，甚至所有请求[图 3.8(b)中为 100%]均无法同时满足用户的位置隐私需求和服务质量需求，而 Max DAQS 过程后能够保证 90%的匿名服务成功率。也就是说，如果不进行 Max DAQS 过程，而直接拒绝位置隐私需求和服务质量需求不能同时满足的 LBS 请求，则会造成拒绝服务数量较多，最极端情况下，所有请求均无法满足用户的需求。通过分析得知，连续 LBS 请求中很容易出现服务质量约束区域内足迹稀疏的请求，限制了共同用户的数量，从而导致所有请求的隐私值偏小，无法满足用户隐私需求。本章通过 Max DAQS 过程对服务质量约束区域内足迹稀疏请求进行了抑制，使得连续 LBS 请求中的大部分请求的位置隐私需求和服务质量需求同时获得满足，从而提高了连续 LBS 请求的匿名服务成功率。

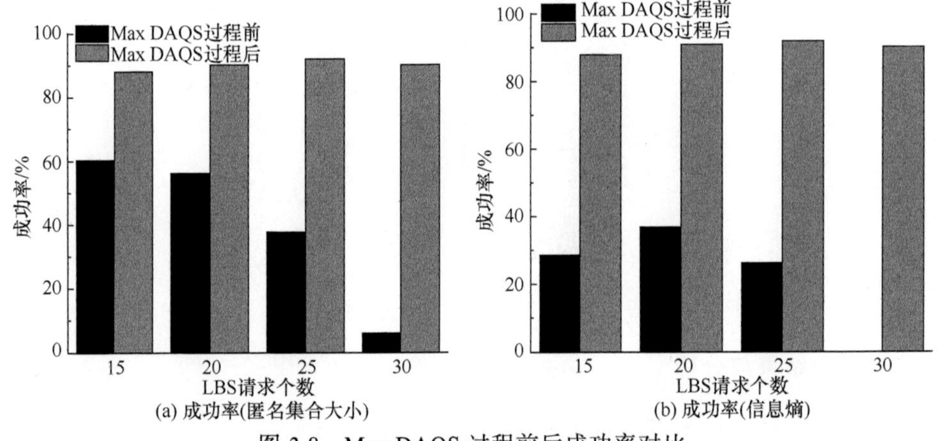

(a) 成功率(匿名集合大小)　(b) 成功率(信息熵)

图 3.8　Max DAQS 过程前后成功率对比

2. 平均位置隐私需求对平均匿名区大小及匿名服务成功率的影响

实验由产生器产生 35K 条历史足迹记录，设置 40 个连续 LBS 请求，且服务质量需求 q_x 和 q_y 从区域面积为16km×16km 的 0.625%～10%中随机选取。为了观察平均隐私水平变化对结果的影响，实验中采用不同的平均隐私水平设置(基于匿名集合大小的位置隐私度量标准：20～80，基于信息熵的位置隐私度量标准：4～16)。

如图 3.9 所示，L2P2 算法和本章提出的 DALP 均表明随着平均位置隐私需求的提高，平均匿名区面积不断增大，匿名服务成功率不断下降。这是由于随着平均位置隐私需求的增加，构造的匿名区需要覆盖更多的用户足迹才能满足用户的隐私保护需求，而匿名区的增长将直接导致服务质量下降，影响匿名服务成功率。由图 3.9(a)和(c)可知，无论位置隐私度量算法使用基于匿名集合大小或基于信息熵度量标准，DALP 模型中，在 Footprint Cloak 算法上继续执行 Bound Cloak 算法，能进一步缩小匿名区。同时，本章提出的 DALP 模型构造的平均匿名区面积明显小于 L2P2 算法，如图 3.9(a)所示，基于匿名集合大小的平均隐私度量为 80 时，DALP 模型构造的平均匿名区面积约为 Alg3 算法的 1/25，Alg5 算法的 1/8；如图 3.9(c)所示，基于信息熵的平均隐私度量为 16 时，

DALP 模型构造的平均匿名区面积约为 Alg3 算法的 1/16，即在满足用户位置隐私需求的前提下，DLAP 能提供更好的服务质量。此外，L2P2 算法平均匿名区面积增大的速度明显快于本章提出的 DALP，特别是当位置隐私需求较大时，效果更为明显如图 3.9(a)所示，基于匿名集合大小的平均隐私度量从 60 增加到 80 时，Alg3 算法的平均匿名区面积增加了 3 倍，Alg5 算法增加了 2 倍，而本章提出的 DALP 模型仅增加了 0.2 倍；如图 3.9(c)所示，基于信息熵的平均隐私度量从 12 增加到 16 时，Alg3 算法的平均匿名区面积增加了 3 倍，而 DALP 模型仅增加了 0.5 倍。由图 3.9(b)和(d)可知，当用户设置不同隐私需求时，本章所提方案较 L2P2 能提供更高的匿名服务成功率。随着平均隐私度量增大，DALP 模型均能保证 87.5%以上的匿名服务成功率，而 L2P2 算法均在 80%以下；且如图 3.9(d)基于信息熵的平均隐私度量为 16 时，L2P2 算法的匿名服务成功率降到了 15%，此时 DALP 模型仍能保证在 87.5%。表明当用户发起连续 LBS 请求且存在特定服务质量需求的情况下，本章提出的 DALP 能更好地为用户服务。据分析，存在两方面原因：①L2P2 中所提算法是基于四叉树的匿名算法，一旦位置隐私需求不满足，匿名区以 4 倍的速度增大，如图 3.9(a)和(c)中所示，当位置隐私需求超过一定值后(度量标准基于匿名集合大小为 60，基于信息熵为 12)，L2P2 算法产生的匿名区迅速增长，导致最终匿名区面积过大，服务质量难以得到满足，匿名服务成功率较低。②连续 LBS 请求中存在足迹稀疏请求区域和隐私设置过大请求区域会导致形成的匿名区面积过大，较大比例请求无法同时满足位置隐私需求和服务质量需求，本章提出的 DALP 模型对这些请求进行了抑制，牺牲少部分的 LBS 请求，使得大部分的请求得到满足。进而通过缩小所构造的匿名区算法，有效地减小了匿名区面积，进一步提高了服务质量。实验结果表明，在用户设置不同隐私需求的情况下，本方案均能为连续 LBS 请求提供较好的服务质量和较高的匿名服务成功率。

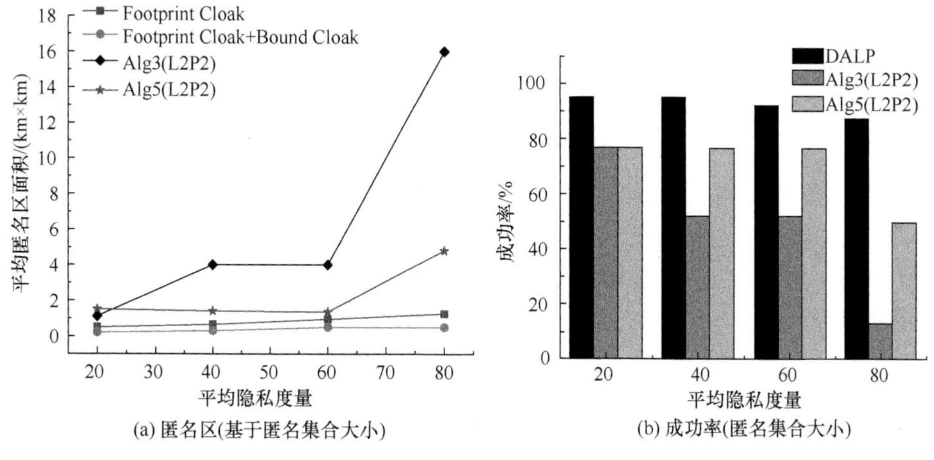

(a) 匿名区(基于匿名集合大小)　　(b) 成功率(匿名集合大小)

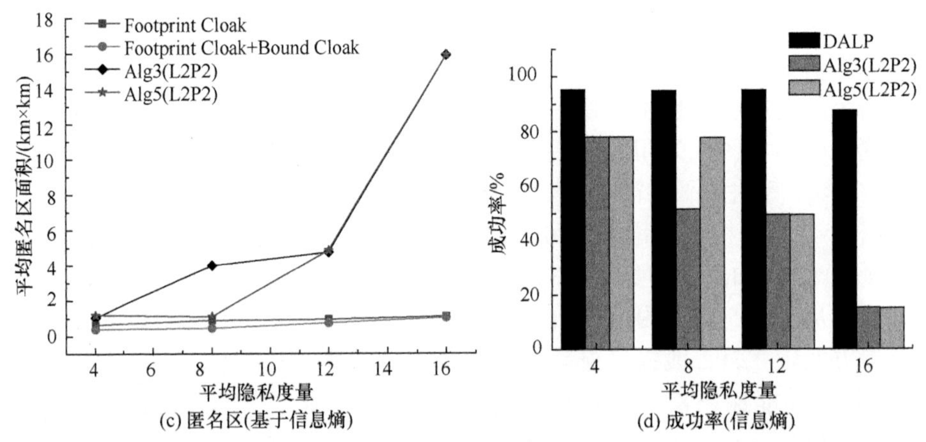

图 3.9　平均匿名区面积大小和匿名服务成功率随位置隐私需求变化关系

3. 服务质量需求对匿名区面积大小及服务成功率的影响

实验由产生器产生 35K 条历史足迹记录，设置用户连续 LBS 请求数为 40 个。由于位置隐私度量方法的不同，基于匿名集合大小度量标准，位置隐私需求值为[1,40]内的随机值，而对于基于信息熵度量标准，位置隐私需求值为[3,10]内的随机值。为了观察平均服务质量需求约束值对结果的影响，基于匿名集合大小标准平均服务质量要求 q_x 和 q_y 值的变化范围为区域面积16km×16km 的 6.5%～8.45%，而对于基于信息熵标准设置为区域面积16km×16km 的 3.9%～5.85%。

观察图 3.10(a)和(c)发现，随着平均服务质量需求约束值的增大(即服务质量需求降低)，L2P2 中算法构造的平均匿名区面积恒定不变。这是由于 L2P2 中算法匿名区产生过程并没有考虑用户的特定服务质量需求，在位置隐私需求不发生变化的情况下，将得到相同的匿名区面积。然而 DALP 模型构造的平均匿名区面积存在一定的波动，这是由于在 DALP 模型中，匿名区的产生不仅取决于位置隐私需求，还与服务质量需求的设置有关。不同的需求设置，得到不同的 DAQS 序列，进而执行匿名区减小算法，将得到不同的匿名区。易发现，在用户设置不同服务质量需求的情况下，本章提出的 DALP 模型构造的平均匿名区面积明显小于 L2P2 算法，如图 3.10 所示，DALP 模型构造的平均匿名区面积均约为 Alg3 算法的 1/10，Alg5 算法的 1/4。这是由于 L2P2 算法受到足迹稀疏区域请求或位置隐私值设置过大请求的影响，而本章分别对这两类请求进行抑制，大幅度减小了匿名区面积。

由图 3.10(b)和(d)可知，随着平均服务质量需求约束值的增大(即服务质量需求降低)，连续 LBS 请求的匿名服务成功率升高，且在用户对服务质量存在特定需求时，相比于 L2P2 中算法，DALP 模型能获得较好的匿名服务成功率。任何服务质量约束值下，DALP 模型均能保证 87.5%以上的匿名服务成功率，而 L2P2 中算法均在 77.5%以下。L2P2 中算法的较大的匿名区面积直接导致了其无法满足用户的服务质量需求。特别的，图 3.10(d)表明，当连续 LBS 请求的服务质量约束值较小(小于 4%)，即服务质量需求较高时，L2P2 中算法得到的连续 LBS 请求匿名区以较大概率(80%)，甚至全部超过服务质量需求上界，即它所生成的匿名区都不满足服务质量的需求。然而在相同条件下，本章提出的 DALP 模型仍然能保证 95%以上的匿名服务成功率。因此，DALP 模型在用户对服务质量存在特定需求时，能更好地为用户服务，提供更多满足需求的请求响应。

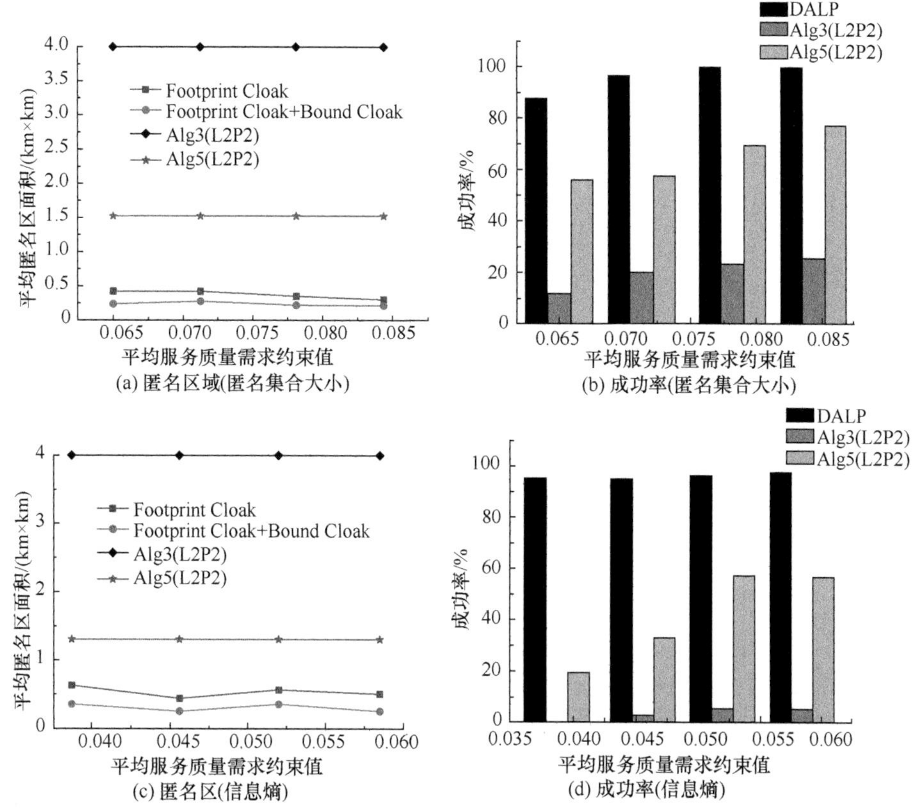

图 3.10　平均匿名区面积大小和匿名服务成功率随服务质量需求变化关系

3.5　结　　论

针对现有的连续 LBS 请求位置隐私保护方案无法同时满足用户在不同环境下的个性化位置隐私需求和服务质量需求的问题，本章提出了连续 LBS 请求下的 DALP 方案，允许用户以请求为单位自定义位置隐私需求和服务质量需求。通过提出一个有效的 Max DAQS 算法，获得了较高的匿名服务成功率(即满足用户个性化位置隐私需求和服务质量需求的请求数占请求总数的百分比)。为连续 LBS 请求提供匿名保护的同时，尽可能提高请求的服务质量，本章给出两种新的最小化匿名区算法，从匿名区共同用户足迹及匿名区边界出发一步步减小匿名区。实验结果表明，在不同的位置隐私需求和服务质量需求下，所提方案都能获得较好的请求服务质量和匿名服务成功率。

第 4 章　时空关系感知的假位置隐私保护方案

4.1　引　　言

假位置[38,39]作为一种常用的位置隐私保护方法，与其他位置隐私保护方法，如基于 K 匿名、基于差分隐私和基于密码学的方法相比，具有以下优点：①不依赖第三方；②用户可获得准确的查询结果；③用户与 LSP 之间无需共享密钥。这使得该方法被广泛用于保护 LBS 查询中的用户位置隐私[38-40,42,43,102]。

然而，在现实应用中，用户可能会频繁地发送 LBS 查询。例如，在驾车前往某地度假的途中，用户可能会不断查询最近的加油/充电站位置；在驾车前往机场时，用户可能会不断地查询附近道路的交通情况；当漫步在陌生城市街头享受假期时，用户可能会不断地查询周边的名胜和美食。在上述场景中，当用户使用假位置方法保护自己连续 LBS 查询中的位置隐私时，其提交的位置集合间具有紧密的时空关系。如果直接使用现有的假位置隐私保护方法，LSP 能从时间可达性、方向相似性和出入度对相邻位置集合和位置集合间的时空关系进行分析，以较高的正确率推测出某些假位置，甚至能获知用户的真实位置，分别如图 4.1 和图 4.2 所示。

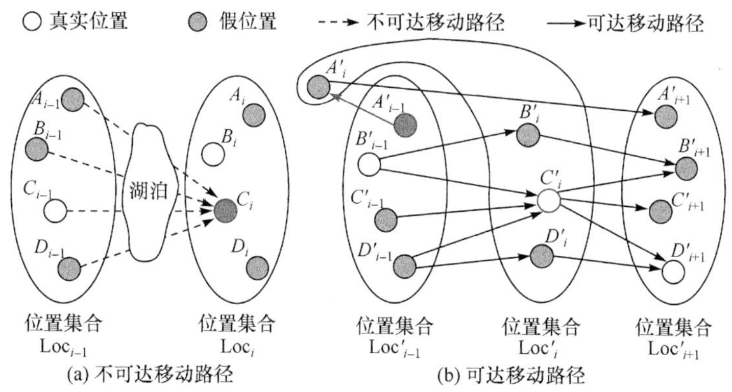

图 4.1　用户连续请求时提交的相邻位置集合间时空关系的示例图

在图 4.1(a)中，当用户连续发送 LBS 查询时，若直接采用现有的假位置隐私保护方案生成位置集合 Loc_{i-1} 和 Loc_i，并将它们发送给 LSP，由于湖泊的存在，用户在请求时间间隔并不能从 A_{i-1}、B_{i-1}、C_{i-1} 和 D_{i-1} 移动到 C_i。此时，LSP 将推测出 C_i 是假位置。当用户提交的相邻位置集合 Loc'_{i-1} 和 Loc'_i 间形成的

6 条请求时间间隔内可达移动路径如图 4.1(b)所示时，由于可达路径 $< A'_{i-1}, A'_i >$ 与其他可达路径的移动方向相反，LSP 仍会以较大的概率识别出 A'_{i-1} 和 A'_i 是假位置；并且，由于在剩下的 5 条可达路径中，有 3 条路径均是以 C'_i 为终点，那么 LSP 可通过识别交通枢纽的方式推测出 C'_i 是用户的真实位置。此外，如图 4.2(a)所示，虽然位置集合 Loc_{i-1} 、Loc_i 和 Loc_i 、Loc_{i+1} 间形成的可达路径的移动均相似，但是 LSP 从位置序列的角度可观察到可达路径 $< A_{i-1}, A_{i+1} >$ 的总体移动方向与可达路径 $< B_{i-1}, B_{i+1} >$ 和 $< C_{i-1}, C_{i+1} >$ 相反，因此 LSP 会以较大概率推测出 A_{i-1} 、A_i 和 A_{i+1} 是假位置。然而在图 4.2(b)形成的可达路径中，虽然以 B'_i 为终点的可达路径数量多于以 E'_i 为终点的可达路径数量，且以 C'_i 为起点的可达路径数量也多于以 E'_i 为起点的可达路径数量，但是从位置序列的角度来看，以 E'_i 为起点和终点的可达路径数量总和最大。此时，LSP 仍可通过识别交通枢纽的方式推测出 E'_i 是真实位置。

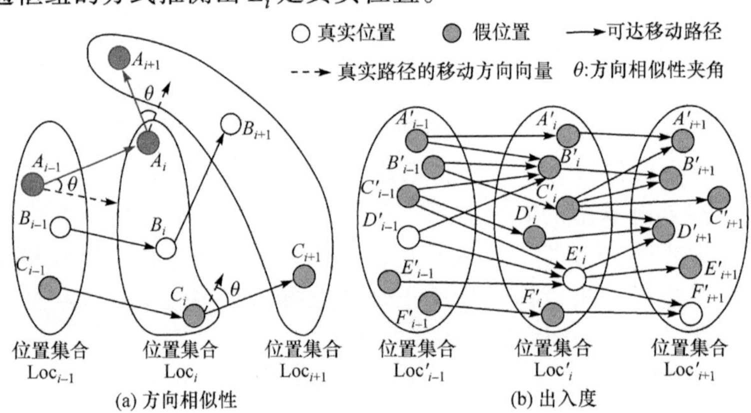

图 4.2　用户连续请求时提交的位置序列间时空关系的示例图

因此，现有的假位置方案并不能有效地保护用户连续 LBS 查询时的位置隐私。通过大量实验也证明了这一点：现有的假位置方案仅能以不高于 22%的成功率为用户的连续 LBS 查询提供位置隐私保护。

对于单次离散的 LBS 查询，现有的假位置方案[38-40,42,43,102]已能保护用户的位置隐私。但利用连续 LBS 查询时所提交的位置序列间的时空关系，假位置方案生成的许多假位置仍能被 LSP 识别。因此，为了有效保护连续 LBS 查询中的用户位置隐私，最直接的方法是剔除能被识别的假位置，使得最终形成的位置集合能够满足用户的位置隐私需求。基于该出发点，利用现有的假位置方案生成初始候选假位置，并从时间可达性、方向相似性和出入度三个方面分析相邻位置集合以及位置序列的时空关系，删除能被识别的假位置，提出一种基于时空关系感知的假位置隐私保护方案。

4.2 预 备 知 识

4.2.1 系统模型

本章采用独立式模型，仅由用户和 LSP 组成，如图 4.3 所示。

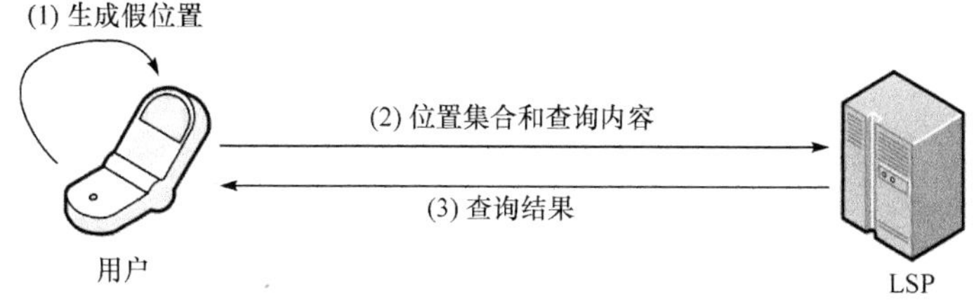

图 4.3　独立式系统架构

当用户向 LSP 发送第 Q_i 次 LBS 查询时，首先根据自己的位置隐私保护需求 K_i 为当前真实位置 c_i^{real} 生成 K_i-1 个假位置 $c_i^1,c_i^2,\cdots,c_i^{K_i-1}$；随后再将位置集合 $\text{Loc}_i=\left\{c_i^1,c_i^2,\cdots,c_i^{K_i-1},c_i^{\text{real}}\right\}$ 和查询内容一同提交给 LSP。当 LSP 认证通过该用户身份后，根据用户提交的位置集合 Loc_i 和查询内容在其后台数据库中进行信息检索，并将所有满足用户查询需求的结果返回给用户。收到 LSP 发送的查询结果后，用户根据自己的真实位置 c_i^{real} 对它们进行筛选，从而获得准确的查询结果。

4.2.2 时空关联性分析攻击模型

本章将 LSP 视为攻击者，假设其拥有城市地图信息并知道用户采用的位置隐私保护机制。它能收集用户发送的位置集合序列，并分别从相邻两次查询和相邻多次查询的角度利用时间可达性、方向相似性和出入度三个方面分析相邻位置集合间和整个位置集合序列的时空关系，推测出某些假位置，甚至直接识别出用户的真实位置，如图 4.1 和图 4.2 所示。

令 $<c_{i-1},c_i>$ 表示以 c_{i-1} 为起点，以 c_i 为终点的移动路径；$\text{time}(<c_{i-1},c_i>)$ 表示利用地图接口获取到的从 c_{i-1} 移动到 c_i 所需时间；$\angle(<c_{i-1},c_i>,<c'_{i-1},c'_i>)$ 表示移动路径 $<c_{i-1},c_i>$ 和 $<c'_{i-1},c'_i>$ 间的方向夹角。此外，借用图论中的出度 $\text{out}(c_i)$ 表示经时间可达性和方向相似性筛选后，在相邻位置集合间形成的以 c_i 为起点的移动路径数量；用入度 $\text{in}(c_i)$ 表示经时空关系筛选后，在相邻位置集合间形成的以 c_i 为终点的移动路径数量。下面，给出针对假位置隐私保护方法的时空关联性攻击模型。

定义 4.1 $(\sigma_{\mathrm{T}},\sigma_{\mathrm{A}},\mathrm{in}-\mathrm{degree}/\mathrm{out}-\mathrm{degree}_{\mathrm{Max}})$**-时空关联性攻击**：对于任意的 LSP，当收到用户发送的位置序列集合 $\{\mathrm{Loc}_i\}_{i=1}^{n}$ 时，

(1) $\forall c_{i-1}\in\mathrm{Loc}_{i-1}$ 和 $\forall c_i\in\mathrm{Loc}_i$ ，如果 $\left|\mathrm{time}(<c_{i-1},c_i>)-(T_i-T_{i-1})\right|>\sigma_{\mathrm{T}}\cdot(T_i-T_{i-1})$，那么 $\mathrm{Adv}(<c_{i-1},c_i>)=\mathrm{Fake}$ 。

(2) $\forall c_i\in\mathrm{Loc}_i$ ，如果 $\exists c_{i-1}\in\mathrm{Loc}_{i-1}$ 使得 $\left|\mathrm{time}(<c_{i-1},c_i>)-(T_i-T_{i-1})\right|\leqslant\sigma_{\mathrm{T}}\cdot(T_i-T_{i-1})$，且 $\angle(<\tilde{c}_{i'},\tilde{c}_i>,<\overline{c}_{i'},\overline{c}_i>)>\sigma_{\mathrm{A}}$ ，那么 $\mathrm{Adv}(<c_{i-1},c_i>)=\mathrm{Fake}$ ，其中 $i'<i$ 。

(3) $\forall c_i\in\mathrm{Loc}_i$ ，如果 $\arg\max\mathrm{in}(\mathrm{Loc}_i)=c_i$ 或 $\arg\max\mathrm{out}(\mathrm{Loc}_i)=c_i$ 或 $\arg\max\{\mathrm{in}(\mathrm{Loc}_i)+\mathrm{out}(\mathrm{Loc}_i)\}=c_i$ ，那么 $\mathrm{Adv}(c_i)=\mathrm{Real}$ 。

此时称该 LSP 可对用户提交的位置集合进行 $(\sigma_{\mathrm{T}},\sigma_{\mathrm{A}},\mathrm{in}-\mathrm{degree}/\mathrm{out}-\mathrm{degree}_{\mathrm{Max}})$-时空关联性攻击。其中，$\sigma_{\mathrm{T}}$ 和 σ_{A} 分别表示 LSP 利用时间可达性和方向相似性识别相邻位置集合与整个位置集合序列间形成虚假移动路径的判断阈值；T_i-T_{i-1} 表示用户发送第 Q_{i-1} 次和第 Q_i 次 LBS 查询时的时间间隔；$\mathrm{Adv}(<c_{i-1},c_i>)=\mathrm{Fake}$ 表示 LSP 将移动路径 $<c_{i-1},c_i>$ 识别为虚假移动路径；$\mathrm{Adv}(c_i)=\mathrm{Real}$ 表示 LSP 将 c_i 识别为请求用户的真实位置；$<\tilde{c}_{i'},\tilde{c}_i>$ 表示拟合位置集合序列 $\{\mathrm{Loc}_{i'},\mathrm{Loc}_{i'+1},\ldots,\mathrm{Loc}_i\}$ 间所有可达移动路径后得到的用户的移动方向向量；$<\overline{c}_{i'},\overline{c}_i>$ 表示拟合 $i-i'$ 条可达移动路径 $<c_{i'},c_{i'+1}>,<c_{i'+1},c_{i'+2}>,\cdots,<c_{i-1},c_i>$ 后得到的移动方向向量。

显然，对于任意的 $c_{i-1}\in\mathrm{Loc}_{i-1}$、$c_i\in\mathrm{Loc}_i$ 和 $c_{i+1}\in\mathrm{Loc}_{i+1}$ ，当形成的移动路径 $<c_{i-1},c_i>$ 和 $<c_i,c_{i+1}>$ 在请求时间间隔 T_i-T_{i-1} 和 $T_{i+1}-T_i$ 内可达时，移动路径 $<c_{i-1},c_{i+1}>$ 在请求时间间隔 $T_{i+1}-T_{i-1}$ 也一定可达。因此，在上述时空关联性攻击的定义中，LSP 只会从相邻两次查询的角度利用时间可达识别相邻位置集合间形成的虚假移动路径，如条件(1)所示。在上述定义的条件(2)中，若 $i'=i-1$，则表示 LSP 利用移动方向对用户提交的相邻位置集合间形成的虚假移动路径进行识别；若 $1\leqslant i'\leqslant i-2$，则表示 LSP 从相邻多次查询的角度利用移动方向从整体上对用户提交的位置集合序列间形成的虚假移动路径进行识别。在条件(3)中，$\arg\max\mathrm{in}(\mathrm{Loc}_i)=c_i$ 和 $\arg\max\mathrm{out}(\mathrm{Loc}_i)=c_i$ 表示 LSP 通过相邻两次查询的角度利用出入度识别移动枢纽，推测用户的真实位置；而 $\arg\max\{\mathrm{in}(\mathrm{Loc}_i)+\mathrm{out}(\mathrm{Loc}_i)\}=c_i$ 则表示 LSP 通过相邻多次查询的角度从整体上利用出入度识别位置集合序列中的移动枢纽，推测用户的真实位置。

4.2.3 假位置隐私保护的安全目标

当用户采用假位置方案保护自己 LBS 查询时的位置隐私时，如果希望

LSP 从自己提交的位置集合序列 $\{\mathrm{Loc}_i\}_{i=1}^{n}$ 中识别出真实位置 c_i^{real} 的正确率不高于 $\dfrac{1}{K_i}$，那么 K_i 被称为该用户在进行 LBS 查询时的位置隐私保护需求，并且，当用户进行 LBS 查询时，还会拥有个性化的位置隐私保护需求，即在任意的第 Q_i 次和第 Q_j 次 LBS 查询中，用户的位置隐私保护需求 $K_i \neq K_j$。

为了明确假位置隐私保护的安全目标，首先以相邻两次查询为例，对用户发送连续 LBS 查询时的移动模式进行分析。在相邻两次 LBS 查询中，存在以下两种情形：情形 1 用户直接从 c_{i-1}^{real} 移动到 c_i^{real}，途中无驻足或折返行为；情形 2 用户从 c_{i-1}^{real} 移动到 c_i^{real} 的途中有驻足或折返行为。如图 4.4 所示，情形 1 中用户发送第 Q_{i-1} 和 Q_i 次 LBS 查询的时间间隔为 0.5h，与从地图接口获取的可达时间 $\mathrm{time}\left(< c_{i-1}^{\mathrm{real}}, c_i^{\mathrm{real}} >\right)$ 相似；情形 2 中用户首先移动到位置 c 并停留很长一段时间，此时，该用户发送第 Q_{i-1} 和 Q_i 次 LBS 查询请求的时间间隔为 5h，远大于从地图接口获取的可达时间 $\mathrm{time}\left(< c_{i-1}^{\mathrm{real}}, c_i^{\mathrm{real}} >\right)$。

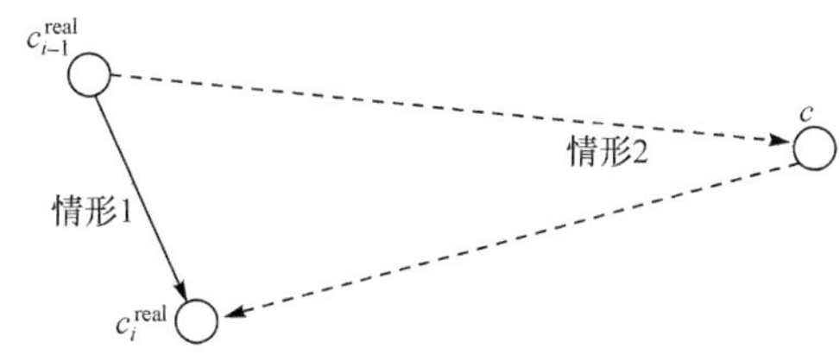

图 4.4　用户发送相邻 LBS 查询时的运动模式示例图

对于情形 1，为了有效保护用户的位置隐私，经位置集合间的时空关系筛选后，Loc_i 中的每个假位置至少能与 Loc_{i-1} 中的 1 个位置形成 1 条与用户真实移动路径 $< c_{i-1}^{\mathrm{real}}, c_i^{\mathrm{real}} >$ 时空不可区分的虚假移动路径；而 Loc_{i-1} 中的每个假位置至少也能与 Loc_i 中的 1 个位置形成 1 条与用户真实移动路径 $< c_{i-1}^{\mathrm{real}}, c_i^{\mathrm{real}} >$ 时空不可区分的虚假移动路径，即至少需要形成 $\max\{K_{i-1}, K_i\}$ 条时空不可区分移动路径，如图 4.1(a)所示。因此，当连续发送 LBS 查询时，用户提交的位置集合 $\{\mathrm{Loc}_i\}_{i=1}^{n}$ 间至少需要形成 $\max\{K_1, K_2, \cdots, K_n\}$ 条时空不可区分的移动路径，才能防止 LSP 通过识别虚假路径的方式推测出某些假位置。其次，在形成的时空不可区分的虚假移动路径中，还要避免真实位置的入度、出度及出入度之和最大，使得 LSP 难以通过识别移动枢纽的方式直接推测出用户的真实位置，如图 4.1(b)和图 4.2(b)所示。

对于情形 2，从地图接口获取的可达时间 $\mathrm{time}\left(< c_{i-1}^{\mathrm{real}}, c_i^{\mathrm{real}} >\right)$ 远小于用户的

请求时间间隔 $T_i - T_{i-1}$。因此，当利用时间可达性对 Loc_{i-1} 和 Loc_i 间的虚假移动路径进行识别时，LSP 会将用户的真实移动路径 $<c_{i-1}^{\text{real}}, c_i^{\text{real}}>$ 也视为虚假移动路径，使其难以区分出 Loc_{i-1} 和 Loc_i 中的真实位置和假位置。

根据上述两种情形，从连续查询的角度，给出连续 LBS 查询假位置隐私保护方案的安全性定义。

定义 4.2　连续 LBS 查询假位置隐私保护方案的安全性：假设在连续 LBS 查询中，用户采用假位置方案生成的位置集合为 $\{\text{Loc}_i\}_{i=1}^{n}$。若 LSP 利用时间可达性、方向相似性和出入度对这些位置集合序列进行筛选后满足：

$$\begin{cases} \forall i' \in [1, i-1] 和 \forall c_{i'} \in \text{Loc}_{i'} : \Pr\left[< c_{i'}, c_i > = < c_{i'}^{\text{real}}, c_i^{\text{real}} > \middle| < c_{i'}, c_i > \in M \right] = \dfrac{1}{|M|} \\ \forall c_i \in \text{Loc}_i : \text{in}(c_i) \geqslant 1, \text{out}(c_i) \geqslant 1 \\ \arg\max \text{in}(\text{Loc}_i) \neq c_i^{\text{real}} \\ \arg\max \text{out}(\text{Loc}_i) \neq c_i^{\text{real}} \\ \arg\max \{\text{in}(\text{Loc}_i) + \text{out}(\text{Loc}_i)\} \neq c_i^{\text{real}} \end{cases} \tag{4.1}$$

或

$$\forall c_i \in \text{Loc}_i : \text{out}(c_i) = 0, \text{in}(c_i) = 0 \tag{4.2}$$

那么，从连续查询隐私保护的角度，该假位置方案是安全的。其中，M 表示经时空关系筛选后，在相邻位置集合间形成的移动路径集合，并用 $|M|$ 表示该集合中元素的个数；$\Pr\left[< c_{i'}, c_i > = < c_{i'}^{\text{real}}, c_i^{\text{real}} > \middle| < c_{i'}, c_i > \in M \right]$ 表示 LSP 对相邻位置集合进行 $(\sigma_{\text{T}}, \sigma_{\text{A}}, \text{in}-\text{degree}/\text{out}-\text{degree}_{\text{Max}})$-时空关联性攻击分析后，从集合 M 中识别出用户真实移动路径 $< c_{i'}^{\text{real}}, c_i^{\text{real}} >$ 的正确率。当 $\Pr\left[< c_{i'}, c_i > = < c_{i'}^{\text{real}}, c_i^{\text{real}} > \middle| < c_{i'}, c_i > \in M \right] = \dfrac{1}{|M|}$ 时，称经 $(\sigma_{\text{T}}, \sigma_{\text{A}}, \text{in}-\text{degree}/\text{out}-\text{degree}_{\text{Max}})$-时空关联性攻击分析后，位置集合 $\text{Loc}_{i'}$ 和 Loc_i 间形成的 $|M|$ 条移动路径具有时空不可区分性。

在定义 4.2 中，式(4.1)是针对相邻请求中的第一种情形给出的假位置隐私保护方案的安全性定义，而式(4.2)则是针对第二种情形给出的假位置隐私保护方案的安全性定义。

4.3 方案设计

本方案将现有假位置方案生成的初始候选假位置和当前真实位置作为输入，通过连续查询合理性检查对候选假位置进行筛选，保证最终形成的位置集合能满足用户的位置隐私保护需求。下面，详细介绍连续查询合理性检查的 3 个步骤，分别是时间可达性检查、方向相似性判断和出入度评估，并给出相应的连续查询合理性检查算法。

4.3.1 时间可达性检查

时间可达性检查的目的是让用户在连续查询时所提交的位置集合间形成的虚假移动路径能在发送查询请求的时间间隔内可达，使得攻击者无法利用时间可达性，通过识别虚假移动路径的方式从用户提交的位置集合中正确地识别出某些假位置。假设 $\text{Loc}_i^c=\left\{c_i^1,c_i^2,\cdots,c_i^n\right\}$ 表示用户在第 Q_i 次 LBS 查询中生成的初始候选假位置集合，可利用有向图 $G_{\text{T}}=<V_{\text{T}},E_{\text{T}}>$ 表示经过时间可达性筛选后，剩下的假位置及其余形成的与用户真实移动路径可达时间相似的虚假移动路径。

(1) $V_{\text{T}}=\text{Loc}_1\cup\cdots\cup\text{Loc}_{i-1}\cup\text{Loc}_i^{\text{ct}}$。$\text{Loc}_i^{\text{ct}}\setminus\left\{c_i^{\text{real}}\right\}\subseteq\text{Loc}_i^{\text{c}}$ 表示初始候选假位置经过时间可达性检查筛选后剩下的假位置集合，它满足：

$$\begin{cases}\left|\text{Loc}_i^{\text{ct}}\right|\geqslant K_i\\ \forall c_i'\in\text{Loc}_i^{\text{ct}},\exists c_{i-1}\in\text{Loc}_{i-1}:\Delta T\leqslant\sigma_{\text{T}}^{\text{User}}\cdot\left(T_i-T_{i-1}\right)\\ \forall c_{i-1}\in\text{Loc}_{i-1},\exists c_i'\in\text{Loc}_i^{\text{ct}}:\Delta T\leqslant\sigma_{\text{T}}^{\text{User}}\cdot\left(T_i-T_{i-1}\right)\end{cases}\tag{4.3}$$

其中，$\sigma_{\text{T}}^{\text{User}}$ 表示由用户指定的时间可达性检查阈值；$\Delta T=\left|\text{time}\left(<c_{i-1},c_i'>\right)-\left(T_i-T_{i-1}\right)\right|$ 表示从地图接口获取的虚假移动路径 $<c_{i-1},c_i'>$ 的可达时间 $\text{time}\left(<c_{i-1},c_i'>\right)$ 与请求间隔时间 T_i-T_{i-1} 的时间差。

(2) $E_{\text{T}}=\left\{<\text{Loc}_1,\text{Loc}_2>,\cdots,<\text{Loc}_{i-2},\text{Loc}_{i-1}>,<c_{i-1},c_i'>\right\}$ 表示经过时间可达性检查筛选后形成的在 $\left[\left(1-\sigma_{\text{T}}\right)\cdot\left(T_i-T_{i-1}\right),\left(1+\sigma_{\text{T}}\right)\cdot\left(T_i-T_{i-1}\right)\right]$ 时间内可达的移动路径。其中，$<\text{Loc}_{i-2},\text{Loc}_{i-1}>$ 表示位置集合 Loc_{i-2} 与 Loc_{i-1} 间形成的具有时空不可区分的移动路径；$\{<c_{i-1},c_i'>\}$ 表示经时间可达性检查筛选后剩下的候选假位置，以及当前真实位置 c_i^{real} 与第 Q_{i-1} 次请求提交的位置集合 Loc_{i-1} 间形成的可达移动路径。

采用现有假位置方案生成的 n 个初始候选假位置，经时间可达性检查筛选后，剩下的每个假位置至少能与 Loc_{i-1} 中的 1 个位置形成一条在 $\left[(1-\sigma_{\mathrm{T}})\cdot(T_i-T_{i-1}),(1+\sigma_{\mathrm{T}})\cdot(T_i-T_{i-1})\right]$ 时间内可达的虚假移动路径；反之亦然。因此，在位置集合 Loc_{i-1} 和 $\mathrm{Loc}_i^{\mathrm{ct}}$ 间形成的可达移动路径数量 $\left|\{<c_{i-1},c_i'>\}\right| \geqslant \max\{K_{i-1},K_i\}$。并且，随着 $\sigma_{\mathrm{T}}^{\mathrm{User}}$ 不断趋近于 0，经时间可达性检查筛选后，形成的虚假移动路径的可达时间与相邻请求时间间隔 T_i-T_{i-1} 就越相近。

4.3.2 方向相似性判断

方向相似性判断的目的是避免用户在连续查询时，所提交的位置集合间形成的可达虚假路径的移动方向与用户真实路径的移动方向相差过大，使得 LSP 通过移动方向识别出可达虚假移动路径，进而从用户提交的位置集合中正确地识别出某些假位置。在该步骤中，可利用两条移动路径间形成的方向夹角来度量两条路径移动方向的相似性。同样地，利用有向图 $G_{\mathrm{A}}=<V_{\mathrm{A}},E_{\mathrm{A}}>$ 来表示在第 Q_i 次查询中经过方向相似性判断筛选后，剩下的假位置和与用户真实路径移动方向相似的可达虚假移动路径。

(1) $V_{\mathrm{A}}\subseteq V_{\mathrm{T}},E_{\mathrm{A}}\subseteq E_{\mathrm{T}}$。

(2) $V_{\mathrm{A}}=\mathrm{Loc}_1\cup\cdots\cup\mathrm{Loc}_{i-1}\cup\mathrm{Loc}_i^{\mathrm{cd}}$。$\mathrm{Loc}_i^{\mathrm{cd}}\subseteq\mathrm{Loc}_i^{\mathrm{ct}}$，$\mathrm{Loc}_i^{\mathrm{cd}}\setminus\left\{c_i^{\mathrm{real}}\right\}$ 表示经过方向相似性判断筛选后剩下的位置集合，它满足：

$$\begin{cases}\left|\mathrm{Loc}_i^{\mathrm{cd}}\right|\geqslant K_i\\ \forall c_i''\in\mathrm{Loc}_i^{\mathrm{cd}},\exists c_{i-1}\in\mathrm{Loc}_{i-1}:<c_{i-1},c_i''>\in E_{\mathrm{T}}\\ \wedge\angle\left(<c_{i-1},c_i''>,<c_{i-1}^{\mathrm{real}},c_i^{\mathrm{real}}>\right)\leqslant\sigma_{\mathrm{A}}^{\mathrm{User}}\\ \forall c_{i-1}\in\mathrm{Loc}_{i-1},\exists c_i''\in\mathrm{Loc}_i^{\mathrm{cd}}:<c_{i-1},c_i''>\in E_{\mathrm{T}}\\ \wedge\angle\left(<c_{i-1},c_i''>,<c_{i-1}^{\mathrm{real}},c_i^{\mathrm{real}}>\right)\leqslant\sigma_{\mathrm{A}}^{\mathrm{User}}\end{cases}\tag{4.4}$$

并且，还需满足：

$$\forall c_i''\in\mathrm{Loc}_i^{\mathrm{cd}},\forall\mathrm{Loc}_{i'},\exists c_{i'}\in\mathrm{Loc}_{i'}:\angle\left(<\overline{c}_{i'},\overline{c}_i''>,<\overline{c}_{i'}^{\mathrm{real}},\overline{c}_i^{\mathrm{real}}>\right)\leqslant\sigma_{\mathrm{A}}^{\mathrm{User}}\tag{4.5}$$

其中，$1\leqslant i'\leqslant i-2$；$\sigma_{\mathrm{A}}^{\mathrm{User}}$ 表示由用户指定的方向相似性判断阈值；$<\overline{c}_{i'}^{\mathrm{real}},\overline{c}_i^{\mathrm{real}}>$ 表示经过拟合真实移动路径 $<c_{i'}^{\mathrm{real}},c_{i'+1}^{\mathrm{real}}>,<c_{i'+1}^{\mathrm{real}},c_{i'+2}^{\mathrm{real}}>,\cdots,<c_{i-1}^{\mathrm{real}},\ \overline{c}_i^{\mathrm{real}}>$ 后获得的用户移动方向向量。

(3) $E_{\mathrm{A}}=\{<\mathrm{Loc}_1,\mathrm{Loc}_2>,\cdots,<\mathrm{Loc}_{i-2},\mathrm{Loc}_{i-1}>,<c_{i-1},c_i''>\}$ 表示经过方向相似性判断筛选后形成的移动路径集合。其中，$\{<c_{i-1},c_i''>\}$ 表示经过方向相似性判断筛选后，剩下的移动方向中相似的可达移动路径集合。

在上述方向相似性判断中，式(4.4)表示从相邻两次查询的角度，根据真实路径 $< c_{i-1}^{\text{real}}, c_i^{\text{real}} >$ 的移动方向对经时间可达性检查筛选后剩下的候选假位置再次进行筛选；式(4.5)则表示从相邻多次查询的角度，在整体上利用方向相似性判断对候选假位置进行筛选。显然，经过方向相似性判断筛选后，剩下的每个假位置至少能与 $\text{Loc}_{i'}$ 中的 1 个位置形成一条与用户真实路径 $< c_{i'}^{\text{real}}, c_i^{\text{real}} >$ 移动方向相似的虚假移动路径；反之亦然。因此，$\left|\{< c_{i-1}, c_i'' >\}\right| \geqslant \max\{K_{i-1}, K_i\}$。并且，随着 $\sigma_{\text{A}}^{\text{User}}$ 不断趋近于 0，经方向相似性判断筛选后，剩下的可达虚假路径的移动方向就越平行于用户真实路径的移动方向。

4.3.3　出入度评估

初始候选假位置在经过时间可达性检查和方向相似性判断筛选后，剩下 $\left|\text{Loc}_i^{\text{cd}}\right| - 1$ 个位置。此时，它们共能形成 $m = C_{\left|\text{Loc}_i^{\text{cd}}\right|-1}^{K_i - 1}$ 个位置集合 $\{\text{Loc}_i^{\text{cr}-1}, \cdots, \text{Loc}_i^{\text{cr}-m}\}$，其中 $c_i^{\text{real}} \in \text{Loc}_i^{\text{cr}-j} \left(1 \leqslant j \leqslant m\right)$。这 m 个集合与集合 Loc_{i-1} 间可能形成如图 4.1(b)、图 4.2(b)和图 4.5 所示的情形。

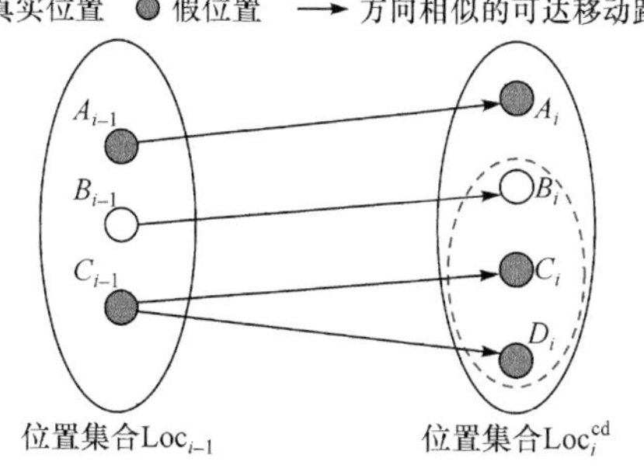

图 4.5　经方向相似性判断筛选后剩下的假位置组成的位置集合示例图

在图 4.5 中，假设请求用户第 Q_i 次 LBS 查询时的位置隐私保护需求 $K_i = 3$。当生成的初始候选假位置经过时间可达性检查和方向相似性判断筛选后，剩下假位置 A_i、C_i 和 D_i。如果请求用户选择假位置 C_i、D_i 和自己的真实位置 B_i 形成位置集合 Loc_i 提交给 LSP，由于位置集合 Loc_i 中的任意位置均不能与集合 Loc_{i-1} 中的 A_{i-1} 形成一条与真实路径 $< B_{i-1}, B_i >$ 移动方向相似的可达路径，LSP 能推测出 A_{i-1} 是假位置，从而降低了该请求用户在第 Q_{i-1} 次 LBS 查询时的位置隐私保护需求。因此，出入度评估的目的是利用位置集合间形成的移动方向相似的可达移动路径数量，对上述 m 个位置集合进行筛选，最终获得能满足用户位置隐私保护需求的位置集合 Loc_i。

仍用一个有向图 $G_{\mathrm{N}}=(V_{\mathrm{N}},E_{\mathrm{N}})$ 来表示在第 Q_i 次请求中，经过出入度评估筛选后，剩下的假位置和移动方向相似的可达虚假移动路径。

(1) $V_{\mathrm{N}}\subseteq V_{\mathrm{A}},E_{\mathrm{N}}\subseteq E_{\mathrm{A}}$。

(2) $V_{\mathrm{N}}=\mathrm{Loc}_1\cup\mathrm{Loc}_2\cup\cdots\cup\mathrm{Loc}_i$。其中，$\mathrm{Loc}_i\subseteq\mathrm{Loc}_i^{\mathrm{cd}}$；$\mathrm{Loc}_i\setminus\left\{c_i^{\mathrm{real}}\right\}$ 表示用户在第 Q_i 次请求中最终生成的假位置集合，它满足：

$$\begin{cases}\forall c_i\in\mathrm{Loc}_i,\exists c_{i-1}\in\mathrm{Loc}_{i-1}:<c_{i-1},c_i>\in E_{\mathrm{A}}\\ \forall c_{i-1}\in\mathrm{Loc}_{i-1},\exists c_i\in\mathrm{Loc}_i:<c_{i-1},c_i>\in E_{\mathrm{A}}\\ \exists c'_{i-1}\in\mathrm{Loc}_{i-1}\setminus\left\{c_{i-1}^{\mathrm{real}}\right\}:\mathrm{out}\left(c_{i-1}^{\mathrm{real}}\right)<\mathrm{out}\left(c'_{i-1}\right)\\ \exists c'''_i\in\mathrm{Loc}_i\setminus\left\{c_i^{\mathrm{real}}\right\}:\mathrm{in}\left(c_i^{\mathrm{real}}\right)<\mathrm{in}\left(c'''_i\right)\end{cases}\tag{4.6}$$

并且，还需满足：

$$\exists c''_{i-1}\in\mathrm{Loc}_{i-1}\setminus\left\{c_{i-1}^{\mathrm{real}}\right\}:\mathrm{in}\left(c_{i-1}^{\mathrm{real}}\right)+\mathrm{out}\left(c_{i-1}^{\mathrm{real}}\right)<\mathrm{in}\left(c''_{i-1}\right)+\mathrm{out}\left(c''_{i-1}\right)\tag{4.7}$$

(3) $E_{\mathrm{N}}=\left\{<\mathrm{Loc}_1,\mathrm{Loc}_2>,\cdots,<\mathrm{Loc}_{i-2},\mathrm{Loc}_{i-1}>,<\mathrm{Loc}_{i-1},\mathrm{Loc}_i>\right\}$ 表示连续查询合理性检查完成后，用户提交的位置序列集合 $\mathrm{Loc}_1,\mathrm{Loc}_2,\cdots,\mathrm{Loc}_i$ 间形成的时空不可区分的移动路径。

在上述出入度评估中，式(4.6)表示从相邻两次查询的角度，利用出入度对经方向相似性判断筛选后剩下的候选假位置再次进行筛选；式(4.7)则表示从相邻多次查询的角度，在整体上利用出入度评估对候选假位置进行筛选，从而防止 LSP 通过识别移动枢纽的方式推测出用户的真实位置。

4.3.4 连续查询合理性检查算法

通过方案描述可知，本章提出的连续查询合理性筛选方法具有通用性，适用于现有假位置方案。这些方案在经连续合理性筛选方法扩展后，能抵抗 LSP 利用位置集合的时空关系进行推测攻击，有效保护连续 LBS 查询中的用户位置隐私，具体算法如算法 4.1 所示。并且，在执行本章提出的连续查询合理性检查算法的过程中，还可能出现以下 3 种情形：

(1) 当经过时间可达性检查筛选后，$c_i^{\mathrm{real}}\notin\mathrm{Loc}_i^{\mathrm{ct}}$，即真实位置被删除，那么，连续查询合理性检查终止。此时，可将第 Q_i 次查询视为单个离散的查询，直接利用初始候选假位置生成位置集合 Loc_i。

(2) 当经过时间可达性检查和方向相似性判断筛选后，若 $c_i^{\mathrm{real}}\in\mathrm{Loc}_i^{\mathrm{ct}}$ 且 $\left|\mathrm{Loc}_i^{\mathrm{ct}}\right|\leqslant K_i-1$ 或 $c_i^{\mathrm{real}}\in\mathrm{Loc}_i^{\mathrm{cd}}$ 且 $\left|\mathrm{Loc}_i^{\mathrm{cd}}\right|\leqslant K_i-1$，即用户的真实位置 c_i^{real} 未被删除，并且剩下的假位置个数少于 K_i-2 个时，本方案将会重新生成候选假位置，并扩大生成的候选假位置的个数。直至经过相邻查询合理性检查筛选后，形成

的位置集合能满足用户的位置隐私保护需求。

(3) 当经时间可达性检查、方向相似性判断和出入度评估筛选后，剩下多个位置集合满足用户的位置隐私保护需求。此时，可利用查询熵和位置分散度[42]对这些位置集合再次进行筛选，最终获得位置集合 Loc_i。

算法 4.1 连续查询合理性检查算法

输入：前 $i-1$ 次连续查询时提交的位置集合 $\mathrm{Loc}_1,\mathrm{Loc}_2,\cdots,\mathrm{Loc}_{i-1}$；发送第 Q_{i-1} 次服务请求时的时间 T_{i-1}；发送当前第 Q_i 次服务请求时用户的真实位置 c_i^{real}、隐私保护需求 K_i 和时间 T_i；生成的初始候选假位置集合 $\mathrm{Loc}_i^c=\left\{c_i^1,c_i^2,\cdots,c_i^n\right\}$；阈值 $\sigma_{\mathrm{T}}^{\mathrm{User}}$ 和 $\sigma_{\mathrm{A}}^{\mathrm{User}}$；

输出：当前第 Q_i 次服务请求时提交的位置集合 Loc_i；

---

1. **for** each $c_i \in \mathrm{Loc}_i^c \cup \left\{c_i^{\mathrm{real}}\right\}$ do

2. **if** $\exists\, c_{i-1} \in \mathrm{Loc}_{i-1}$ such that $\left|\mathrm{time}\left(<c_{i-1},c_i>\right)-\left(T_i-T_{i-1}\right)\right| \leqslant \sigma_{\mathrm{T}}^{\mathrm{User}} \cdot \left(T_i-T_{i-1}\right)$ then

3. $\mathrm{Loc}_i^{\mathrm{ct}} \leftarrow c_i'$, $E_{\mathrm{T}} \leftarrow <c_{i-1},c_i>$

4. **end if**

5. **end for**

6. **if** $|\mathrm{Loc}_i^{\mathrm{ct}} \setminus \left\{c_i^{\mathrm{real}}\right\}| < K_i-1$ then

7. Exit;

8. **end if**

9. **for** each $c_{i-1} \in \mathrm{Loc}_{i-1}$ do

10. **if** 不能找到任何位置 $c_i' \in \mathrm{Loc}_i^{\mathrm{ct}} \cup \left\{c_i^{\mathrm{real}}\right\}$ 使得 $\left|\mathrm{time}\left(<c_{i-1},c_i'>\right)-\left(T_i-T_{i-1}\right)\right| \leqslant \sigma_{\mathrm{T}} \cdot \left(T_i-T_{i-1}\right)$ then

11. Exit;

12. **end if**

13. **end for**

14. $E_{\mathrm{T}} \leftarrow <c_{i-1},c_i'>$

15. 类似地，分别进行方向相似性判断和出入度评估以使 $\mathrm{Loc}_i^{\mathrm{cd}}$ 和 Loc_i 满足用户的隐私保护需求

16. **Output** Loc_i

此外，在现实生活中，用户可能会在同一位置多次发送 LBS 请求。此时，若用户提交不同的位置集合给 LSP，其可通过查找不同集合中相同位置的方

法识别出某些假位置，甚至直接识别出用户的真实位置。因此，本章采用本地存储的方法，让用户存储历史服务请求信息。当在同一位置多次发送 LBS 请求时，用户可直接从本地存储文件读取已生成过的位置集合，从而保护自己的位置隐私。

4.4 方案分析

4.4.1 安全性分析

由于在本方案中，初始候选假位置是由现有假位置方案直接生成，从单个离散查询的角度，生成的初始候选假位置均能有效保护用户的位置隐私。下面，针对连续 LBS 查询中的两种情形分别进行安全性分析。

1. 情形 1：用户从 c_{i-1}^{real} 移动到 c_i^{real} 的途中无驻足或折返行为

根据方案描述，在经连续查询合理性检查筛选成功生成位置集合 Loc_i 后，可确保：

$$\begin{cases} \forall c_i \in \text{Loc}_i : \text{in}(c_i) \geqslant 1, \text{out}(c_i) \geqslant 1 \\ \arg\max \text{in}(\text{Loc}_i) \neq c_i^{\text{real}} \\ \arg\max \text{out}(\text{Loc}_{i-1}) \neq c_{i-1}^{\text{real}} \\ \arg\max \left\{ \text{in}(\text{Loc}_{i-1}) + \text{out}(\text{Loc}_{i+1}) \right\} \neq c_{i-1}^{\text{real}} \end{cases} \tag{4.8}$$

此时，仅需证明经连续查询合理性检查筛选后，当连续查询时提交的位置集合间形成的移动路径具有时空不可区分性，说明本方案是安全的，可有效地保护用户位置隐私。

引理 4.1 在连续 LBS 查询中，若用户采用本方案生成位置集合时设置的时间可达性检查阈值满足 $\sigma_{\text{T}}^{\text{User}} \leqslant \sigma_{\text{T}}^{\text{LSP}}$，那么，LSP 将无法识别出在 $\left[(1-\sigma_{\text{T}})\cdot(T_i - T_{i-1}), (1+\sigma_{\text{T}})\cdot(T_i - T_{i-1})\right]$ 时间内可达的虚假移动路径。

证明： 反证法。假设 $< c_{i-1}, c_i >$ 表示经时间可达性检查筛选后，在相邻两次查询提交的位置集合 Loc_{i-1} 和 Loc_i 形成的 1 条在 $\left[(1-\sigma_{\text{T}})\cdot(T_i - T_{i-1}), (1+\sigma_{\text{T}})\cdot(T_i - T_{i-1})\right.$ 时间内可达的虚假移动路径，且该条虚假移动路径被 LSP 识别，即 LSP 认为在请求时间间隔 $T_i - T_{i-1}$ 内，用户无法从位置 c_{i-1} 移动到位置 c_i，因此，

$$\begin{cases} \left|\text{time}(< c_{i-1}, c_i >) - (T_i - T_{i-1})\right| > \sigma_{\text{T}}^{\text{LSP}} \cdot (T_i - T_{i-1}) \\ \left|\text{time}(< c_{i-1}, c_i >) - (T_i - T_{i-1})\right| \leqslant \sigma_{\text{T}}^{\text{User}} \cdot (T_i - T_{i-1}) \end{cases} \tag{4.9}$$

那么，$\sigma_{\text{T}}^{\text{User}} > \sigma_{\text{T}}^{\text{LSP}}$，与已知条件 $\sigma_{\text{T}}^{\text{User}} \leqslant \sigma_{\text{T}}$ 相矛盾。

综上所述，引理 4.1 成立。

引理 4.2　在连续 LBS 请求中，若用户采用本方案生成位置集合时所设置的方向相似性判断阈值满足 $\sigma_{\mathrm{A}}^{\mathrm{User}} \leqslant \frac{1}{2}\sigma_{\mathrm{A}}^{\mathrm{LSP}}$，那么，LSP 将无法识别出与用户真实路径移动方向夹角在 $\sigma_{\mathrm{A}}^{\mathrm{User}}$ 内的可达虚假移动路径。

证明： 当 LSP 从相邻多次查询的角度，利用移动方向从整体上对位置集合序列 $\{\mathrm{Loc}_{i'},\mathrm{Loc}_{i'+1},\cdots,\mathrm{Loc}_i\}$ 的时空关系进行分析，通过识别虚假移动路径的方式推测假位置时，可根据拟合位置集合序列间形成的所有可达路径来获取用户的移动方向 $<\tilde{c}_{i'},\tilde{c}_i>$。其中，$1 \leqslant i' \leqslant i-2$。因此，可定义一个新的位置集合 Loc，使得拟合该集合与集合 Loc_i 间形成的所有可达路径后得到的移动方向，与拟合 $\{\mathrm{Loc}_{i'},\mathrm{Loc}_{i'+1},\cdots,\mathrm{Loc}_i\}$ 间形成的所有可达路径获得的移动方向一致。通过上述方法，可将本方案避免 LSP 从相邻多次查询角度利用移动方向识别出位置集合序列 $\{\mathrm{Loc}_{i'},\mathrm{Loc}_{i'+1},\cdots,\mathrm{Loc}_i\}$ 中假位置的安全性，规约为本方案可避免 LSP 从相邻两次查询角度利用移动方向对位置集合 Loc 和 Loc_i 中识别出假位置的安全性。

下面，从相邻两次查询的角度证明，若用户采用本方案生成位置集合时所设置的方向相似性判断阈值满足 $\sigma_{\mathrm{A}}^{\mathrm{User}} \leqslant \frac{1}{2}\sigma_{\mathrm{A}}^{\mathrm{LSP}}$，那么 LSP 无法通过识别虚假移动路径识别出某些假位置。

证明过程与引理 4.1 的证明相似。假设当收到用户提交的位置集合 Loc_{i-1} 和集合 Loc_i 后，LSP 可对识别出的可达路径采用拟合的方法，构造出代表用户移动方向的路径 $<\tilde{c}_{i-1},\tilde{c}_i>$。经方向相似性判断筛选后，有 1 条与用户真实路径移动方向夹角在 $\sigma_{\mathrm{A}}^{\mathrm{User}}$ 内的可达虚假移动路径 $<c_{i-1},c_i>$ 被 LSP 正确识别。那么：

$$
\begin{cases}
\angle\left(<c_{i-1},c_i>,<\tilde{c}_{i-1},\tilde{c}_i>\right) > \sigma_{\mathrm{A}} \\
\angle\left(<c_{i-1},c_i>,<c_{i-1}^{\mathrm{real}},c_i^{\mathrm{real}}>\right) \leqslant \sigma_{\mathrm{A}}^{\mathrm{User}} \\
\angle\left(<\tilde{c}_{i-1},\tilde{c}_i>,<c_{i-1}^{\mathrm{real}},c_i^{\mathrm{real}}>\right) \leqslant \sigma_{\mathrm{A}}^{\mathrm{User}}
\end{cases} \tag{4.10}
$$

对移动路径 $<\tilde{c}_{i-1},\tilde{c}_i>$ 和 $<c_{i-1},c_i>$ 进行平移形成新的移动路径 $<c_{i-1}^{\mathrm{real}},\tilde{c}_i^{\Diamond}>$ 和 $<c_{i-1}^{\mathrm{real}},c_i^{\Diamond}>$。此时，有以下两种情况：

(1) 平移后形成的移动路径 $<c_{i-1}^{\mathrm{real}},\tilde{c}_i^{\Diamond}>$ 和 $<c_{i-1}^{\mathrm{real}},c_i^{\Diamond}>$ 位于移动路径 $<c_{i-1}^{\mathrm{real}},c_i^{\mathrm{real}}>$ 的两侧。那么，

$$
\begin{aligned}
\angle\left(<c_{i-1}^{\mathrm{real}},\tilde{c}_i^{\Diamond}>,<c_{i-1}^{\mathrm{real}},c_i^{\Diamond}>\right) &= \angle\left(<c_{i-1}^{\mathrm{real}},c_i^{\Diamond}>,<c_{i-1}^{\mathrm{real}},c_i^{\mathrm{real}}>\right) \\
&\quad + \angle\left(<c_{i-1}^{\mathrm{real}},c_i^{\mathrm{real}}>,<c_{i-1}^{\mathrm{real}},c_i^{\Diamond}>\right)
\end{aligned} \tag{4.11}
$$

因此，$\sigma_{\mathrm{A}}^{\mathrm{LSP}} < \sigma_{\mathrm{A}}^{\mathrm{User}} + \sigma_{\mathrm{A}}^{\mathrm{User}} = 2\sigma_{\mathrm{A}}^{\mathrm{User}}$，即 $\frac{1}{2}\sigma_{\mathrm{A}}^{\mathrm{LSP}} < \sigma_{\mathrm{A}}^{\mathrm{User}}$，与已知条件 $\sigma_{\mathrm{A}}^{\mathrm{User}} \leqslant \frac{1}{2}\sigma_{\mathrm{A}}^{\mathrm{LSP}}$ 相矛盾。

(2) 平移后形成的移动路径 $< c_{i-1}^{\mathrm{real}}, \tilde{c}_i^{\Diamond} >$ 和 $< c_{i-1}^{\mathrm{real}}, c_i^{\Diamond} >$ 位于移动路径 $< c_{i-1}^{\mathrm{real}}, c_i^{\mathrm{real}} >$ 的同侧。那么，

$$\begin{aligned}\angle\left(< c_{i-1}^{\mathrm{real}}, c_i^{\mathrm{real}} >, < c_{i-1}^{\mathrm{real}}, \tilde{c}_i^{\Diamond} >\right) = {} & \angle\left(< c_{i-1}^{\mathrm{real}}, c_i^{\mathrm{real}} >, < c_{i-1}^{\mathrm{real}}, c_i^{\Diamond} >\right) \\ & + \angle\left(< c_{i-1}^{\mathrm{real}}, c_i^{\Diamond} >, < c_{i-1}^{\mathrm{real}}, \tilde{c}_i^{\Diamond} >\right)\end{aligned} \tag{4.12}$$

或

$$\begin{aligned}\angle\left(< c_{i-1}^{\mathrm{real}}, c_i^{\mathrm{real}} >, < c_{i-1}^{\mathrm{real}}, c_i^{\Diamond} >\right) = {} & \angle\left(< c_{i-1}^{\mathrm{real}}, c_i^{\mathrm{real}} >, < c_{i-1}^{\mathrm{real}}, \tilde{c}_i^{\Diamond} >\right) \\ & + \angle\left(< c_{i-1}^{\mathrm{real}}, \tilde{c}_i^{\Diamond} >, < c_{i-1}^{\mathrm{real}}, c_i^{\Diamond} >\right)\end{aligned} \tag{4.13}$$

因此，$\sigma_{\mathrm{A}}^{\mathrm{LSP}} < \sigma_{\mathrm{A}}^{\mathrm{User}}$，与已知条件 $\sigma_{\mathrm{A}}^{\mathrm{User}} \leqslant \frac{1}{2}\sigma_{\mathrm{A}}^{\mathrm{LSP}}$ 相矛盾。

综上所述，引理 4.2 成立。

根据引理 4.1 和引理 4.2 可总结出：

定理 4.1 假设在连续 LBS 查询请求中，本方案生成的位置集合为 $\{\mathrm{Loc}_i\}_i^n$。其中，用户设置的连续查询合理性检查阈值分别为 $\sigma_{\mathrm{T}}^{\mathrm{User}}$ 和 $\sigma_{\mathrm{A}}^{\mathrm{User}}$。令 $\sigma_{\mathrm{T}}^{\mathrm{LSP}}$ 和 $\sigma_{\mathrm{A}}^{\mathrm{LSP}}$ 分别表示 LSP 从可达时间和移动方向识别位置集合间时空关联性的能力。当 $\sigma_{\mathrm{T}}^{\mathrm{User}} \leqslant \sigma_{\mathrm{T}}^{\mathrm{LSP}}$ 且 $\sigma_{\mathrm{A}}^{\mathrm{User}} \leqslant \frac{1}{2}\sigma_{\mathrm{A}}$ 时，从连续查询的角度，本方案是安全的，即 LSP 从位置集合 $\{\mathrm{Loc}_i\}_i^n$ 中识别出用户真实位置 c_i^{real} 的正确率不高于 $\frac{1}{K_i}$。

2. 情形 2：用户从 c_{i-1}^{real} 移动到 c_i^{real} 的途中有驻足或折返行为

由于利用地图接口获得的用户从位置 c_{i-1}^{real} 移动到位置 c_i^{real} 的可达时间 $\mathrm{time}\left(< c_{i-1}^{\mathrm{real}}, c_i^{\mathrm{real}} >\right)$ 远远小于请求用户发送第 Q_{i-1} 和 Q_i 次 LBS 查询的时间间隔 $T_i - T_{i-1}$，此时存在以下两种情况。

(1) 请求用户的真实位置 c_i^{real} 未能通过连续查询合理性检查的筛选，即在位置集合 Loc_{i-1} 中的任意位置均不能与当前真实位置 c_i^{real} 形成一条可达移动路径。根据方案描述可知，在该情形下请求用户从初始候选假位置集合 $\mathrm{Loc}_i^{\mathrm{c}}$ 中任选 $K_i - 1$ 个假位置形成位置集合 Loc_i。此时，位置集合 Loc_{i-1} 和位置集合 Loc_i 间的所有移动路径均会被 LSP 识别为虚假移动路径，其满足：

$$\forall c_{i-1} \in \mathrm{Loc}_{i-1}, c_i \in \mathrm{Loc}_i : \mathrm{out}\left(c_{i-1}\right) = 0, \mathrm{in}\left(c_i\right) = 0 \tag{4.14}$$

因此，LSP 难以利用连续查询时位置集合间的时空关系识别出假位置，即 LSP 从位置集合序列 $\{\mathrm{Loc}_i\}_{i=1}^{n}$ 中识别出用户真实位置 c_i^{real} 的正确率为 $\frac{1}{K_i}$。因此，当 $\sigma_T^{\mathrm{User}} \leqslant \sigma_T^{\mathrm{LSP}}$ 时，本方案安全。

(2) 请求用户的真实位置 c_i^{real} 通过连续查询合理性检查的筛选，即在位置集合 Loc_{i-1} 中至少存在一个位置可与当前真实位置 c_i^{real} 形成一条可达移动路径。此时，连续查询合理性检查算法将被重复地执行，直至为用户成功生成位置集合 Loc_i，这与情形 1 相同。通过定理 4.1 可知，当 $\sigma_{\mathrm{T}}^{\mathrm{User}} \leqslant \sigma_{\mathrm{T}}^{\mathrm{LSP}}$ 且 $\sigma_{\mathrm{A}}^{\mathrm{User}} \leqslant \frac{1}{2}\sigma_{\mathrm{A}}$ 时，本方案安全。

4.4.2　收敛性分析

1. 情形 1：用户从 c_{i-1}^{real} 移动到 c_i^{real} 的途中无驻足或折返行为

首先从相邻两次查询的角度分析本章提出的连续查询合理性检查算法的收敛性。在相邻两次查询中，对于位置集合 Loc_{i-1} 中的每个假位置 c_{i-1}，可根据用户在 $\left[(1-\sigma_{\mathrm{T}})\cdot(T_i-T_{i-1}),(1+\sigma_{\mathrm{T}})\cdot(T_i-T_{i-1})\right]$ 时间内可移动的距离、用户真实路径的方向向量以及方向相似性判断中的阈值 $\sigma_{\mathrm{A}}^{\mathrm{User}}$，找到 1 个阴影区域，如图 4.6 所示，使得该阴影区域中的各位置均能通过时间可达性检查和方向相似性判断的筛选。由于位置集合 Loc_{i-1} 中的各假位置均不相同，为它们找到的阴影区域也不会完全重合。因此，从相邻两次查询的角度，对于位置集合 Loc_{i-1} 中的每个假位置 c_{i-1}，一定能在其相应的阴影区域中找到满足用户位置隐私保护需求的假位置。

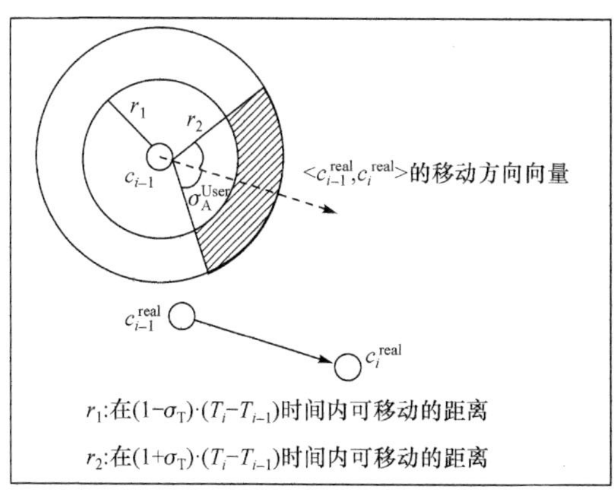

图 4.6　c_{i-1} 查找可通过连续查询合理性检查的假位置示意图

显然，在上述阴影区域中也一定存在一个点 c_i' ，使其与 c_{i-1} 形成的移动路径 $<c_{i-1},c_i'>$ 满足：① 利用地图接口查询得到的移动路径 $<c_{i-1},c_i'>$ 的可达时间为 T_i-T_{i-1} ；② 其移动方向与用户的真实路径 $<c_{i-1}^{\text{real}},c_i^{\text{real}}>$ 移动方向一致。当利用这些假位置与当前真实位置 c_i^{real} 形成第 Q_i 次连续查询所提交的位置集合 Loc_i 时，由于前 i' 次连续查询时生成的位置集合已满足用户的位置隐私保护需求，最终生成的位置集合 Loc_i 也能抵抗 LSP 从相邻多次查询角度在整体上对位置集合序列 $\{\text{Loc}_{i'},\text{Loc}_{i'+1},\cdots,\text{Loc}_i\}$ 进行时空关联性分析。其中， $1\leqslant i'\leqslant i-1$ 。

不失一般性，假设用户将区域地图划分为 A 个等份网格，且每个网格仅包含 1 个位置坐标。当生成 $A-K_{i-1}-1$ 个候选假位置，即生成的候选假位置覆盖整个城市地图时，通过连续查询合理性检查，一定能为用户形成满足其位置隐私保护需求的位置集合 Loc_i 。此时，连续查询合理性检查算法需被重复执行 $\left\lceil\dfrac{A-K_{i-1}-1}{K_{i-1}}\right\rceil$ 次。

2. 情形 2：用户从 c_{i-1}^{real} 移动到 c_i^{real} 的途中有驻足或折返行为

在情形 2 下，请求时间间隔 (T_i-T_{i-1}) 大于利用地图接口获取的从位置 c_{i-1}^{real} 移动到位置 c_i^{real} 所需的时间 $\text{time}\left(<c_{i-1}^{\text{real}},c_i^{\text{real}}>\right)$ 。那么，

(1) 当经过时间可达性检查，用户的真实位置 c_i^{real} 被删除时，可将该次查询视为单次离散的查询，直接利用生成的初始候选假位置就能生成位置集合 Loc_i 。此时，只需执行 1 次时间可达性检查。

(2) 当经过时间可达性检查，用户的真实位置 c_i^{real} 未被删除时，将重复地执行连续查询合理性检查算法，直至成功地为请求用户生成位置集合 Loc_i ，这与情形 1 相同。此时，至多执行 $\left\lceil\dfrac{A-K_{i-1}-1}{K_{i-1}}\right\rceil$ 次连续查询合理性检查算法就可成功地为用户生成位置集合 Loc_i 。

4.4.3 计算复杂性分析

在连续查询合理性检查算法中，首先利用时间可达性检查，对用户成功生成的 n 个初始候选假位置进行筛选。此时，最多需进行 $\left[K_{i-1}\cdot n+K_{i-1}\cdot(n+1)\right]$ 次计算。因此，时间可达性检查的时间复杂度上限为 $O\left(K_{i-1}\cdot n\right)$ 。在方向相似性判断中，当 n 个初始候选假位置均通过了时间可达性检查。筛选时，从相邻两次查询的角度对候选假位置进行筛选，位置集合 Loc_{i-1} 和 Loc_i^{ct} 间至多可形成 $C_{K_{i-1}}^1\times C_{n+1}^1=K_{i-1}\cdot(n+1)$ 条与真实移动路径的可达时间相似的虚假移动路

径，此时用户所需计算时间复杂度上限为 $O(K_{i-1}\cdot n)$；而从相邻多次查询的角度对候选假位置进行筛选时，判断位置集合序列 $\{\text{Loc}_{i'},\text{Loc}_{i'+1},\cdots,\text{Loc}_{i-1}\}$ 与 Loc_i^{ct} 间所有可达路径的方向相似性问题，可规约为判断相邻位置集合间所有可达路径的移动方向相似性问题，其中 $1\leqslant i'\leqslant i-2$。那么，从相邻多次查询的角度对候选假位置进行筛选时，用户所需计算时间复杂度上限仍为 $O(K_{i-1}\cdot n)$。因此，方向相似性判断的时间复杂度上限为 $O(K_{i-1}\cdot n)+O(K_{i-1}\cdot n)=O(K_{i-1}\cdot n)$。在出入度评估筛选过程中，首先构造出经方向相似性判断筛选后，剩下假位置组成的位置集合。此时，最多能组成 $C_n^{K_i-1}=\dfrac{n!}{(K_i-1)!\cdot(n-K_i+1)!}$ 个位置集合。因为 $\ln C_n^{K_i-1}=\ln n!-\ln(K_i-1)!-\ln(n-K_i+1)!$，并且 $\ln n!=\ln 1+\cdots+\ln n$，所以构造位置集合所需的时间复杂度为 $O(K_i-1)$。随后，利用出入度评估对上述集合进行筛选时，还需要进行 $C_n^{K_i-1}$ 次计算。因此，出入度评估计算的时间复杂度上限为 $O(K_i-1)+O\left(C_n^{K_i-1}\right)=O\left(C_n^{K_i-1}\right)$。

1. 情形 1：用户从 c_{i-1}^{real} 移动到 c_i^{real} 的途中无驻足或折返行为

若用户每次生成的候选假位置数量为 n，且连续查询合理性检查算法被执行 N 次后，生成满足用户位置隐私保护需求的位置集合。那么，用户所需的计算复杂度上限为

$$O_{\text{upper}}=p\cdot O(K_{i-1}\cdot n)+q\cdot O(K_{i-1}\cdot n)+r\cdot O\left(C_n^{K_i-1}\right)=O\left(C_n^{K_i-1}\right) \tag{4.15}$$

其中，p 表示在 N 次连续查询合理性检查中时间可达性检查被执行的次数；q 表示方向相似性判断被执行的次数；r 表示出入度评估被执行的次数，且 $r\leqslant q\leqslant p=N$。

2. 情形 2：用户从 c_{i-1}^{real} 移动到 c_i^{real} 的途中有驻足或折返行为

(1) 当经过时间可达性检查，用户的真实位置 c_i^{real} 被删除时，可直接利用生成的初始候选假位置就能生成位置集合 Loc_i。此时，只需执行 1 次时间可达性检查，用户所需的计算复杂度上限为 $O_{\text{upper}}=O(K_{i-1}\cdot n)$。

(2) 当经过时间可达性检查，用户的真实位置 c_i^{real} 未被删除时，将重复地执行连续查询合理性检查算法，直至成功地为请求用户生成位置集合 Loc_i，这与情形 1 相同。此时，用户所需的计算复杂度上限为 $O_{\text{upper}}=O\left(C_n^{K_i-1}\right)$。

综上所示，当用户从 c_{i-1}^{real} 移动到 c_i^{real} 的途中有驻足或折返行为时，若该用户使用本方案保护其连续查询时的位置隐私，那么每次成功生成的位置集合所需的计算复杂度上限为

$$O_{\text{upper}} = O\left(C_n^{K_i - 1}\right) \tag{4.16}$$

4.5 实　验

4.5.1 实验预设

本章选用微软亚洲研究院提供的 Geolife Version 1.3 数据集作为实验数据。该数据集是现有 LBS 中位置隐私保护研究最常使用的一个数据，共收集了 182 名位于全球 30 个不同城市的用户 5 年内的 17621 条移动路径。由于该数据集中绝大多数移动路径是用户位于北京的移动轨迹，故选用北京的中心部分作为实验区域(面积约为$100\text{km}\times100\text{km}$，将其划分为 1000000 个网格，其中每个网格面积为$100\text{m}\times100\text{m}$)，并通过统计该区域中相应的移动轨迹，作为用户在各个网格中发送历史 LBS 请求的次数。

在上述数据集中随机选择包含 6 个不同位置的移动路径来模拟用户连续发送实时 LBS 查询时的真实移动路径。其中，第 1 个位置表示用户初始发送 LBS 查询时的真实位置，剩下的 5 个位置则表示用户发送 5 次连续查询时的真实位置，并利用 Google 地图获取相邻位置间的可达时间。本实验针对每条移动路径设定的用户位置隐私保护需求 K 的取值为 3～20。并且针对不同的 K 值，分别进行 10 组实验，即 $5\times10=50$ 次实验。在实验中，假设用户在连续查询中具有相同的位置隐私保护需求，设定的时间可达性检查阈值 $\sigma_{\text{T}}^{\text{User}}=\dfrac{1}{2}$、方向相似性判断阈值 $\sigma_{\text{A}}^{\text{User}}=90°$。此外，采用最小二乘法来拟合位置集合间形成的可达路径，度量其对应的移动方向。最小二乘法是一种最佳线性无偏估计方法，能简便地获取拟合后形成移动路径的移动向量。实验算法均采用 C++ 语言进行编程，实验环境为 3.30GHz Core i5-4590 CPU，4GB DDR3-1600 RAM，操作系统为 Windows 7-64bit 版本。

4.5.2 现有基于假位置的 LBS 查询位置隐私保护方案的缺陷

为了证明现有基于假位置的 LBS 查询位置隐私保护方案并不能完全保护 LBS 查询中的用户位置隐私，本章选用 enhanced-DLS 算法[42]为连续发送 LBS 查询的用户生成位置集合。该算法是现有算法中最好的假位置生成算法，通过引入查询熵，避免用户生成如位于湖泊中心或位于十字马路中心等不合理的假位置。

实验结果如图 4.7 所示，在针对不同 K 值的 50 次实验中，最好的情形是

当 $K=15$ 和 $K=17$ 时，分别有 11 次生成的位置集合可完全抵抗 LSP 利用相邻位置集合和位置集合序列间的时空关系对其进行的时空关联性分析，即 enhanced-DLS 算法为用户的连续查询提供位置隐私保护的成功率不超过 11/50=22%。此时，LSP 可利用用户连续查询时所提交的位置集合间的时空关系，以不低于 100%−22%=78%的概率从用户提交的位置集合序列中正确地识别出某些假位置；更为甚者，LSP 还能直接推测出用户的真实位置。其中，在 $K=15$ 时生成的 50 − 11 = 39 次未能抵抗 LSP 时空关联性攻击分析的位置集合中，有 30 次是 LSP 利用时间可达性检查和方向相似性判断，通过识别虚假移动路径的方式识别出某些假位置，而剩下的 9 次是 LSP 利用出入度评估，通过识别移动枢纽的方式直接推测出用户的真实位置；当 $K=17$ 时生成的 39 次未能抵抗时空关联性攻击分析的位置集合中，有 36 次是 LSP 识别出某些虚假位置，而剩下的 3 次则是 LSP 可直接推测出用户的真实位置。因此，现有的基于假位置的 LBS 查询位置隐私保护方案并不能完全保护 LBS 查询中用户的位置隐私。

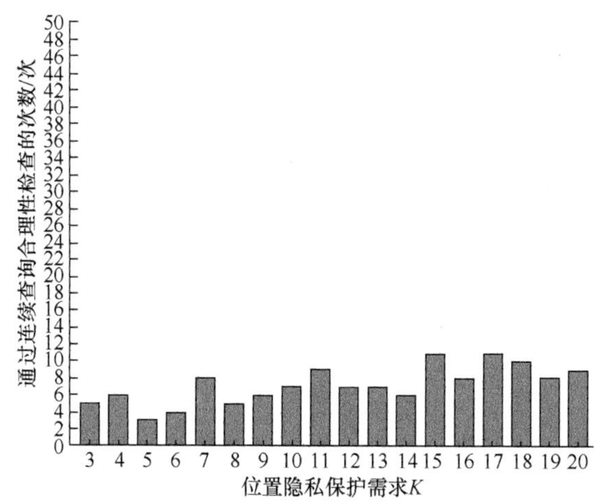

图 4.7　enhanced-DLS 算法生成的位置集合成功通过连续查询合理性检查的次数

4.5.3　本方案的有效性

在每次位置集合的生成过程中，先使用 enhanced-DLS 算法生成 $6K$ 个初始候选假位置。如果经过连续查询合理性检查筛选后，剩下的假位置数量不能满足用户的位置隐私保护需求，即筛选后剩下的假位置数量少于 $K-1$，再使用 enhanced-DLS 算法扩大并重新生成 $(6+i)\cdot K$ (i 表示重新生成候选假位置的次数，其取值范围为 $i=1,2,3,\cdots$)个候选假位置，直至经连续查询合理性筛选后，剩下的假位置个数不少于 $K-1$。利用相邻查询中形成的具有时空不可区分性的移动路径数量，对所提方案保护用户连续查询时真实位置的成功率进行说明，具体实验结果如图 4.8 所示。

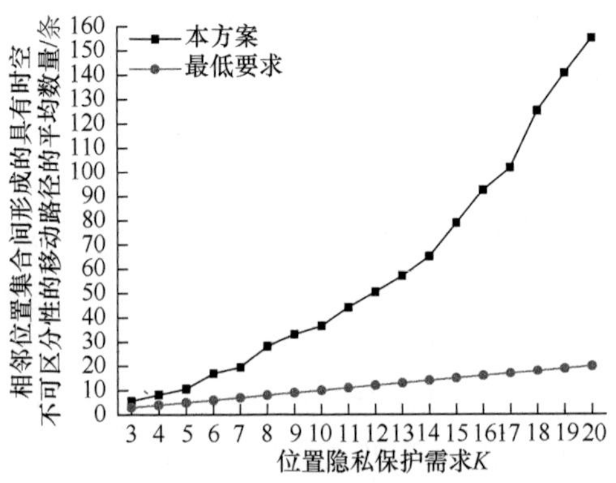

图 4.8　本方案生成的相邻位置集合间形成的具有时空不可区分性的移动路径数量

“最低要求”表示在有效保护连续查询中用户真实位置的前提下，用户提交的相邻位置集合间最少应形成的时空不可区分性的移动路径数量。实验结果表明，用户采用本方案保护连续 LBS 查询中自己的位置隐私时，当其提交的相邻位置集合间形成的具有时空不可区分性的移动路径数量远多于“最低要求”时，用户需要生成的具有时空不可区分性的移动路径数量。以 $K_{i-1}=K_i=18$ 为例，在有效保护用户位置隐私的前提下，最少应形成 $\max\{18,18\}=18$ 条具有时空不可区分性的移动路径。当用户采用本方案生成位置集合时，平均能形成 125.16 条具有时空不可区分性的移动路径。因此，本方案能以 100%的成功率为用户的相邻 LBS 查询提供位置隐私保护。

4.5.4　初始候选假位置数量对计算时延和通信开销的影响

本小节分析初始生成的候选假位置数量对本方案的影响。实验中，初始候选假位置的数量分别设置为 $2K$、$3K$、$4K$、$5K$、$6K$ 和 $7K$，并针对不同的初始候选假位置数量，分别进行 $18\times50=900$ 次实验。具体实验结果如图 4.9 所示。无论 K 值怎么变化，本方案为用户连续查询成功生成位置集合所需的平均计算时延和平均通信开销均非常有限。说明本方案可高效地为用户生成位置集合，从而有效保护用户的位置隐私。

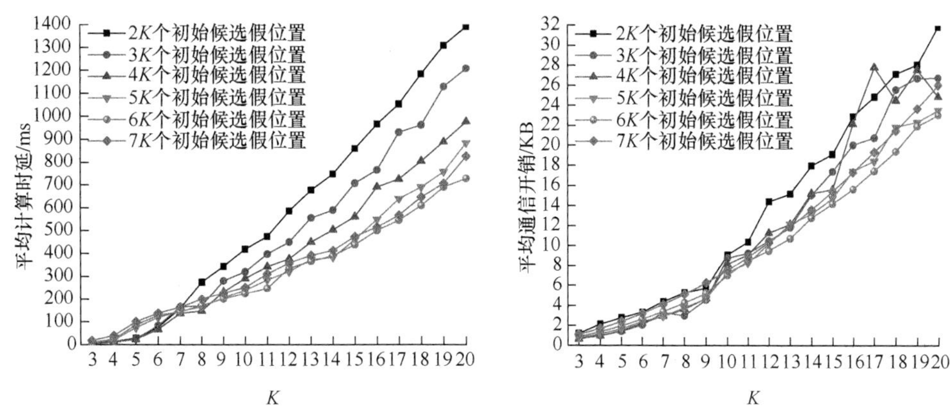

图 4.9　初始候选假位置数量对本方案的影响

通过上述实验可以发现，生成的初始候选假位置数量会直接影响本方案成功为用户生成位置集合所需的平均计算时延和平均通信开销。根据方案描述及其计算复杂度分析可知，当生成的初始候选假位置数量越少，本章提出的连续查询合理性检查所需的平均计算时延就会越低。然而，这也导致了在连续查询合理性检查过程中，筛选后剩下的假位置数量少于 $K-1$ 个，未能满足用户的位置隐私保护需求。此时，需要扩大并重新生成候选假位置，从而增加为用户成功生成位置集合时所需的平均计算时延和平均通信开销。为了平衡上述矛盾关系，提高用户的体验度，利用上述实验数据分析生成的初始候选假位置数量对本方案的影响，如表 4.1 所示。

表 4.1　初始候选假位置数量对本方案的影响

初始候选假位置数量	扩大并重新生成候选假位置的次数			实验次数	平均计算时延/ms	平均通信开销/KB
	K=3～9	K=10～20	合计			
2K	213	871	1084	900	527803.95	12272.34
3K	114	524	638	900	437455.47	10415.98
4K	42	377	419	900	361024.05	10734.87
5K	9	173	182	900	315701.82	9232.24
6K	0	42	42	900	291811.50	8976.58
7K	0	0	0	900	317055.64	9956.64

从表 4.1 可知，当生成的初始候选假位置数量为 $2K$，K 从 3 变化到 20 时，在 900 次位置集合生成中，由于初始候选假位置数量较少，经过本章提出的时间可达性检测、方向相似性判断和出入度评估筛选后，剩下的假位置数量不能满足用户的位置隐私保护需求，从而导致需扩大并重新生成候选假

位置 1084 次。其中，有 213 次是发生在 K 从 3 变化到 9 时，剩下的 871 次发生在 K 从 10 变化到 20 时。在 213 次重新生成候选假位置中，有 48 次是由于经过相邻两次查询位置集合间的时空关系筛选后，剩下的候选假位置数量不满足用户的位置隐私保护需求；有 165 次是由于经过相邻多次查询位置集合间的时空关系筛选后，剩下的候选假位置难以满足用户的位置隐私保护需求。然而在 871 次重新生成候选假位置中，仅有 17 次是由于经过相邻两次查询位置集合间的时空关系筛选后，剩下的候选假位置不能满足用户的位置隐私保护需求。造成上述问题的原因是随着连续请求次数及 K 值的增大，能抵抗 LSP 从相邻多次查询角度利用方向相似性判断和出入度评估识别的假位置数量急剧减少。然而，当生成的初始候选假位置数量为 $3K \sim 7K$ 时，扩大并重新生成候选假位置的次数急剧减少。

当生成的初始候选假位置数量为 $6K$ 时，扩大并重新生成候选假位置的次数较少，并且其所需的平均计算时延和平均通信开销较低，可为用户提供更好的服务体验。以 $K=9$ 为例，当初始候选假位置数量为 $6K$ 时，本方案为用户成功生成位置集合所需的平均计算时延和平均通信开销分别为 199.98ms 和 5.20KB；而当 $K>9$ 时，重新生成候选假位置的概率仅为 42/900=4.7%。因此，当用户采用本方案保护自己的位置隐私，若选择生成 $6K$ 个初始候选假位置时，需要扩大并重新生成候选假位置的次数较低。综上所述，在本实验其他部分中，设定的初始候选假位置数量均为 $6K$ 。

4.5.5 连续查询合理性检查阈值对计算时延和通信开销的影响

最后，简要分析连续查询合理性检查阈值 $\sigma_{\mathrm{T}}^{\mathrm{User}}$ 和 $\sigma_{\mathrm{A}}^{\mathrm{User}}$ 的设定对本方案为用户生成位置集合所需平均计算时延和平均通信开销的影响。以 $K=10$ 为例，实验结果分别如图 4.10 和图 4.11 所示。

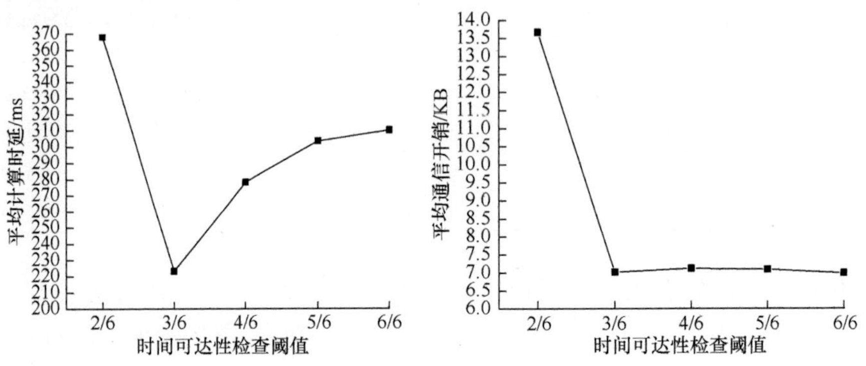

图 4.10　$\sigma_{\mathrm{T}}^{\mathrm{User}}$ 对本方案的影响

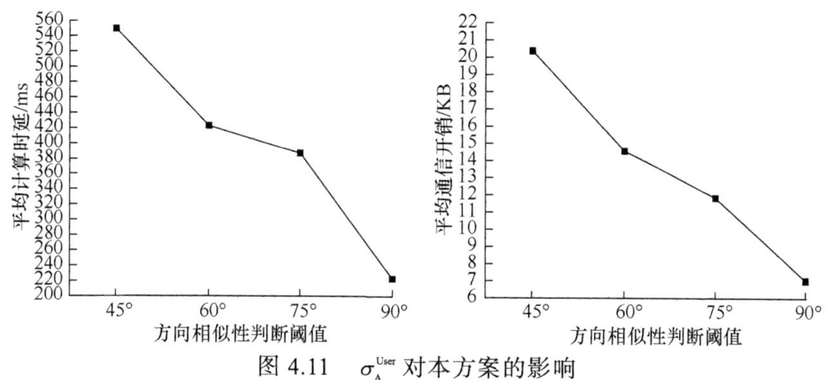

图 4.11　σ_{A}^{User} 对本方案的影响

总体来说，随着连续查询合理性检查阈值 σ_{T}^{User} 和 σ_{A}^{User} 的不断增大，本方案成功地为用户连续查询生成位置集合所需的平均计算时延和平均通信开销也不断降低。其原因是随着阈值的增大，越来越多的初始候选假位置能通过连续查询合理性检查，减少了扩大并重新生成候选假位置的次数。此外，当 σ_{T}^{User} 的取值从 $\frac{3}{6}$ 变化到 $\frac{6}{6}$ 时，本方案成功地为用户连续查询生成位置集合所需的平均计算时延呈先增加后基本保持不变的态势，如图 4.10 所示。这是由于当时间可达性检查阈值 $\sigma_{T}^{User} \geqslant \frac{4}{6}$ 后，时间可达性检查将难以筛选掉任意数量的初始候选假位置，增加了执行方向相似性判断和出入度评估所需的平均计算时延。同时，由于经过时间可达性检查筛选后剩下的假位置在经过方向相似性判断和出入度评估筛选后，剩下的假位置能满足用户的位置隐私保护需求，无需重新扩大生成候选假位置，从而导致本方案成功地为用户连续实时查询生成位置集合所需的平均通信开销呈现保持不变的态势。并且，在方案安全性证明中，已证明当 $\sigma_{A}^{User} \leqslant \frac{1}{2}\sigma_{A}^{LSP}$ 时，LSP 无法通过移动方向识别出虚假移动路径。由于 $\sigma_{A}^{User},\sigma_{A}^{LSP} \in [0°,180°]$，若 $\sigma_{A}^{User} > 90°$ 时，将无法保证本方案的安全性。因此，在本章其他实验中均设定 $\sigma_{T}^{User} = \frac{3}{6} = \frac{1}{2}$ 和 $\sigma_{A}^{User} = 90°$。

此外，本方案还采用本地存储的方法来避免用户在同一位置多次进行实时 LBS 查询时，重复生成候选假位置并执行连续查询合理性检查。这不仅可提高用户的服务体验，还能避免由于用户在同一位置多次进行查询时生成的位置集合不同，使得 LSP 可通过查找不同集合中相同位置的方法识别出某些假位置，甚至直接识别出用户的真实位置。当用户本地存储 10000 条历史服务请求数据，包括服务请求时间、真实位置和最终生成的假位置(共计 100000 个位置经纬度坐标)，所需的存储空间仅为 1.48MB。

4.6 结　论

本章通过实验证明现有的假位置方案并不能完全有效保护 LBS 查询中的用户位置隐私。造成上述问题的根本原因是当用户连续发送 LBS 查询时，其提交的相邻位置集合和整个位置集合序列间均存在紧密的时空关系。这使得 LSP 可利用该时空关系从用户提交的位置集合中正确地识别出某些假位置；更为甚者，LSP 还能直接推测出用户的真实位置。针对该问题，利用时间可达性检查、方向相似性判断和出入度评估分别从局部和整体的角度对用户连续查询时所提交的相邻位置集合以及整个位置集合序列的时空关系进行分析，给出时空关联性攻击模型和基于假位置的 LBS 查询位置隐私保护的安全性定义。并基于现有的假位置方案，提出了一种时空关系感知的假位置隐私保护方案。安全性分析及大量实验表明，本方案能有效地混淆用户连续查询时提交的位置集合间的时空关系，使得 LSP 难以利用时空关系识别出假位置，从而保护用户的位置隐私。

第 5 章 基于区块链的分布式 *K* 匿名位置隐私保护方案

5.1 引 言

随着 LBS 的广泛应用，LBS 中的位置隐私泄露问题受到了用户的关注[2,127-130]。造成用户位置隐私泄露的主要原因是 LSP 利用数据挖掘等技术从用户提交的位置信息中非法获取用户的个人敏感信息[2,3]，如家庭/工作地址、个人嗜好、生活习惯等。K 匿名[4,131]是 LBS 中位置隐私保护中常见的一种方法，其基本思想是当发送 LBS 查询时，用户首先至少获取其他 $K-1$ 个协作用户真实位置后构建一个匿名区，然后利用该匿名区替代自己的真实位置提交给 LSP，从而有效保护自己的位置隐私。与其他位置隐私保护方法，如基于差分隐私[80,132]、基于位置坐标变换[52,55]和基于密码学[133,134]相比，K 匿名方法具有以下优势：①不依赖复杂的密码技术；②可有效地降低用户的计算开销；③可让用户获取准确的查询结果，享受较高的 LBS 质量。

但是，在传统的 K 匿名方法[103,135]中，需要一个集中式的节点当匿名服务器，为请求用户构造匿名区。一旦匿名服务器被攻破，攻击者就能轻而易举地获取请求用户和协作用户的真实位置。并且，由于集中式匿名服务器的存在，不仅使得用户(包括请求用户和协作用户)与匿名服务器间存在通信瓶颈，而且完全可信的第三方在现实中也难以找到。因此，集中式 K 匿名方法并不实用。为了解决该问题，学者们又提出无需可信第三方的分布式 K 匿名位置隐私保护方法[19-22,24-26,28-30,33-35,103,135-138]。在该方法中，请求用户可直接与周围协作用户进行协商并获取协作用户的真实位置，自主式地生成匿名区来保护自己的位置隐私。然而，由于未考虑匿名区构造过程中存在的位置泄露和欺骗行为，现有的分布式 K 匿名位置隐私保护方案存在以下两个问题。

(1) 收到协作用户提供的真实位置后，自利的请求用户会将这些位置信息泄露给第三方以获取额外收益；或者恶意的攻击者会假扮为请求用户来获取协作用户的真实位置，从而导致协作用户位置隐私泄露。

(2) 收到请求用户发送的协作请求后，即使某些协作用户位于敏感区域，但由于自利性，其仍会提供假位置给请求用户来提高自己的活跃度(或信誉值)，以便自己作为请求者时能高效地构造出匿名区。如果自利的协作用户随机生成一个位于无移动用户区域内的假位置给请求用户来构造匿名区，由于 LSP 可利用背景知识，如网络监视技术或区域监视技术识别出无用户区域[139]，便能缩小匿名区。这不仅导致请求用户的位置隐私保护需求难以得到满足，甚至还使得 LSP 可直接推测出请求用户的位置隐私信息，如图 5.1 所示。假设请求用户 Alice 使用分布式 K 匿名位置隐私保护方案保护其位置隐私。当 Alice 发送匿名区构造协作请求后，协作用户 Bob 正在酒吧酗酒。此时，他既不想提供自己的真实位置来泄露自己酗酒的不良嗜好，又想参与匿名区构造中以提升自己的活跃度使得自己作为请求者时能获得他人帮助，因此 Bob 随机生成了一个位于河流中心的假位置提供给 Alice。Alice 在收到协作用户 Bob 提供的位置后，将构造出的匿名区连同自己的查询内容提交给 LSP，如图 5.1(a)所示。当收到 Alice 提交的匿名区后，LSP 识别出该匿名区中的无人区域，发现缩小后的匿名区属于医院区域，如图 5.1(b)所示。此时，LSP 就能以极大概率推测出 Alice 的身体健康状况，从而非法获取请求用户 Alice 的个人隐私。

○请求用户的真实位置　◉协作用户提供的真实位置　●协作用户提供的虚假位置

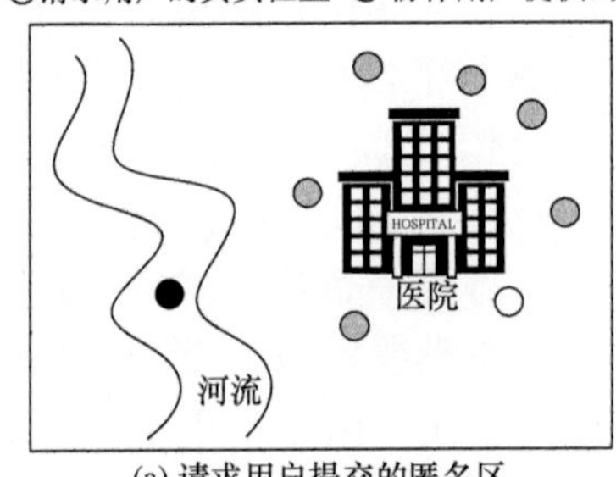

(a) 请求用户提交的匿名区

(b) 被识别后的匿名区

图 5.1　协作用户提供假位置给请求用户的示例图

综上所述，由于未考虑匿名区构造过程中存在的位置泄露和欺骗行为，现有的分布式 K 匿名位置隐私保护方案并不能完全保护用户的位置隐私。为了解决上述问题，本章提出了一个基于区块链的分布式 K 匿名位置隐私保护方案。据了解，这是第一个利用区块链来研究 LBS 中位置隐私保护的方案。本章的主要内容如下。

(1) 通过记录参与匿名区构造的请求用户、协作用户及其提供的位置信息作为证据，惩罚具有位置泄露和欺骗行为的用户作为请求者时不能构造出匿名区，设计一个交互记录机制约束匿名区构造过程中请求用户和协作用户的自利行为。

(2) 基于设计的交互记录机制，结合区块链技术，提出一个分布式 K 匿名位置隐私保护方案。安全性分析证明该方案在有效防止请求用户泄露协作用户位置信息的同时，还能激励协作用户提供真实位置来参与匿名区的构造。

(3) 通过大量实验表明，当请求用户使用本方案构造匿名区时，其与协作用户所需的计算开销、通信开销和存储开销较少，能高效地构造出匿名区，说明本方案具有较好的实用性。

5.2 预备知识

5.2.1 系统架构

系统结构如图 5.2 所示，本章采用点对点对等式结构[36]，由请求用户、协作用户和 LSP 组成，无需第三方。

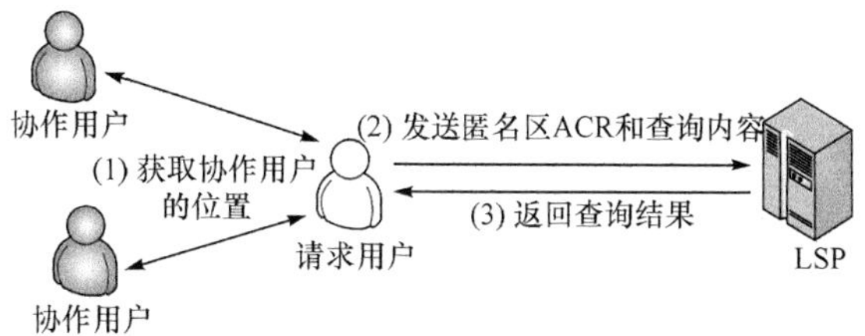

图 5.2　系统结构

本章假设请求用户与协作用户，以及请求用户与 LSP 间存在安全的通信链路。当请求用户 P_0 向 LSP 发送查询请求时，首先向周围用户发送协作请求以获取他们的真实位置。当收到协作用户 $P_1,P_2,\cdots,P_{K-1}$ 提供的位置 $\text{Loc}_1^{\text{real}}$，$\text{Loc}_2^{\text{real}},\cdots,\text{Loc}_{K-1}^{\text{real}}$ 后，请求用户 P_0 构造匿名区 ACR，并连同查询内容一同提交给 LSP。当 LSP 认证通过请求用户 P_0 的身份后，根据请求用户提交的匿名区和查询内容在数据库中进行检索，将所有结果返回给请求用户 P_0。收到 LSP 发送的查询结果后，请求用户 P_0 根据自己的真实位置 $\text{Loc}_0^{\text{real}}$ 对它们进行筛选，从而获得准确的查询结果。其中，$\text{Loc}_i^{\text{real}}$ 表示第 $i\left(1\leqslant i\leqslant K-1\right)$ 个协作用户 P_i 的真实位置；匿名区 $\text{ACR}=\text{Area}\left(\text{Loc}_0^{\text{real}},\text{Loc}_1^{\text{real}},\cdots,\text{Loc}_{K-1}^{\text{real}}\right)$；$\text{Area}(\cdot)$ 是匿名区构造函数；K 表示请求用户 P_0 的位置隐私保护需求。

此外，本章还假设请求用户与协作用户均是理性的，即在匿名区构造过程中，总是根据自身利益最大化进行策略选择。对于理性的请求用户 P_0，首先期望获得协作用户提供的真实位置用于生成匿名区 ACR；其次在成功构造匿名区的同时，其会泄露协作用户的真实位置以获得更多额外收益。因此，在匿名区构造过程中，理性请求用户 P_0 的偏好满足：$\tilde{U}^{+}>\tilde{U}>\tilde{U}^{-}>\tilde{U}^{--}$。

(1) $\tilde{U}^{+}$ 表示请求用户 P_0 成功构造匿名区，且泄露协作用户 P_i 真实位置时的收益；

(2) $\tilde{U}$ 表示请求用户 P_0 成功构造匿名区，但未泄露协作用户 P_i 真实位置时的收益；

(3) $\tilde{U}^-$ 表示请求用户 P_0 未成功构造匿名区，但泄露协作用户 P_i 真实位置时的收益；

(4) $\tilde{U}^{--}$ 表示请求用户 P_0 未成功构造匿名区，且未泄露协作用户 P_i 真实位置时的收益。

然而对于理性协作用户 P_i，首先期望能保护自己的位置隐私；其次，在有效保护自己位置隐私的同时，向请求用户提供协作帮助。因此，在匿名区构造过程中，理性协作用户 P_i 的偏好满足：$\tilde{W}^+ > \tilde{W} > \tilde{W}^- > \tilde{W}^f > \tilde{W}^{--}$。

(1) $\tilde{W}^+$ 表示协作用户 P_i 提供假位置 $\text{Loc}_i^{\text{fake}}$ 给请求用户 P_0，且请求用户 P_0 采用该假位置构造匿名区时的收益；

(2) $\tilde{W}$ 表示协作用户 P_i 提供自己的真实位置 $\text{Loc}_i^{\text{real}}$ 给请求用户 P_0，且请求用户 P_0 未泄露该位置时的收益；

(3) $\tilde{W}^-$ 表示协作用户 P_i 未提供位置信息来协作请求用户 P_0 构造匿名区时的收益；

(4) $\tilde{W}^f$ 表示协作用户 P_i 提供假位置 $\text{Loc}_i^{\text{fake}}$ 给请求用户 P_0，但被请求用户 P_0 正确识别，未采用该位置构造匿名区时的收益；

(5) $\tilde{W}^{--}$ 表示协作用户 P_i 提供自己真实位置 $\text{Loc}_i^{\text{real}}$ 给请求用户 P_0，但请求用户 P_0 泄露该位置时的收益。

5.2.2　分布式 *K* 匿名位置隐私保护的安全

本章将请求用户和周围协作用户均视为攻击者。在分布式匿名区的构造过程中，自利的请求用户收到协作用户提供的位置信息后，会泄露位置信息给第三方以获取额外的收益。然而自利的协作用户在收到请求用户发送的匿名区构造协作请求后，可能会提供虚假的位置信息给请求用户，使得请求用户构造出的匿名区不能满足其位置隐私保护需求，甚至使得 LSP 可直接推测出请求用户的个人隐私，如图 5.1 所示。

为了清晰地给出分布式匿名区构造的安全性定义，本章将匿名区的协同构造视为请求用户 P_0 和协作用户 P_i 间的两方博弈，首先形式化描述匿名区协同构造博弈。

定义 5.1　匿名区协同构造博弈： 匿名区协同构造博弈是一个五元组 $G_{\text{ACR}} = \{P, A, H, F, U\}$，分别表示内容如下。

(1) $P=\{P_0,P_i\}$ 是理性用户集合。其中，P_0 表示请求用户；P_i 表示协作用户。

(2) $A=\{A_0,A_i\}$ 是参与者的策略集合。其中，$A_0=\left\{a_0^{(1)},a_0^{(2)}\right\}$ 是请求用户 P_0 的策略集合，$a_0^{(1)}$ 表示请求用户 P_0 收到协作用户 P_i 提供的位置 Loc_i 后不将其泄露给第三方；$a_0^{(2)}$ 表示请求用户 P_0 收到协作用户 P_i 提供的位置 Loc_i 后将其泄露给第三方。$A_i=\left\{a_i^{(1)},a_i^{(2)},a_i^{(3)}\right\}$ 表示协作用户 P_i 的策略集合，$a_i^{(1)}$ 表示协作用户 P_i 收到协作请求后，提供自己的真实位置 $\mathrm{Loc}_i^{\mathrm{real}}$ 给请求用户 P_0；$a_i^{(2)}$ 表示协作用户 P_i 收到协作请求后，不提供位置信息给请求用户 P_0；$a_i^{(3)}$ 表示协作用户 P_i 收到协作请求后，提供虚假的位置 $\mathrm{Loc}_i^{\mathrm{fake}}$ 给请求用户 P_0。并且，在匿名区协同构造博弈 G_{ACR} 中，请求用户和协作用户各选一个策略形成的向量 $\boldsymbol{a}=(a_0,a_i)$ 称为理性用户的策略组合。其中，$a_0\in A_0$；$a_i\in A_i$。

(3) H 是历史集合。任意一个历史 $\boldsymbol{h}\in H$ 表示其对应时刻理性用户选择的策略构成的策略组合。显然，空字符 $\tau\in H$，其表示匿名区协同构造博弈开始。对于任意的历史 $\boldsymbol{h}\in H$，在其之后可能出现的所有策略组合记为 $A(\boldsymbol{h})=\{\boldsymbol{a}\mid(\boldsymbol{h},\boldsymbol{a})\in H\}$。如果存在 $\boldsymbol{h}'\in H$ 使得 $A(\boldsymbol{h}')=\varphi$，则称该历史 $\boldsymbol{h}'$ 终止。集合 Z 表示所有终止历史组成的集合。

(4) $F:(H/Z)\to P$ 是用户分配函数，为没有终止的历史 $\boldsymbol{h}\in H/Z$ 指定下一步进行策略选择的用户。由于在匿名区协同构造博弈中，理性协作用户 P_i 率先进行策略选择，故 $F(\tau)=P_i$。

(5) $U=\{u_0,u_i\}$ 是理性用户的收益集合。其中，$u_0\in\left\{\tilde{U}^{+},\tilde{U},\tilde{U}^{-},\tilde{U}^{--}\right\}$ 是理性请求用户 P_0 的收益函数；$u_i\in\left\{\tilde{W}^{+},\tilde{W},\tilde{W}^{-},\tilde{W}^{f},\tilde{W}^{--}\right\}$ 是理性协作用户 P_i 的收益函数。

基于形式化描述的匿名区协同构造博弈模型，下面给出分布式 K 匿名位置隐私保护的安全性定义。

定义 5.2　分布式 *K* 匿名位置隐私保护的安全性： 假设 P_0 是理性请求用户，$P_1,P_2,\cdots,P_{K-1}$ 是 $K-1$ 个理性协作用户。当理性请求用户 P_0 采用分布式 K 匿名位置隐私保护方案向 $P_1,P_2,\cdots,P_{K-1}$ 发送协作构造匿名区请求，且成功构造出匿名区 ACR 时，若下述条件成立：

$$u_0\tilde{U} \tag{5.1}$$

$$u_i=\tilde{W} \tag{5.2}$$

$$\mathrm{Pr}_{\mathrm{LSP}}\left[\mathrm{Loc}_0^{\mathrm{real}}\mid\mathrm{ACR}\right]\leqslant 1/K \tag{5.3}$$

其中，K 表示请求用户 P_0 在发送当前 LBS 查询时的位置隐私保护需求；

$1 \leqslant i \leqslant K-1$；$\Pr_{\mathrm{LSP}}\left[\mathrm{Loc}_0^{\mathrm{real}} \mid \mathrm{ACR}\right]$表示 LSP 从请求用户 P_0 提交的匿名区 ACR 中正确识别出其真实位置 $\mathrm{Loc}_0^{\mathrm{real}}$ 的概率。那么，该分布式 K 匿名位置隐私保护方案安全。

在上述定义中，式(5.1)和式(5.2)是从匿名区构造的角度对分布式 K 匿名位置隐私保护的安全性进行定义。其中，式(5.1)表示在匿名区构造过程中请求用户 P_0 不会泄露协作用户的位置；式(5.2)表示在匿名区构造过程中协作用户 P_i 提供自己的真实位置 $\mathrm{Loc}_i^{\mathrm{real}}$ 给请求用户 P_0。式(5.3)是从 LBS 查询的角度对分布式 K 匿名位置隐私保护的安全性进行定义。

5.2.3　区块链技术

区块链[140,141]的基本思想是通过整合密码技术和点对点通信技术，基于数据分布式存储一致性的原理，利用智能合约来自动化执行预设脚本代码，在实现去中心化共享数据的同时，确保共享数据的不可篡改性和不可伪造性。

区块链的基础架构[142]可分为六层，自顶向下分别是应用层、合约层、激励层、共识层、网络层和数据层，如图 5.3 所示。

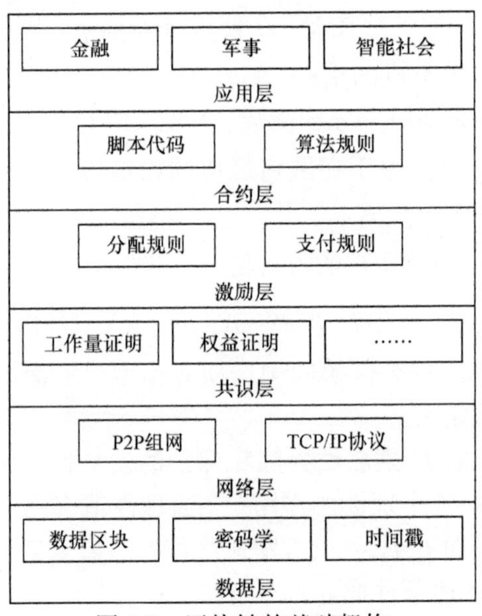

图 5.3　区块链的基础架构

1) 应用层

应用层封装了区块链在社会活动中可应用的场景及实例。

2) 合约层

合约层封装了各类脚本代码及算法规则等，为用户提供可编程环境，从而实现智能合约。利用智能合约，区块链可将各自业务规则转化成区块链系统中自动执行的合约，使得该合约的执行不依赖任何第三方。理论上智能合约一旦部署且符合其执行的条件，即可自动执行。

3) 激励层

在区块链中，数据是由所有节点共同维护。为了激励节点积极参与到区块链的维护中，激励层封装了激励相容的分配规则和支付规则，在各节点参与维护区块链的同时，使其自身收益最大化。

4) 共识层

在区块链中，由于需要在无中心节点的情况下保证各个节点记账的一致性，此时需利用共识层中封装的各种共识机制在相互没有信任基础的个体间达成共识。

5) 网络层

网络层封装了区块链系统的组网规则——对等式组网，以及在该网络中节点间的交易账单和其他数据的传播、验证协议等。

6) 数据层

数据层利用 Hash 算法、Merkle 树等密码技术和时间戳技术将数据区块生成时间间隔内形成的所有交易账单以链式结构进行存储，确保区块链中存储的数据具有不可伪造、不可篡改和可追溯性。

5.3 方案设计

为了防止在分布式匿名区构造过程中请求用户泄露协作用户的位置，以及协作用户提供虚假位置欺骗请求用户，本节首先利用加密和签名技术来防止其余用户非法获取协作用户提供的位置信息，以及参与匿名区构造用户具有位置欺骗或泄露行为后的抵赖，并利用区块链分布式存储参与匿名区构造的博弈双方 ID 以及提供的位置信息作为证据，设计了一种基于区块链的分布式 K 匿名位置隐私保护方案。

5.3.1 共识机制

本小节首先设计了一个协作请求记录机制约束请求用户和协作用户的自利性行为，并提出了一个区块链记账权竞争机制，激励网络中所有用户参与区块链的维护中。

假设在任意第 q 次匿名区协同构造博弈中，策略 $a_0^{q-(1)}$ 表示请求用户 P_0 收到协作用户 P_i 提供的位置 Loc_i^q 后并不将其泄露给第三方；策略 $a_0^{q-(2)}$ 表示请求

用户 P_0 收到协作用户 P_i 提供的位置 Loc_i^q 后将其泄露给第三方。策略 $a_i^{q\_(1)}$ 表示协作用户 P_i 收到协作请求后，提供自己的真实位置 $\mathrm{Loc}_i^{\mathrm{real}}$ 给请求用户 P_0；策略 $a_i^{q\_(2)}$ 表示协作用户 P_i 收到协作请求后，不提供任何位置信息给请求用户 P_0；策略 $a_i^{q\_(3)}$ 表示协作用户 P_i 收到协作请求后，提供虚假的位置 $\mathrm{Loc}_i^{\mathrm{fake}}$ 给请求用户 P_0。令 u_0^q 和 u_i^q 分别表示第 q 次匿名区协同构造博弈结束时，请求用户 P_0 和协作用户 P_i 的收益。并且，令策略 $a_{0\to0}^{q+j}$ 表示第 q 次匿名区协同构造博弈的请求用户 P_0 在之后的第 j 次博弈中仍作为请求者时选择的策略；策略 $a_{i\to0}^{q+j}$ 表示参与第 q 次匿名区协同构造博弈的协作用户 P_i 在第 j 次博弈中作为请求者时选择的策略。本节提出的协作请求记录机制如下所示。

定义 5.3　共识机制 Ⅰ——交互记录机制： 交互记录机制 $M_{\mathrm{R}}=\left(\boldsymbol{a}^q, p^{[\tilde{q}+m]}\right)$ 是一个二元组。其中，

(1) $\boldsymbol{a}^q=\left(a_0^q, a_i^q\right)$ 是在第 q 次匿名区协同构造博弈中，请求用户 P_0 和协作用户 P_i 选择的策略 a_0^q 和 a_i^q 形成的策略组合。

(2) $p^{[\tilde{q}+m]}=\left\{p_0^{[\tilde{q}+m]}, p_i^{[\tilde{q}+m]}\right\}$ 是交互记录机制 M_{R} 根据请求用户 P_0 和协作用户 P_i 在第 q 次匿名区协同构造博弈中选择的策略，给予之后的第 $\tilde{q}$ 次匿名区协同构造博弈 $G_{\mathrm{ACR}}^{\tilde{q}}$ 至第 $\tilde{q}+m$ 次匿名区协同构造博弈 $G_{\mathrm{ACR}}^{\tilde{q}+m}$ 的支付收益。对于任意 $j\in[\tilde{q}, \tilde{q}+m]$ 满足：

$$p_0^j=\begin{cases} u_0^j\left(a_{0\to0}^j, a_{i'}^{j\_(1)}\right), & a_0^q=a_0^{q\_(1)} \\ u_0^j\left(a_{0\to0}^j, a_{i'}^{j\_(2)}\right), & a_0^q=a_0^{q\_(2)} \end{cases} \tag{5.4}$$

$$p_i^j=\begin{cases} u_{i\to0}^j\left(a_{i\to0}^j, a_{i'}^{j\_(1)}\right), & a_i^q=a_i^{q\_(1)} \\ u_{i\to0}^j\left(a_{i\to0}^j, a_{i'}^j\left(\lambda_{i\to0}, \delta_{i'}\right)\right), & a_i^q=a_i^{q\_(2)} \\ u_{i\to0}^j\left(a_{i\to0}^j, a_{i'}^{j\_(2)}\right), & a_i^q=a_i^{q\_(3)} \end{cases} \tag{5.5}$$

其中，m 表示惩罚轮数；$a_{i'}^j$ 表示在匿名区协同构造博弈 G_{ACR}^j 中协作用户 $P_{i'}$ 选择的策略；$\lambda_{i\to0}$ 表示参与匿名区协同构造博弈 G_{ACR}^q 的协作用户 P_i 在参与博弈 G_{ACR}^j 时协助其他用户构造匿名区的次数；$\delta_{i'}$ 表示匿名区协同构造博弈 G_{ACR}^j 中协作用户 $P_{i'}$ 的判断阈值。当 $\lambda_{i\to0}<\delta_{i'}$ 时，$a_{i'}^j\left(\lambda_{i\to0}, \delta_{i'}\right)=a_{i'}^{j\_(2)}$；否则，$a_{i'}^j\left(\lambda_{i\to0}, \delta_{i'}\right)=a_{i'}^{j\_(1)}$。

交互记录机制 M_{R} 是通过记录参与匿名区构造的请求用户、协作用户及其提供的位置信息来约束他们的自利性行为。也就是说，一旦发现匿名区协同构造博弈 G_{ACR}^{q} 中请求用户 P_0 泄露了协作用户 P_i 的位置信息，那么之后的 m 次服务查询中均不会有用户帮助其构造匿名区；同样地，如果发现匿名区协同构造博弈 G_{ACR}^{q} 中的协作用户 P_i 提供假位置，那么该协作用户在之后的 m 次服务查询中也不会有其他用户帮助其构造匿名区。

在本章提出的方案中，将利用区块链分布式存储参与匿名区构造的博弈双方以及协作用户提供的位置信息作为证据。因此，为了激励网络中所有用户参与区块链的维护中，本章还提出了一个区块链记账权竞争机制。

定义 5.4　共识机制Ⅱ——记账权竞争机制：记账权竞争机制 $M_{\mathrm{C}}=\left(\tilde{\lambda},\tilde{p}\right)$ 是一个二元组。其中，

(1) $\tilde{\lambda}=\left(\lambda_{\tilde{1}},\lambda_{\tilde{2}},\cdots,\lambda_{\tilde{n}}\right)$ 是在竞争生成新区块 Block_M 时，参与竞争获取记账权的用户 $P_{\tilde{1}},P_{\tilde{2}},\cdots,P_{\tilde{n}}$ 历史上帮助其他用户构造匿名区的次数 $\lambda_{\tilde{1}},\lambda_{\tilde{2}},\cdots,\lambda_{\tilde{n}}$ 所形成的历史协同构造次数集合。$\lambda_{\tilde{i}}$ 是参与新区块生成记账权的第 $\tilde{i}$ 个用户 $P_{\tilde{i}}$ 历史上帮助其他用户构造匿名区的次数。

(2) $\tilde{p}=\left\{\tilde{p}_{\tilde{1}},\tilde{p}_{\tilde{2}},\cdots,\tilde{p}_{\tilde{n}}\right\}$ 是记账权竞争机制 M_{C} 根据参与新区块生成记账权竞争的用户 $P_{\tilde{1}},P_{\tilde{2}},\cdots,P_{\tilde{n}}$ 历史上帮助其他用户构造匿名区构造的次数，给予他们在生成新区块时的收益。对于任意 $\tilde{p}_{\tilde{i}}\in\tilde{p}$，满足：

$$\tilde{p}_{\tilde{i}}=\begin{cases}0, & \text{其他}\\ \lambda_{\tilde{i}}+1, & \lambda_{\tilde{i}}=\arg\max\left\{\lambda_{\tilde{i}'}\bmod\lambda_{\max}^{M-1}\right\}\end{cases}\tag{5.6}$$

其中，$\lambda_{\max}^{M-1}$ 表示获得生成区块 Block_{M-1} 记账权的用户在当时曾帮助其他用户构造匿名区的历史次数；$\tilde{i}'\in\left[\tilde{1},\tilde{2},\cdots,\tilde{n}\right]$。

简单来说，本章提出的生成新区块记账权竞争机制 M_{C} 的基本思想是让参与匿名区构造次数最多的用户获取记账权。但是，为了防止参与匿名区构造次数最多的用户始终获取记账权限，从而有机会伪造分布式匿名区协作构造区块链，本章利用 $\lambda_{\tilde{i}}=\arg\max\left\{\lambda_{\tilde{i}'}\bmod\lambda_{\max}^{M-1}\right\}$ 使得区块链的记账权分散给网络中的各个用户。此外，为了激励网络中所有用户来参与区块链的更新，本章将获得生成新区块的记账权视为参与匿名区构造的一种特殊方式。显然，对于网络中任意用户 $P_{\tilde{i}}$，其帮助其他用户构造匿名区的历史次数 $\lambda_{\tilde{i}}$ 越多，$P_{\tilde{i}}$ 作为请求者发送匿名区协同构造请求时，就会有越多的用户提供自己的位置信息给他，使其成功构造出匿名区的概率越大。这也在一定程度上预防用户在区

块链系统中频繁地使用新 cID。

值得注意的是，本章提出的记账权竞争机制中，网络中的任何用户，即包括发送匿名区协同构造请求的请求用户，提供位置信息的协同用户以及收到匿名区协同构造请求未提供位置信息的其他用户均能参与到生成新区块记账权的竞争中。

5.3.2 本章方案

本章将请求用户获取协作用户真实位置的过程视为一类特殊的交易，在交易账单中记录交易双方的 ID 以及协作用户提供的位置信息，并将此账单存储至公有链中。当请求用户指认协作用户提供假位置或者协作用户指认请求用户泄露自己位置时，可将该交易账单作为凭证用于仲裁。一旦证实出现位置泄露或欺骗行为，那么具有上述行为的用户在作为请求者时将不会有其他用户给其提供帮助，使其不能成功地构造匿名区。此外，为了激励网络中的用户参与到区块链的维护中，每次生成区块的用户均会被视为帮助请求用户构造匿名区，具体方案如下。

步骤 1 请求用户 P_0 向协作用户 P_i 发送匿名区构造协作请求：

$$\text{Req}=\left\{T_{0-i},\text{cID}_0,\lambda_0,N\left(\text{Tran}_{l_1}\right),N\left(\text{Tran}_{l_2}\right),\cdots,N(\text{Tran}_{l_{\lambda_0}}),\text{sign}_{\text{SK-cID}_0}\left(\lambda_0\,\|\,T_{0-i}\right)\right\} \tag{5.7}$$

其中，T_{0-i} 表示请求用户 P_0 发送匿名区构造协作请求时的时间戳；cID_0 表示请求用户 P_0 在区块链系统中使用的假名；λ_0 表示请求用户作为协作者时曾参与匿名区构造的次数；$N\left(\text{Tran}_{l_k}\right)$ 表示存储请求用户 P_0 协作其他用户构造匿名区的交易账单 Tran_{l_k} 的交易账单号，$1\leqslant k\leqslant\lambda_0$；$\text{SK}-\text{cID}_0$ 表示请求用户 P_0 在区块链系统中的私钥；$\text{sign}_{\text{SK-cID}_0}\left(\lambda_0\,\|\,T_{0-i}\right)$ 表示利用私钥 $\text{SK}-\text{cID}_0$ 对 $\lambda_0\,\|\,T_{0-i}$ 的签名；“$\|$”表示连接符。

步骤 2 协作用户 $P_i(i\neq 0)$ 收到请求用户 P_0 发送的匿名区构造请求后，首先在分布式匿名区协作构造区块链 $\text{Bloakchain}=\left\{\text{Block}_1,\text{Block}_2,\cdots,\text{Block}_{M-1}\right\}$ 中统计请求用户 P_0 曾参与匿名区构造的次数 λ_0'，并在该区块链中查找是否存在记录请求用户 P_0 欺骗行为的惩罚交易账单。

(1) 当 $\lambda_0'=\lambda_0$ 且未找到记录当前请求用户 P_0 欺骗行为的惩罚交易账单时，协作用户 P_i 根据阈值 δ_i 决定是否发送自己的真实位置 $\text{Loc}_i^{\text{real}}$ 给请求用户。

① 若 $\lambda_0<\delta_i$，则协作用户 P_i 不响应请求用户 P_0 的协作请求；

② 若 $\lambda_0\geqslant\delta_i$，则协作用户 P_i 将交易账单：

$$\begin{aligned}\text{Tran}=\Big\{&T_{i-0},\text{cID}_0,\text{Enc}_{\text{PK}-\text{cID}_0}\left(\text{Loc}_i^{\text{real}}\parallel T_{i-0}\right),\\&\text{sign}_{\text{SK}-\text{cID}_i}\left(\text{Enc}_{\text{PK}-\text{cID}_0}\left(\text{Loc}_i^{\text{real}}\parallel T_{i-0}\right)\right)\Big\}\end{aligned} \tag{5.8}$$

发送给请求用户 P_0。

(2) 当 $\lambda_0'=\lambda_0$，但在区块 $\text{Block}_{l'}$ 中找到记录当前请求用户 P_0 欺骗行为的惩罚交易账单时，协作用户 P_i 根据当前区块数量判断请求用户 P_0 是否仍在惩罚期内。

① 若 $M-1-l'\leqslant m$，即请求用户 P_0 仍在惩罚期内，则协作用户 P_i 不响应请求用户 P_0 的协作请求，并广播惩罚交易账单：

$$\text{Tran}_{\text{Pun}}=\left\{T_{i-0},\text{cID}_0,\text{cID}_i,\text{Punishment},\text{sign}_{\text{SK}-\text{cID}_i}\left(\text{Punishment}\parallel T_{i-0}\right)\right\} \tag{5.9}$$

② 若 $M-1-l'>m$，即请求用户 P_0 已被惩罚完毕，则协作用户 P_i 将交易账单 Tran 发送给请求用户 P_0。

(3) 当 $\lambda_0'\neq\lambda_0$ 时，协作用户 P_i 不响应请求用户 P_0 的协作请求，且广播发送惩罚交易账单：

$$\begin{aligned}\text{Tran}_{\text{Pun}}=\Big\{&T_{i-0},\text{cID}_0,\text{cID}_i,\text{Punishment},\text{sign}_{\text{SK}-\text{cID}_i}\left(\text{Punishment}\parallel T_{i-0}\right),T_{0-i},\lambda_0,\\&\text{sign}_{\text{SK}-\text{cID}_0}\left(\lambda_0\parallel T_{0-i}\right)\Big\}\end{aligned} \tag{5.10}$$

其中，M 表示请求用户 P_0 发送协作请求时，分布式匿名区协作构造区块链中区块的数量；l' 表示记录请求用户 P_0 欺骗行为的区块序号，满足 $1\leqslant l'\leqslant M-1$；$T_{i-0}$ 表示生成交易账单的时间戳；m 表示惩罚阈值；$\text{PK}-\text{cID}_0$ 表示请求用户 P_0 在区块链系统中的公钥；$\text{SK}-\text{cID}_i$ 表示协作用户 P_i 在区块链系统中的私钥；Punishment 表示惩罚交易账单标识符；$\text{Enc}_{\text{PK}-\text{cID}_0}\left(\text{Loc}_i^{\text{real}}\parallel T_{i-0}\right)$ 表示在区块链系统中使用请求用户 P_0 的公钥 $\text{PK}-\text{cID}_0$ 加密 $\text{Loc}_i^{\text{real}}\parallel T_{i-0}$ 后得到的密文。

步骤 3　请求用户 P_0 收到协作用户 P_i 发送的交易账单 Tran 后，使用协作用户 P_i 在区块链系统中的公钥 $\text{PK}-\text{cID}_i$ 验证签名信息：

$$\text{sign}_{\text{SK}-\text{cID}_i}\left(\text{Enc}_{\text{PK}-\text{cID}_0}\left(\text{Loc}_i^{\text{real}}\parallel T_{i-0}\right)\right) \tag{5.11}$$

的正确性。

(1) 若验证通过，则利用自己的私钥 $\text{SK}-\text{cID}_0$ 解密 $\text{Enc}_{\text{PK}-\text{cID}_0}\left(\text{Loc}_i^{\text{real}}\parallel T_{i-0}\right)$ 得到协作用户 P_i 的真实位置 $\text{Loc}_i^{\text{real}}$。然后，计算 $\text{Enc}_{\text{PK}-\text{cID}_i}\left(\text{Loc}_i^{\text{real}}\parallel T_{i-0}\right)$ 和 $\text{sign}_{\text{SK}-\text{cID}_0}\left(\text{Enc}_{\text{PK}-\text{cID}_i}\left(\text{Loc}_i^{\text{real}}\parallel T_{i-0}\right)\right)$，并将其写入交易账单 Tran 后进行广播。

(2) 若验证不通过，则不使用 $\text{Loc}_i^{\text{real}}$ 构造匿名区 ACR，且广播发送惩罚交易账单：

$$\begin{aligned}\text{Tran}_{\text{Pun}} = \{ & T_{i-0}, \text{cID}_0, \text{cID}_i, \text{Punishment}, \text{sign}_{\text{SK-cID}_0}\left(\text{punishment} \| T_{i-0}\right), \\ & \text{Enc}_{\text{PK-cID}_0}\left(\text{Loc}_i^{\text{real}} \| T_{i-0}\right), \text{sign}_{\text{SK-cID}_i}\left(\text{Enc}_{\text{PK-cID}_0}\left(\text{Loc}_i^{\text{real}} \| T_{i-0}\right)\right)\}\end{aligned} \tag{5.12}$$

当请求用户得到不少于 $K-1$ 个协作用户提供的真实位置后，可成功地构造出匿名区。

步骤 4　网络中所有用户在收到广播发送的交易账单后，分别验证其真实性。若验证不通过，则分别生成新的惩罚交易账单并进行广播发送；若验证通过，则保存交易账单用于生成新的区块 Block_M。当更新分布式匿名区协作构造区块链时，若

$$\lambda_j^M = \arg\max\left\{\lambda_{i'} \bmod \lambda_{\max}^{M-1}\right\} \tag{5.13}$$

则由用户 P_j 获得记账权，将生成新的区块 Block_M 加入分布式匿名区协作构造区块链。

在上述方案中，将用户的 cID 作为索引，用于在区块链系统中检索包含该 cID 的所有历史交易账单，使得网络中每个用户均能追溯请求用户和协作用户的历史行为。并且，当请求用户使用上述方案保护自己 LBS 查询的位置隐私时，还可能出现以下三种情况：

(1) 当请求用户在同一位置进行多次 LBS 查询时，用户无需广播发送构造匿名区协作请求。其只需通过查找存储在区块链中的交易账单即可快速获得历史查询时协作用户提供的真实位置，从而高效地构造出匿名区，提高服务质量。

(2) 当请求用户连续地进行 LBS 查询时，用户也无需广播发送构造匿名区协作请求。此时，其同样可通过查询存储在区块链中的交易账单即可快速获得上次查询时协作的用户，从而直接向这些用户发送协作请求，快速构造匿名区，提高服务质量。

(3) 当生成新的区块时，若存在多个用户 $P_{j_1}, P_{j_2}, \cdots, P_{j_n}$ 使得

$$\lambda_{j_1}^M = \lambda_{j_2}^M = \cdots = \lambda_{j_n}^M = \arg\max\left\{\lambda_{i'} \bmod \lambda_{\max}^{M-1}\right\} \tag{5.14}$$

成立，则由网络中用户通过投票决定本次区块链的记账权由 $P_{j_1}, P_{j_2}, \cdots, P_{j_n}$ 中的哪个用户获得。并且，为了降低网络中用户查询时的开销，在实际应用中，还可在上述方案中引入滑动窗口机制，减少区块链中存储交易账单的区块数量。

此外，如果在实际使用本方案时，位置隐私数据更新的频繁程度远远高于公有链网络中的交易产生速度时(即公有链网络中的交易产生速度与位置隐私数据更新的频繁程度不在一个数量级)，则可采用诸如区域划分的方法(即某个

区域内所有用户构成一个群体)，利用联盟链技术对本方案进行优化。

5.4 方 案 分 析

5.4.1 安全性分析

本章假定网络中至少存在 $K-1$ 个协作用户 $P_i(1\leqslant i\leqslant K-1)$ 的阈值 $\delta_i\leqslant\lambda_0$，即请求用户 P_0 能成功地构造出包含其他 $K-1$ 个协作用户提供位置的匿名区 ACR 。并且，还假设如果请求用户 P_0 收到 $K-1$ 个用户提供的真实位置 $\mathrm{Loc}_1^{\mathrm{real}},\mathrm{Loc}_2^{\mathrm{real}},\cdots,\mathrm{Loc}_{K-1}^{\mathrm{real}}$ 后，其采用的匿名区构造方法 $\mathrm{Area}(\cdot)$ 安全，即

$$\mathrm{Pr}_{\mathrm{LSP}}\left[\mathrm{Loc}_0^{\mathrm{real}}\mid \mathrm{Area}\left(\mathrm{Loc}_0^{\mathrm{real}},\mathrm{Loc}_1^{\mathrm{real}},\cdots,\mathrm{Loc}_{K-1}^{\mathrm{real}}\right)\right]\leqslant 1/K \tag{5.15}$$

成立。因此，本章仅从匿名区构造的角度证明本方案是安全的。

引理 5.1 令 α 表示协作用户 P_i 正确识别出请求用户 P_0 具有位置泄露行为的概率，β 表示请求用户 P_0 识别出协作用户提供假位置的概率。当网络中存在 $K-1$ 个用户 $P_i(1\leqslant i\leqslant K-1)$ 的阈值 $\delta_i\leqslant\lambda_0$ 时，若 $m>\max\left(\left\lceil\dfrac{\tilde{U}^{+}-\tilde{U}}{\alpha\cdot\left(\tilde{U}-\tilde{U}^{--}\right)}\right\rceil,\left\lceil\dfrac{(1-\beta)\cdot\left(\tilde{W}^{+}-\tilde{W}\right)}{\beta\cdot\left(\tilde{U}-\tilde{U}^{--}\right)}\right\rceil\right)$ 那么，本方案不仅能防止请求用户 P_0 泄露协作用户 $P_i(1\leqslant i\leqslant K-1)$ 的位置信息，还能确保协作用户 P_i 参与分布式匿名区构造时提供的是真实位置 $\mathrm{Loc}_i^{\mathrm{real}}$ 。

证明： 反证法。假设当理性协作用户 P_i 的阈值 $\delta_i\geqslant\lambda_0$ 且 $m>\max\left\{\left\lceil\dfrac{\tilde{U}^{+}-\tilde{U}}{\alpha\cdot\left(\tilde{U}-\tilde{U}^{--}\right)}\right\rceil,\left\lceil\dfrac{(1-\beta)\cdot\left(\tilde{W}^{+}-\tilde{W}\right)}{\beta\cdot\left(\tilde{U}-\tilde{U}^{--}\right)}\right\rceil\right\}$ 时，请求用户 P_0 在第 q 次匿名区协同构造博弈中，当收到理性协作用户 P_i 提供的真实位置 $\mathrm{Loc}_i^{q\text{-}\mathrm{real}}$ 后，将该位置泄露给第三方，即选择策略 $a_0^{q\text{-}(2)}$ 。此时，对于请求用户 P_0，其在博弈 G_{ACR}^{q} 中的收益为

$$u_0\left(a_0^{q\text{-}(2)}\right)=\tilde{U}^{+} \tag{5.16}$$

当理性协作用户 P_i 在任意时刻证实了 P_0 曾泄露自己的真实位置 $\mathrm{Loc}_i^{q\text{-}\mathrm{real}}$ 时，P_0 仍作为请求者在该时刻之后的 m 次匿名区协同构造博弈 $G_{\mathrm{ACR}}^{\tilde{q}},G_{\mathrm{ACR}}^{\tilde{q}+1},\cdots,G_{\mathrm{ACR}}^{\tilde{q}+m}$ 中的收益满足：

$$u_0^{\tilde{q}+j}\left(a_0^{\tilde{q}+j} \mid a_0^{q\_(2)}\right)=\tilde{U}^{--} \tag{5.17}$$

其中，$1 \leqslant j \leqslant m$。

因此，理性请求用户 P_0 选择策略 $a_0^{q\_(2)}$ 在 $m+1$ 次博弈 $G_{\text{ACR}}^{q}, G_{\text{ACR}}^{\tilde{q}}, G_{\text{ACR}}^{\tilde{q}+1}, \cdots, G_{\text{ACR}}^{\tilde{q}+m}$ 的总体收益为

$$\begin{aligned}\tilde{u}_0\left(a_0^{q\_(2)}\right)=&\alpha \cdot u_0\left(a_0^{q\_(2)}\right)+(1-\alpha) \cdot\left[u_0\left(a_0^{\tilde{q}} \mid a_0^{q\_(2)}\right)+u_0\left(a_0^{\tilde{q}+1} \mid a_0^{q\_(2)}\right)+\cdots\right.\\&\left.+u_0\left(a_0^{\tilde{q}+m} \mid a_0^{q\_(2)}\right)\right]=\tilde{U}^{+}+m \tilde{U}+\alpha \cdot m \cdot\left(\tilde{U}^{--}-\tilde{U}\right)\end{aligned} \tag{5.18}$$

然而，若请求用户 P_0 在第 q 次匿名区协同构造博弈中，收到真实位置 $\text{Loc}_i^{q\ real}$ 后不将该位置泄露给第三方，即选择策略 $a_0^{q\_(1)}$ 时，其在匿名区协同构造博弈 G_{ACR}^{q} 和 $G_{\text{ACR}}^{\tilde{q}}, G_{\text{ACR}}^{\tilde{q}+1}, \cdots, G_{\text{ACR}}^{\tilde{q}+m}$ 中的总体收益为

$$\begin{aligned}\tilde{u}_0\left(a_0^{q\_(1)}\right)&=u_0\left(a_0^{q\_(1)}\right)+u_0\left(a_0^{\tilde{q}} \mid a_0^{q\_(1)}\right)+u_0\left(a_0^{\tilde{q}+1} \mid a_0^{q\_(1)}\right)+\cdots\\&\quad+u_0\left(a_0^{\tilde{q}+m} \mid a_0^{q\_(1)}\right)\\&=\tilde{U}+m \tilde{U}\end{aligned} \tag{5.19}$$

根据假设可知：当且仅当 $\tilde{u}_0\left(a_0^{q\_(1)}\right) \leqslant \tilde{u}_0\left(a_0^{q\_(2)}\right)$ 时，请求用户 P_0 会泄露协作用户 P_i 提供的位置信息，即

$$\tilde{U}+m \tilde{U} \leqslant \tilde{U}^{+}+m \tilde{U}+\alpha \cdot m \cdot\left(\tilde{U}^{--}-\tilde{U}\right) \tag{5.20}$$

成立。那么，$m \leqslant \dfrac{\alpha \cdot\left(\tilde{U}^{+}-\tilde{U}\right)}{\tilde{U}-\tilde{U}^{--}}$ 与已知 $m>\left\lceil\dfrac{\alpha \cdot\left(\tilde{U}^{+}-\tilde{U}\right)}{\tilde{U}-\tilde{U}^{--}}\right\rceil$ 相矛盾。故对于理性请求用户 P_0，其不会泄露协作用户 P_i 的真实位置。

同理，假设在第 q 次匿名区协同构造博弈中，当 $m>\max\left\{\left\lceil\dfrac{\tilde{U}^{+}-\tilde{U}}{\alpha \cdot\left(\tilde{U}-\tilde{U}^{--}\right)}\right\rceil,\left\lceil\dfrac{(1-\beta) \cdot\left(\tilde{W}^{+}-\tilde{W}\right)}{\beta \cdot\left(\tilde{U}-\tilde{U}^{--}\right)}\right\rceil\right\}$ 以及协作用户 $P_i(1 \leqslant i \leqslant K-1)$ 决定帮助请求用户构造匿名区时，协作用户 P_i 提供假位置 $\text{Loc}_i^{q\_\text{fake}}$，即选择策略 $a_i^{q\_(3)}$。此时，对于理性协作用户 P_i，其提供假位置 $\text{Loc}_i^{q\_\text{fake}}$ 被请求用户 P_0 正确识别的概率为 β。因此，协作用户在当前博弈 G_{ACR}^{q}，以及在被证实提供假位置之后作为请求者参与的 m 次匿名区协同构造博弈 $G_{\text{ACR}}^{\tilde{q}}, G_{\text{ACR}}^{\tilde{q}+1}, \cdots, G_{\text{ACR}}^{\tilde{q}+m}$ 中的总体收益为

$$\tilde{u}_i\left(a_i^{q\_(3)}\right)=\beta\cdot u_i\left(a_i^{q\_(3)}\right)+(1-\beta)\cdot\left[u_{i\to 0}\left(a_0^{\tilde{q}}\mid a_i^{q\_(3)}\right)+u_{i\to 0}\left(a_0^{\tilde{q}+1}\mid a_i^{q\_(3)}\right)\right.$$
$$\left.+\cdots+u_{i\to 0}\left(a_0^{\tilde{q}+m}\mid a_i^{q\_(3)}\right)\right]=(1-\beta)\cdot\tilde{W}^{+}+\beta\cdot\tilde{W}^{f}+\beta\cdot m\cdot\left(\tilde{U}^{--}-\tilde{U}\right) \tag{5.21}$$

其中，$u_{i\to 0}(\cdot)$ 表示匿名区协同构造博弈 G_{ACR}^{q} 中的协作用户 P_i 在之后的协同构造博弈中作为请求者时的收益函数。

然而当协作用户 P_i 决定帮助请求用户构造匿名区，且其提供真实位置 $\mathrm{Loc}_i^{\mathrm{real}}$，即选择策略 $a_i^{q\_(1)}$ 时，在博弈 G_{ACR}^{q} 和 $G_{\mathrm{ACR}}^{\tilde{q}},G_{\mathrm{ACR}}^{\tilde{q}+1},\cdots,G_{\mathrm{ACR}}^{\tilde{q}+m}$ 中的总体收益为

$$\tilde{u}_i\left(a_i^{q\_(1)}\right)=u_i\left(a_i^{q\_(1)}\right)+u_{i\to 0}\left(a_0^{\tilde{q}}\right)+u_{i\to 0}\left(a_0^{\tilde{q}+1}\right)+\cdots+u_{i\to 0}\left(a_0^{\tilde{q}+m}\right)=\tilde{W}+m\tilde{U} \tag{5.22}$$

根据假设可知：当且仅当 $\tilde{u}_i\left(a_i^{q\_(1)}\right)\leqslant\tilde{u}_i\left(a_i^{q\_(3)}\right)$ 时，协作用户 P_i 会提供假位置给请求用户，即 $\tilde{W}+m\tilde{U}\leqslant(1-\beta)\cdot\tilde{W}^{+}+\beta\cdot\tilde{W}^{f}+\beta\cdot m\cdot\left(\tilde{U}^{--}-\tilde{U}\right)$ 成立。那么，$m<\dfrac{(1-\beta)\cdot\left(\tilde{W}^{+}-\tilde{W}\right)}{\beta\cdot\left(\tilde{U}-\tilde{U}^{--}\right)}$ 与已知 $m>\left\lceil\dfrac{(1-\beta)\cdot\left(\tilde{W}^{+}-\tilde{W}\right)}{\beta\cdot\left(\tilde{U}-\tilde{U}^{--}\right)}\right\rceil$ 相矛盾。故当协作用户决定帮助请求用户构造匿名区时，其会提供真实的位置。证毕。

引理 5.2　令 α 表示协作用户 P_i 正确识别出请求用户 P_0 具有位置泄露行为的概率，β 表示请求用户 P_0 识别出协作用户 P_i 提供假位置的概率。对于网络中的任意理性协作用户 P_i，当 $\delta_i\leqslant\lambda_0$ 且 $m>\max\left\{\left\lceil\dfrac{\tilde{U}^{+}-\tilde{U}}{\alpha\cdot\left(\tilde{U}-\tilde{U}^{--}\right)}\right\rceil,\left\lceil\dfrac{(1-\beta)\cdot\left(\tilde{W}^{+}-\tilde{W}\right)}{\beta\cdot\left(\tilde{U}-\tilde{U}^{--}\right)}\right\rceil\right\}$ 时，本方案能激励该协作用户 P_i 参与到分布式匿名区的构造中。

证明：由引理 5.1 知，若理性协作用户 P_i 决定参与分布式匿名区协同构造博弈 G_{ACR}^{q}，当且仅当 $m>\max\left\{\left\lceil\dfrac{\tilde{U}^{+}-\tilde{U}}{\alpha\cdot(\tilde{U}-\tilde{U}^{--})}\right\rceil,\left\lceil\dfrac{(1-\beta)\cdot(\tilde{W}^{+}-\tilde{W})}{\beta\cdot(\tilde{U}-\tilde{U}^{--})}\right\rceil\right\}$，$P_i$ 会选择策略 $a_i^{q\_(1)}$，即提供自己的真实位置 $\mathrm{Loc}_i^{\mathrm{real}}$ 给请求用户 P_0。因此，仅需证明对于理性协作用户 P_i，$u_i(a_i^{(1)})\geqslant u_i(a_i^{(2)})$。其中，策略 $a_i^{(2)}$ 表示理性协作用户 P_i 不响应请求用户 P_0 的协作请求。

令 $\mathrm{Pr}_i[\lambda_i]$ 表示理性协作用户帮助其他用户构造匿名区的次数为 λ_i 时，其作为请求者能成功构造出匿名区的概率。显然，随着历史协作次数的增加，其

作为请求者时能成功构造出匿名区的概率也不断增加，即 $\Pr_i[\lambda_i+1] \geqslant \Pr_i[\lambda_i]$。

显然，当 $\delta_i \leqslant \lambda_0$，理性协作用户 P_i 分别选择策略 $a_i^{(1)}$ 和 $a_i^{(2)}$ 时，$\lambda_i(a_i^{(1)}) > \lambda_i(a_i^{(2)})$ 成立。其中，$\lambda_i(\cdot)$ 是理性协作用户 P_i 协作其他用户构造匿名区的次数记录函数。根据引理 5.1 可知，本方案能预防请求用户 P_0 泄露协作用户 P_i 的真实位置。因此，当理性协作用户 P_i 需要进行 LBS 查询时，其收益满足：$u_{i\to 0}(a_i^{(1)}) = \Pr_i[\lambda_i(a_i^{(1)})]\cdot\tilde{U} \geqslant \Pr_i[\lambda_i(a_i^{(2)})]\cdot\tilde{U} = u_{i\to 0}(a_i^{(2)})$。对于网络中的理性协作用户 P_i，当 $m > \max\left\{\left\lceil \dfrac{\tilde{U}^+ - \tilde{U}}{\alpha\cdot(\tilde{U}-\tilde{U}^{--})}\right\rceil, \left\lceil \dfrac{(1-\beta)\cdot(\tilde{W}^+ - \tilde{W})}{\beta\cdot(\tilde{U}-\tilde{U}^{--})}\right\rceil\right\}$ 时，本方案能激励其参与分布式匿名区的构造中，其中 $\delta_i \leqslant \lambda_0$。证毕。

由引理 5.1 和引理 5.2 可总结出：

定理 5.1　令 α 表示协作用户正确识别出请求用户 P_0 具有位置泄露行为的概率，β 表示请求用户 P_0 识别出协作用户提供假位置的概率。假设理性请求用户 P_0 采用本方案保护其 LBS 查询时的位置隐私，且在网络中存在 $K-1$ 个其他理性协作用户 $P_i(1 \leqslant i \leqslant K-1)$ 的阈值 $\delta_i \leqslant \lambda_0$，其中 λ_0 表示理性请求用户 P_0 历史上帮助其他用户构造匿名区的次数。如果 $m > \max\left\{\left\lceil \dfrac{\tilde{U}^+ - \tilde{U}}{\alpha\cdot\left(\tilde{U}-\tilde{U}^{--}\right)}\right\rceil, \left\lceil \dfrac{(1-\beta)\cdot\left(\tilde{W}^+ - \tilde{W}\right)}{\beta\cdot\left(\tilde{U}-\tilde{U}^{--}\right)}\right\rceil\right\}$，那么本方案安全。本方案在促使协作用户 $P_i(1 \leqslant i \leqslant K-1)$ 提供自己的真实位置给请求用户 P_0，并可防止请求用户 P_0 泄露这些位置的同时，还使得 LSP 从请求用户 P_0 提交的匿名区中识别其真实位置的正确率不高于 $1/K$。

5.4.2　计算复杂性

本方案中涉及加密、解密和签名运算。本章将签名运算视为一类特殊的加密运算。由于解密运算是加密运算的逆运算，本章用 $O(\mathrm{Enc})$ 表示进行加密、解密和签名运算时所需的计算复杂度。

在本方案中，当每个协作用户 P_i 收到请求用户 P_0 发送的匿名区构造协作请求后，其首先根据请求用户 P_0 的公钥 $\mathrm{PK-cID}_0$ 进行计算，验证签名数据 $\mathrm{sign}_{\mathrm{SK-cID}_0}(\lambda_0 \| T_{0-i})$ 的正确性，此时其所需的计算复杂度为 $O(\mathrm{Enc})$。若未通过正确性验证，则协作用户 P_i 计算 $\mathrm{sign}_{\mathrm{SK-cID}_i}(\mathrm{Punishment} \| T_{i-0})$，并广播发送惩罚交易账单。此时其所需的计算复杂度为 $O(\mathrm{Enc})$。若通过正确性验证，协作用户 P_i 会通过查询区块链 $\mathrm{Bloakchain} = \{\mathrm{Block}_1, \mathrm{Block}_2, \cdots, \mathrm{Block}_{M-1}\}$ 中存储的交易账单，确定请求用户 P_0 帮助其他用户构造匿名区次数 λ_0 的真实性，并在该区块链中查找是否存在记录请求用户 P_0 欺骗行为的惩罚交易账单。当发现请求用户 P_0

发送虚假的 λ_0 或其仍在惩罚期内，则计算 $\text{sign}_{\text{SK-cID}_i}\left(\text{Punishment} \| T_{i-0}\right)$ 后广播发送惩罚交易账单。此时，P_i 的计算复杂度为 $O(M)+O(\text{Enc})=O(\text{Enc})$。当通过 λ_0 的正确性验证且未找到记录请求用户 P_0 欺骗行为的惩罚交易账单，那么协作用户 P_i 根据其阈值 δ_i 决定是否提供自己的位置给请求用户 P_0。若 $\lambda_0 < \delta_i$，则不响应请求用户 P_0 发送的匿名区构造协作请求，此时其所需的计算开销为 $O(1)$；若 $\lambda_0 \geqslant \delta_i$，则计算 $\text{Enc}_{\text{PK-cID}_0}\left(\text{Loc}_i^{\text{real}} \| T_{i-0}\right)$ 以及相应的签名 $\text{sign}_{\text{SK-cID}_i}\left(\text{Enc}_{\text{PK-cID}_0}\left(\text{Loc}_i^{\text{real}} \| T_{i-0}\right)\right)$ 后，将交易账单发送给请求用户 P_0。此时协作用户 P_i 所需的计算复杂度为 $O(1)+O(\text{Enc})+O(\text{Enc})=O(\text{Enc})$。因此，当收到匿名构造协作请求后，协作用户 P_i 所需的计算复杂度上限为

$$O(\text{Enc})+O(\text{Enc})+O(\text{Enc})=O(\text{Enc}) \tag{5.23}$$

同理可得，当收到协作用户 P_i 发送的交易账单后，请求用户 P_0 所需的计算复杂度为 $O(\text{Enc})$；当生成新区块 Block_M 时，网络中参与新区块生成的用户所需的计算复杂度为 $O(\text{Enc})$。

综上所述，若请求用户 P_0 采用本方案成功获取 $r \geqslant K-1$ 个协作用户提供的真实位置时，网络中各用户的计算复杂度分别如下。

(1) 对于请求用户，其所需的计算复杂度为

$$r \cdot O(\text{Enc})+O(\text{Enc})=O(\text{Enc}) \tag{5.24}$$

(2) 对于提供自己真实位置协作请求用户构造匿名区的用户，其所需的计算复杂度为

$$O(\text{Enc})+O(\text{Enc})+O(\text{Enc})=O(\text{Enc}) \tag{5.25}$$

(3) 对于未响应匿名区协作构造请求的用户，其所需的计算复杂度为

$$O(\text{Enc})+O(1)+O(\text{Enc})=O(\text{Enc}) \tag{5.26}$$

5.4.3 方案对比

1 可保护位于人群稀疏区中用户的位置隐私

现有的分布式 K 匿名位置隐私保护方案[19-22,33,34,36,136,139]是通过增加网络中点对点通信跳数的方法，确保请求用户能至少获取其他 $K-1$ 个协作用户的真实位置来构造匿名区，以保护请求用户的位置隐私。当请求用户位于人群稀疏区时，若直接使用这些方案势必会增加其通信时延，从而降低服务质量；甚至还会出现请求用户未能获取其他至少 $K-1$ 个协作用户的真实位置，难以成功构造匿名区的极端情形。虽然位置隐私保护方案[24-26,28-30,137,138]提出可通过存储历史协作用户的真实位置或利用社交网络实现匿名区构造的方法，但仍存在以下要求：①请求用户拥有足够的存储空间用于存储大量历史协作用

户的真实位置[24-26,30]；②依赖第三方的存在[28,29]；③当进行 LBS 查询时，其可通过社交网络找到其他至少 $K-1$ 个可信用户[137,138]。显然，这些额外要求限制了这些方案的实用性。

然而，在本方案中，当请求用户位于人群稀疏区进行 LBS 查询时，无需通过点对点通信的方式获取至少其他 $K-1$ 个协作用户的真实位置，仅需通过查询分布式匿名区协作构造区块链就可获取曾帮助自己构造匿名区的协作用户位置，从而成功地构造匿名区来保护本次查询时自己的位置隐私。

2 可保护连续请求下用户的位置隐私

现有的大多数分布式 K 匿名位置隐私保护方案[19-22,24-26,28-30,33,34,36,136-139]均不能有效抵抗查询追踪攻击[37]。如果请求用户直接采用这些方案保护自己连续查询时的位置隐私，LSP 可通过查找请求用户提交的匿名区中不同用户的方法来降低请求用户的位置隐私保护等级，乃至能直接识别出请求用户的真实位置。造成上述问题的根本原因是当请求用户进行连续 LBS 查询时，其难以获得相同协作用户提供的真实位置来构造匿名区。

然而在本方案中，当用户连续进行 LBS 查询时，其可通过查询分布式匿名区协作构造区块链，来获取连续查询最初时刻帮助其构造匿名区的用户。随后，可通过再次向这些用户发送协作请求，以获取自己后续连续查询时他们的真实位置，使得自己连续查询时提交给 LSP 的匿名区中始终包含 $K-1$ 个相同协作用户的真实位置，从而有效保护自己连续查询时的位置隐私。

综上所述，与现有分布式 K 匿名位置隐私保护方案的对比结果如表 5.1 所示。其中，“✓”表示相应项目满足；“✗”则表示不满足。

表 5.1　方案对比

方案	安全性		实用性		
	匿名区构造	LBS 查询	稀疏区域	连续查询	第三方
文献[19]和[20]	✗	✓	✗	✓	✗
文献[21]、[22]和[136]	✗	✓	✗	✗	✗
文献[24]～[26]、[30]、[137]和[138]	✗	✓	✓	✗	✗
文献[28]和[29]	✗	✗	✓	✓	✓
文献[33]～[35]	✗	✓	✗	✗	✓
文献[36]和[39]	✗	✓	✗	✗	✗
本方案	✓	✓	✓	✓	✗

5.5 实　验

5.5.1 实验环境

本实验首先选用国家密码管理局推荐的 SM2 椭圆曲线密码(ECC)算法对协作用户提供的位置信息进行加密和签名。ECC 算法是目前最适用于移动终端的加密和签名算法之一。与其他公钥密码算法，如 RSA 加密算法相比，在减少用户端计算开销的同时，还能提供更高的安全级别。例如，密钥长度为 256bit 的 ECC 算法的安全强度等同于密钥长度为 3072bit 的 RSA 算法的安全强度。其次，本实验采用 Ethereum 1.5.5 版本构建分布式匿名区协作构造区块链。Ethereum 是目前最常使用的一个开源、模块化且有智能合约功能的区块链平台。在搭建的区块链网络中，共有 25 个网络节点，其中 1 个节点作为请求用户 P_0 节点，其余 24 个作为协作用户 $P_1,P_2,\cdots,P_{24}$ 节点。通过生成随机数的方式为请求用户 P_0 节点生成其作为协作用户时曾参与匿名区构造的次数 λ_0，以及为协作用户节点生成阈值 $\delta_1,\delta_2,\cdots,\delta_{24}$，使得至少有 $K-1$ 个协作用户 $P_{i_1},P_{i_2},\cdots,P_{i_{K-1}}$ 的阈值 $\delta_{i_1},\delta_{i_2},\cdots,\delta_{i_{K-1}}\leqslant\lambda_0$。当发送匿名区构造协同请求后，请求用户 P_0 至少能获得其他 $K-1$ 个协作用户提供的位置信息来构造匿名区。此外，在搭建的区块链网络平台中，采用本章提出的共识机制Ⅱ——记账权竞争机制决定网络中哪个用户获得新区块的生成权。并且，在搭建的区块链网络系统中，设定每个区块存储 100 个历史交易账单。其中，每个交易账单用于记录匿名区协作构造过程中请求用户和协作用户关于协作用户提供的位置信息的密文和签名数据；设定当前区块链长度 $|\text{Blockchain}|=100$，即共存在 $100\times100=10000$ 个历史交易账单。

本实验设定请求用户的位置隐私保护需求 K 值从 2 变化到 20，针对不同的 K 值，重复执行 100 次所需算法。所有的实验算法均采用 JAVA 编程语言实现，并使用了 JPBC 2.0 密码学库。它是目前最常见的密码学库文件之一，其适用于 JAVA 编程环境，且预定义了大量的密码学计算运算，如有限域的生成、有限域上的加法和乘法运算等。实验环境为 3.30 GHz Core i5-4590 CPU，4GB DDR3-1600 RAM，操作系统为 Ubuntu 16.04 版本。

5.5.2 匿名区构造

在本部分实验中，假设请求用户曾提供自己的真实位置参与过 100 次匿名区的构造，即 $\lambda_0=100$。当请求用户收到多于 $K-1$ 个协作用户提供的位置信息时，其任意选取 $K-1$ 个位置用于构造匿名区。协作用户与请求用户在匿名区构造过程中所需的平均计算时延和平均通信开销分别如图 5.4(a)和(b)所示。

当请求用户采用本方案保护其 LBS 连续查询的位置隐私时，随着位置隐私保护需求 K 值的不断增加，其成功构造匿名区所需的平均计算时延呈递增趋势。然而对于协作用户，其所需的平均计算时延却与请求用户的位置隐私保护需求 K 值无关，如图 5.4(a)所示。造成上述现象的原因是随着 K 值的不断增加，请求用户需要验证协作用户发送签名数据的正确性，解密获取协作用户真实位置的次数也不断增多。然而，对于协作用户 $P_i(1 \leqslant i \leqslant K-1)$，当收到请求用户 P_0 发送的匿名区构造协作请求且发现 $\delta_i \leqslant \lambda_0$ 后，其仅需发送利用请求用户公钥加密自己真实位置的密文以及该密文对应的签名数据给请求用户，与 K 值无关。此外，在匿名区构造过程中，请求用户所需的平均通信开销随着请求用户位置隐私保护需求 K 值的增大而增加。其原因是随着 K 值的增大，请求用户需要接收更多协作用户提供的位置信息来构造匿名区，从而增大了请求用户的平均通信开销。然而，对于协作用户，由于采用了点对点通信的方式提供自己的真实位置给请求用户，因此协作用户所需的平均通信开销并不随着请求用户位置隐私保护需求 K 值的变化而改变，如图 5.4(b)所示。

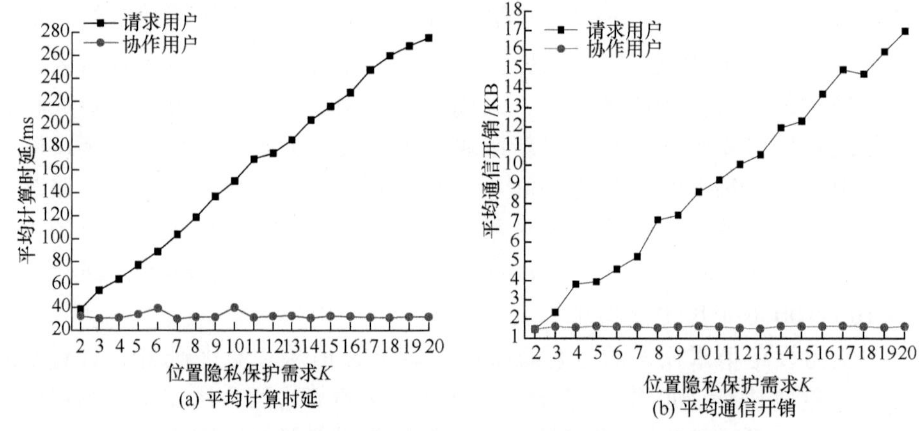

图 5.4　构造匿名区所需的平均计算时延和平均通信开销

通过上述实验也可发现，当请求用户采用本方案成功生成匿名区时，请求用户和协作用户所需的平均计算时延和平均通信开销也极为有限。例如，当 $K=20$ 时，请求用户的平均计算时延为 275.176ms，其平均通信开销为 17.018KB；而协作用户的平均计算时延为 31.776ms，平均计算通信开销为 1.489KB。这说明本方案具有较好的可用性，能高效地为请求用户生成匿名区。

5.5.3　区块链更新

下面分析本方案中分布式匿名区协作构造区块链更新时，用户所需的平均计算时延。在该部分实验中，设定生成新区块时包含的交易账单数量为 100。

在更新分布式匿名区协作构造区块链时，无论请求用户是否获得更新区块链的权限，其所需的计算时延随着自身位置隐私保护需求 K 值的增大而减少。其原因是当 K 值增大时，请求用户在构造匿名区时已验证协作用户发送的关于其真实位置密文的签名数据的数量也随之增多，从而使其在更新区块链过程中需要验证协作用户发送的关于其真实位置密文的签名数据的数量减少，如图 5.5(a)所示。例如，当 K 从 2 变化到 20 时，若由请求用户生成新区块时，其在更新分布式匿名区协作构造区块链的过程中，所需的平均计算时延从 3528.703ms 减少至 3374.681ms；若不由请求用户生成新区块时，其所需的平均计算时延也从 3242.084ms 减少至 3125.916ms。

对于协作用户，在更新分布式匿名区协作构造区块链时，无论请求用户是否获得更新区块链的权限，均需要对请求用户广播发送的所有交易账单的正确性进行验证。因此，其所需的平均计算时延并不受请求用户的位置隐私保护需求 K 的影响，如图 5.5(b)所示。并且，由于协作用户仅需验证每个交易账单中关于协作用户真实位置密文的签名数据的正确性，从而使其在更新分布式匿名区协作构造区块链过程中所需的平均计算时延远小于请求用户所需的平均计算时延。例如，当由协作用户生成新区块时，其在更新分布式匿名区协作构造区块链的过程中，所需的平均计算时延为 1733.583ms；而当不由协作用户生成新区时，所需的平均计算时延为 1439.428ms。

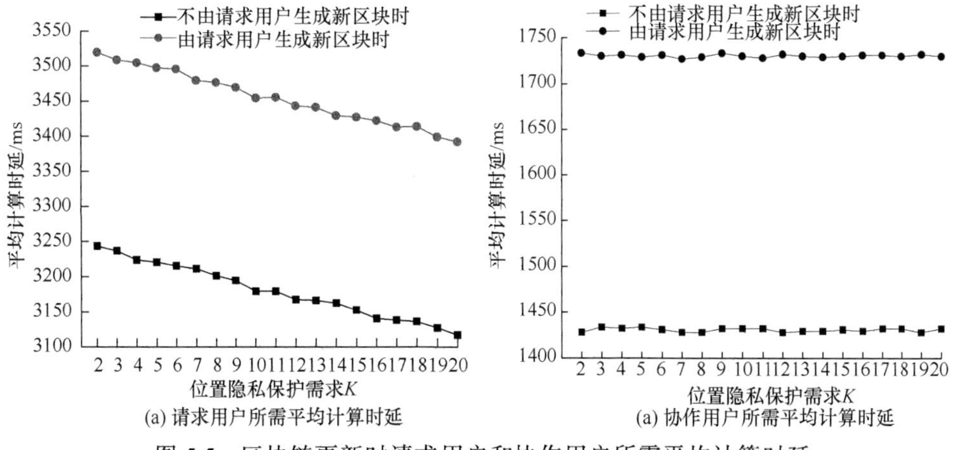

图 5.5　区块链更新时请求用户和协作用户所需平均计算时延

5.5.4　交易账单数量对方案的影响

交易账单数量对本方案影响的实验，可用于分析当前交易账单数量对区块链更新时所需的通信开销、生成新区块所需的计算时延以及新生成区块的大小的影响。设定生成新区块时形成的交易账单数量为 100～1000。

在本方案中，存储至区块链中的交易账单最终是由请求用户进行全网广播的，使得网络中的所有用户均能验证交易账单的正确性。因此，请求用户在区块链更新过程中的平均通信开销随着交易账单数量的增加而增大，如图 5.6 所示。

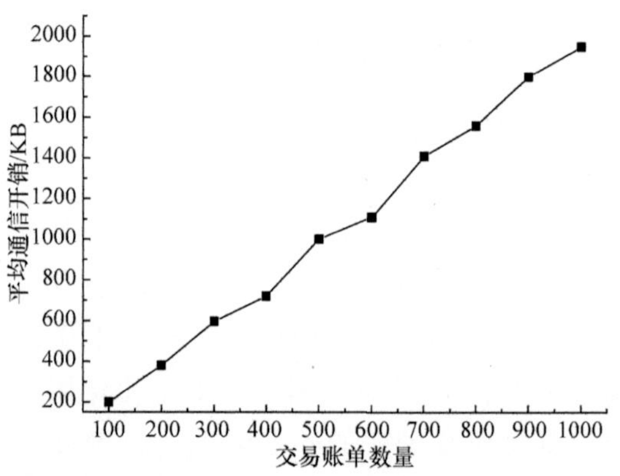

图 5.6　交易账单数量对区块链更新时请求用户所需平均通信开销的影响

并且，随着交易账单数量的增加，在生成分布式匿名区协作构造区块链的新区块时，需要存储的交易账单数量以及计算以这些账单 Hash 值为叶子节点的 Merkle 树根节点所需的计算时延也随之增加，导致生成新区块所需的平均计算时延以及新生成区块的平均大小随着交易账单数量的增加而增多，分别如图 5.7(a)和(b)所示。例如，当交易账单数量为 100 时，生成新区块所需的

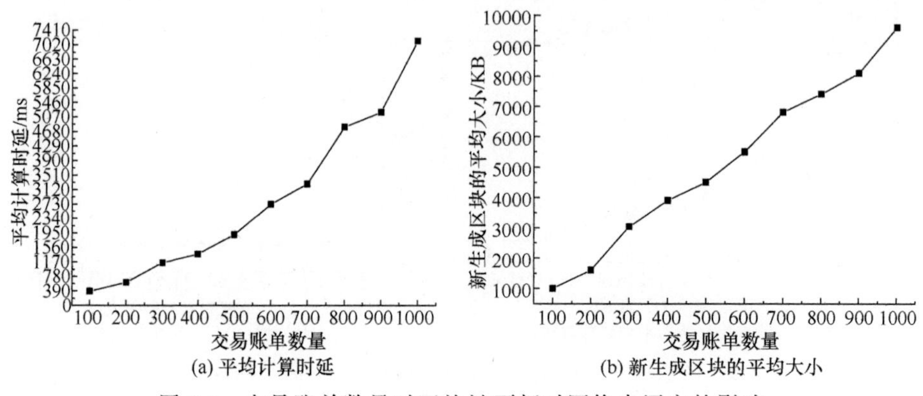

(a) 平均计算时延　　(b) 新生成区块的平均大小

图 5.7　交易账单数量对区块链更新时网络中用户的影响

平均计算时延仅为 382.481ms，新生成区块的平均大小为 998.333KB；而当交易账单数量为 1000 时，生成新区块所需的平均计算时延为 7148.694ms，新生成区块的平均大小也增加至 9824.571KB。

通过上述分析可知，当生成新区块时，随着交易账单数量的增加，网络中各用户的计算时延、通信开销和存储开销也会随之增加。但是，对于请求用户，当其获得新区块的生成权时，可先构造匿名区再进行新区块的生成。从图 5.4(a)和(b)可知，在使用本方案生成匿名区时，请求用户和协作用户所需的平均计算时延和平均通信开销均十分有限，说明本方案能高效地生成匿名区，具有较好的实用性。

此外，在实际应用中，也可通过调整生成新区块的频率来减少用于生成新区块的交易账单数量，降低区块链更新时网络中各用户的计算时延、通信开销和存储开销，从而进一步提高本方案的可用性。

5.5.5　区块链长度对方案的影响

本部分实验用于分析区块链长度(即区块链中区块的个数)对协作用户在匿名区构造过程中的平均计算时延和平均存储开销的影响，分别如图 5.8(a)和(b)所示。

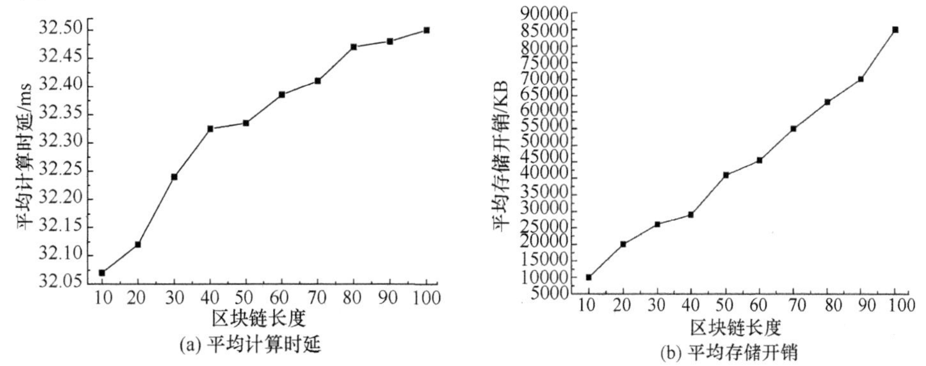

图 5.8　区块链长度对协作用户的影响

在该部分实验中，设定每个区块中均存储 100 个交易账单，区块链长度为 10～100 个区块。在本方案中，当收到请求用户发送的协作请求后，为了验证请求用户历史上是否存在位置隐私泄露或欺骗行为，协作用户需要下载并查询整个区块链中存储的交易账单。因此，随着分布式匿名区协作构造区块链长度的增加，协作用户在匿名区构造过程中，所需的平均计算时延和平均存储开销也在不断增大。此外，由于协作用户查询整个区块链中存储的交易账单所需时间极为有限，当区块链长度增加时，在匿名区构造过程中协作用户所需的平均计算时延增长的极为缓慢。例如，当分布式匿名区协作构造区块链长度从 10 变化至 100 时，在匿名区构造过程中，协作用户所需的平均计算时延仅从 32.075ms 增加至 32.503ms。

5.5.6　历史协作次数对方案的影响

下面分析请求用户作为协作者参与匿名区构造的历史协作次数对其成功构造匿名区时所需平均通信开销的影响，如图 5.9 所示。

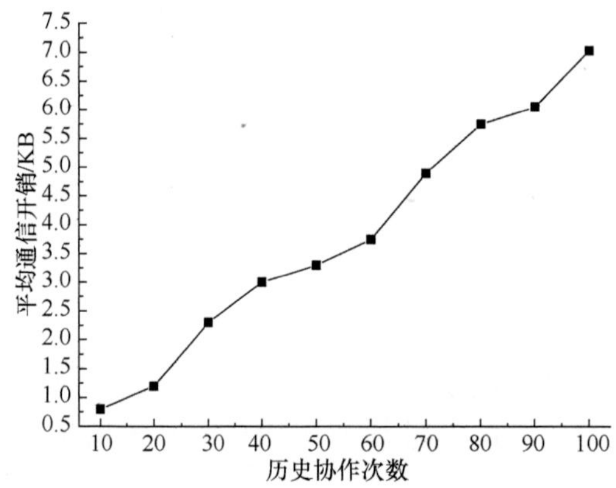

图 5.9　历史协作次数对请求用户成功构造匿名区时所需平均通信开销的影响

在本方案中，随着请求用户作为协作者参与匿名区构造的历史协作次数的增多，请求用户需要提供的交易账单号的数量也随之增多，从而导致请求用户在匿名区构造过程中所需的平均通信开销增大。此外，当收到匿名区构造协作请求后，为了验证请求用户历史上是否存在位置隐私泄露或欺骗行为，协作用户需要查询整个区块链中存储的交易账单。因此，请求用户作为协作者参与匿名区构造的历史协作次数并不影响协作用户在匿名区构造过程中的平均通信开销。

5.6　结　　论

现有分布式 K 匿名隐私保护方案并不能有效保护用户的位置隐私。造成这一问题的原因是这些方案并未考虑匿名区构造过程中的位置隐私泄露和欺骗行为，使得自利的请求用户在收到协作用户的真实位置后会将其泄露给第三方以获取额外收益。然而自利的协作用户则会向请求用户提供假位置，导致构造出的匿名区不能满足请求用户的位置隐私保护需求。为了解决该问题，本章首先形式化描述分布式匿名区构造过程博弈，并通过分析请求用户和协作用户的策略选择和收益，给出分布式 K 匿名位置隐私保护的安全性定义。随后，利用区块链分布式存储参与博弈的请求用户和协议用户以及协作用户提供的位置信息作为证据，通过惩罚具有位置隐私泄露和欺骗行为的用户在未来发送匿名区协同构造请求时不能成功地构造匿名区，来约束请求用户和协作用户的自利性行为，并提出了一种基于区块链的分布式 K 匿名位置隐私保护方案。安全性分析及实验表明，本方案不仅能有效防止请求用户泄露协作用户的位置信息，还能促使协作用户提供真实的位置，高效地构造出匿名区。此外，本方案不仅能保护人群稀疏场景中请求用户的位置隐私，还能保护其连续查询时的位置隐私。

第 6 章　基于 K 匿名的互惠性个性化位置隐私保护方案

6.1 引　　言

在位置 K 匿名研究中，简单地生成包含 K 个用户的匿名区并不能满足位置 K 匿名的安全性要求，存在被攻击者推断出用户真实位置的风险。如图 6.1 所示，区域内有六个用户，分别为 U_1、U_2、U_3、U_4、U_5、U_6，用户在发起 LBS 查询时，构造匿名区的方法为寻找 $K-1$ 个最邻近的用户。因此，U_3、U_4、U_5 发起 $K=3$ 的 LBS 查询请求时所构造的匿名集均为 $\{U_3,U_4,U_5\}$，而 U_6 发起 $K=3$ 的 LBS 查询请求时所构造的匿名集则为 $\{U_4,U_5,U_6\}$。若攻击者截获了查询请求并获知 $K=3$ 的匿名集中包含了 U_6，便可推断出该查询请求是由 U_6 发起，进而获取其位置隐私信息。

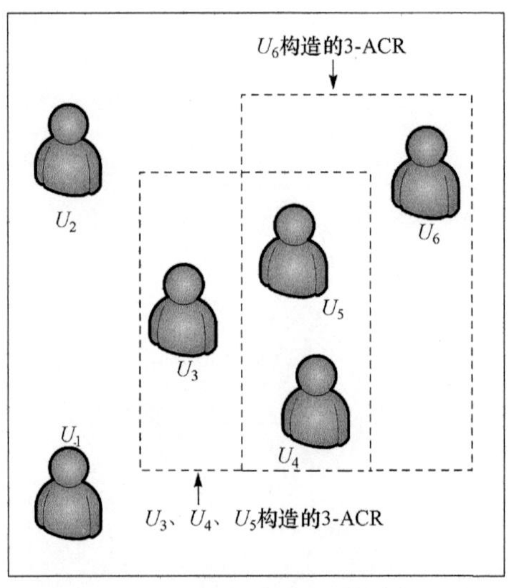

图 6.1　传统 K 匿名方案面临的位置隐私泄露风险示意图

为解决上述问题，Kalnis 等[143]最早在位置 K 匿名技术中提出互惠性的概念，并指出互惠性是满足位置 K 匿名安全性的必要条件，使得攻击者无法通过推断攻击来获取用户位置隐私。如图 6.2 所示，U_1、U_3、U_4 所构造的 $K=3$ 的匿名集均为 $\{U_1,U_3,U_4\}$，U_2、U_5、U_6 所构造 $K=3$ 的匿名集均为 $\{U_2,U_5,U_6\}$，都满足互惠性，即使攻击者截获了 LBS 查询请求且掌握背景知识，也无法以超过 1/3 的概率推断出发起 LBS 查询的用户。随后，Ghinita 等[20,144]和 Hasan 等[16]均对此展开探究。

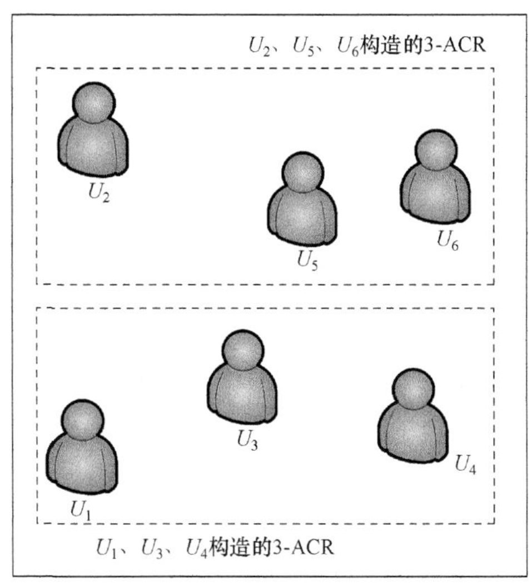

图 6.2　互惠性举例

然而，现有互惠性方案均假设区域内所有用户的位置隐私保护需求 K 是一致的。在现实生活中，用户根据其当前所处的环境，可能会有不同的位置隐私保护需求。例如，用户在家中、医院等场所时，对位置隐私较为敏感，而在商场、公园等公共场所时，则相对较弱；相对于夜晚，用户白天的位置隐私保护需求并不强烈。在这种情况下，现有方案难以满足匿名区的安全性要求，用户的位置隐私将面临泄露的风险。

位置隐私是上下文敏感的，同一用户在不同环境中会有不同的位置隐私需求，而不同的用户在相同的环境中也可能有不同的位置隐私需求。因此，位置隐私应是一种个性化的位置隐私需求。目前，已有一些方案针对用户的个性化位置隐私保护需求进行了研究[5,36,103,145-147]。然而，这些方案所构造的匿名区均未满足互惠性，使得用户容易遭受攻击者发起的推断攻击，从而导致位置隐私泄露。综上所述，如何在区域内用户位置隐私保护需求个性化的前提下，仍然能够满足匿名区的互惠性以保证区域内用户的位置隐私安全，是亟待解决的问题。

通过对上述互惠性方案及个性化位置隐私保护方案工作的分析得出，现有方案无法兼顾互惠性与匿名区内用户的位置隐私敏感性差异的问题。如图 6.3 所示，U_3 与 U_4 同一时间发起 LBS 查询请求，其中 U_3 构造的匿名区为包含 $\{U_3,U_4,U_5\}$ 的 3-ACR，而 U_4 构造的匿名区为包含 $\{U_3,U_4,U_5,U_6\}$ 的 4-ACR，若攻击者知晓全部的用户位置并且截获了 LBS 查询请求，则可通过观察推断出 U_6 的位置，并进一步对其位置隐私信息造成威胁。可见，现有方案无法兼顾互惠性和用户的个性化位置隐私保护需求，因此无法有效保护 LBS 查询中用户的位置隐私。

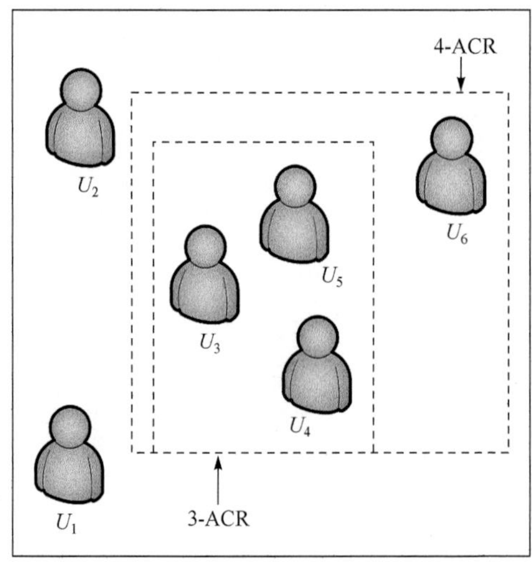

图 6.3　现有互惠性方案存在的位置隐私泄露风险示意图

为解决上述问题，本章提出分布式环境下满足个性化位置隐私保护需求的互惠性 K 匿名算法——互惠性个性化伪装(personalized and reciprocal cloaking,PRC)算法，在快照式请求下，即使在用户具有个性化位置隐私保护需求的环境中，所提方案仍使得区域内各匿名集满足互惠性。更进一步，将 PRC 算法进行扩展与改进，提出增强型的 PRC(enhanced personalized and reciprocal cloaking,EPRC)算法，在连续请求下，也能使区域内各匿名集满足互惠性，从而保护用户的位置隐私信息。另外，考虑到现有方案大多利用树形数据结构存储用户信息，而在寻找协作用户构造匿名区时，需从树的根节点自顶向下遍历，随着区域内用户基数的增大，请求用户的计算开销也急剧增加。因此，本章提出了一种适用于用户个性化位置隐私保护需求的数据存储结构。综上所述，本章主要研究内容如下。

(1) 设计一种适用于用户密集且位置隐私保护需求个性化环境下的森林存储结构，在分布式网络中由用户自组织将其位置信息及群组划分信息分别存储在不同的 B+树中，且在此环境下仍能保持匿名区构造过程的高效性。

(2) 通过分析用户在发起 LBS 查询时的位置隐私保护需求，以用户构造匿名区总代价最小为目标，综合考虑其对位置隐私的保护程度、服务质量及匿名区面积等需求，结合希尔伯特曲线对用户进行索引，设计匿名区构造方法——PRC 算法。PRC 算法在快照式请求下，以匿名集为单位对区域内用户进行划分，使得用户获得满足互惠性的个性化位置隐私保护，以保证位置 K 匿名的安全性。

(3) 通过分析连续 LBS 查询请求下用户在移动过程中的状态变化，对 PRC 算法进行改进和扩展，提出适用于连续 LBS 查询请求的 EPRC 算法。根据用户的加入、用户的离开及用户的重定位三种状态，利用森林存储结构对其状态变化进行更新，动态调整匿名集以保持互惠性。在连续请求下，所提算法仍能为用户提供个性化的位置隐私服务，且保证匿名集满足互惠性，保护用户的位置隐私信息不致泄露。

(4) 理论性分析证明本章所提方案的安全性和收敛性，且计算复杂度较小。大量实验表明，该方案在满足用户个性化位置隐私保护需求的基础上，能构造出满足互惠性的匿名区。同时，匿名区构造过程所需的通信时延及存储开销有限，具有良好的有效性和实用性。

6.2　预 备 知 识

6.2.1　系统架构

集中式结构存在性能瓶颈且易遭受单点攻击，因此本章采用分布式系统结构。分布式系统结构主要由两个模块组成：移动终端用户和 LSP。如图 6.4 所示，系统中存在大量由用户携带的移动设备。通过无线通信技术(如 Wi-Fi、GPRS、4G)，这些设备不仅能够进行网络访问，同时，由于每个设备都拥有独立的网络身份(IP 地址)，彼此间还能够建立点对点通信。本章所提方案的实现过程不需要借助可信第三方服务器，用户自组织构造匿名区，实现 K 匿名。因此，该方案中的终端用户需要具有一定的计算及存储能力。本章的研究重点是用户如何进行自组织群组划分，使得在用户位置隐私保护需求个性化的环境下，所构造的匿名集仍然满足互惠性，以保护用户的位置隐私。

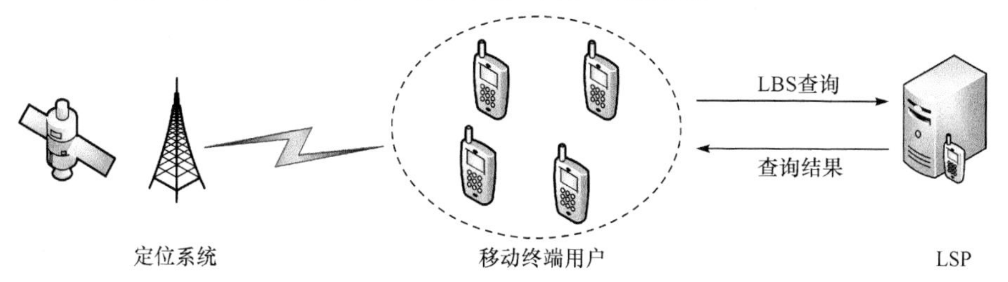

图 6.4　分布式系统结构

用户发起一次 LBS 查询请求的具体过程如下：

(1) 用户之间根据 PRC 算法或 EPRC 算法进行自组织群组划分；

(2) 当用户 u 发起 LBS 查询请求时，随机选取其所属匿名集中的某个用户作为代理用户，向 LSP 发送匿名区和查询内容；

(3) LSP 根据收到的匿名区和查询内容，检索数据库，得到候选结果集，并通过代理用户返回给用户 u；

(4) 用户 u 对候选的结果集进行筛选，得到所需的查询结果。

6.2.2　希尔伯特曲线

希尔伯特曲线是一条连续而又不可导的曲线，能够遍历区域中的每个网格。曲线上的一维坐标与二维空间点一一映射，从而可以利用一维坐标对二维对象进行索引。不同于其他空间填充曲线，希尔伯特曲线具有保序性，即很大概率上，如果两个点在 2-D 空间上距离较近，那么它们在 1-D 希尔伯特曲线上距离也较近。

在本章所提方案中，定义希尔伯特曲线函数为 $H(\mathrm{POW},\mathrm{ORI},\mathrm{DIR}) \to R$。其中 POW 表示曲线粒度，即正方形区域将被划分为 $2^{\mathrm{POW}} \times 2^{\mathrm{POW}} \left(\mathrm{POW} \in N^*\right)$ 个网格；ORI 为曲线开口方向，分为上、下、左、右四种；DIR 代表曲线的遍历方向，对于每一种开口方向，分别有两种情况，以开口方向向下为例，曲线可以从左下遍历至右下，也可以从右下遍历到左下；R 表示真实位置到希尔伯特值的映射结果。如图 6.5 所示，分别为 4km×4km 和 8km×8km 的希尔伯特曲线，开口向下，曲线从左下遍历至右下，每个网格内的数字代表该网格内曲线段所对应的希尔伯特值。希尔伯特曲线的降维过程可看作是单向函数，攻击者难以通过 1-D 希尔伯特值反推 2-D 真实坐标，即满足函数 $R \nrightarrow H(\mathrm{POW},\mathrm{ORI},\mathrm{DIR})$。

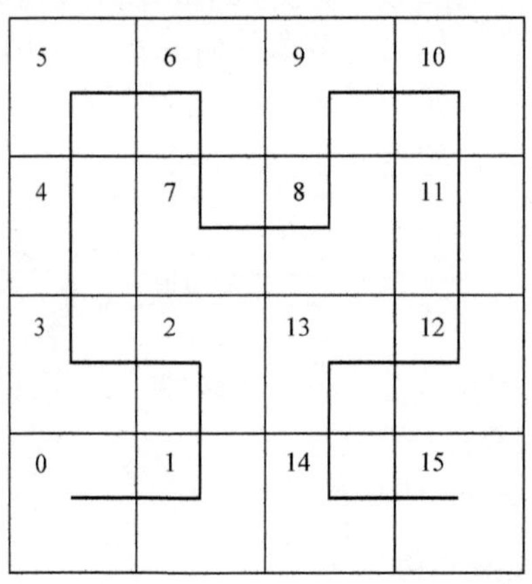

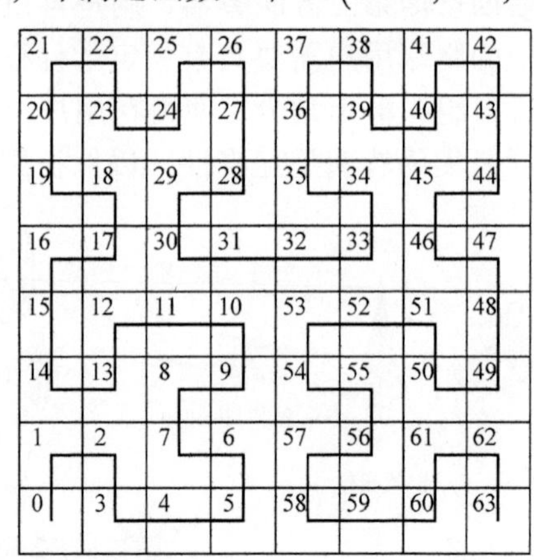

图 6.5　希尔伯特曲线示例

综上所述，希尔伯特曲线能够实现降维，利用其对区域内用户进行索引，可降低存储开销，并且具有保序性，避免生成过大的匿名区，其单向性也一定程度地保护了用户的位置隐私。因此，本章所提方案利用希尔伯特曲线构造匿名区。

6.2.3　攻击者模型

本章所提方案假设用户之间的通信链路安全，攻击者无法进行监听，可通过密码学方法确保其成立。考虑到该方案以用户付出的代价最小作为目标，鼓励用户参与到匿名区的构造中，因此假设区域内所有用户都安全可信，并且会积极参与到匿名区的构造过程中。

对于攻击者，假设其能够：①知晓匿名区 ACR；②获知位置隐私保护算法；③知晓区域内有哪些用户并可定位出区域内存在用户的所有位置，但无法将特定用户与特定位置关联起来。

第一项假设是基于用户与 LSP 之间的通信信道不安全，或者 LSP 本身就是恶意的；第二项假设是由于数据安全技术公开；第三项假设是由于在现实生活中，用户经常从相同的位置(如家、办公室等)提交查询，这些位置信息可以通过物理观测、三角测量、电话记录等识别出来。最坏情况下，攻击者可以获得匿名集中所有用户的位置信息。第三项假设保证了即使在攻击者的攻击能力最强的情况下，匿名方法也是安全的。为简单起见，本章认为 LSP 就是攻击者。

6.3　方案设计

6.3.1　快照式请求下的位置隐私保护方案

1. 存储结构

现有互惠性方案大多利用树形数据结构存储用户信息，而在寻找协作用户构造匿名区时，需从树的根节点自顶向下遍历相关节点，随着区域内用户基数的增大，请求用户的计算开销也急剧增加。并且，传统的树形数据结构存储的用户信息中，也都假设用户在同一时间的位置隐私保护需求完全一致，并不适用于用户位置隐私保护需求个性化的环境。因此，本章提出了一种适用于用户位置隐私保护需求个性化环境下的数据存储结构，即森林存储结构。该结构包含一棵 $\tilde{B}+$ 树及数棵 B+ 树，其中，用户分组的信息存储在 $\tilde{B}+$ 树中，而每个分组的组内成员信息以组为单位分别存储在不同的 B+ 树中。当用户发起 LBS 查询时，首先通过查询 $\tilde{B}+$ 树获取自己当前所在的分组及对应的 B+ 树，随后查询相应的 B+ 树获取协作用户的位置信息，以构造匿名区。

1) $\tilde{B}+$ 树的构造

本章所提方案构造一棵带有注释的 $\tilde{B}+$ 树存储所有的分组信息。当用户发起 LBS 查询时，通过查询 $\tilde{B}$+树获取其当前所属的分组。如图 6.6 所示，非叶子节点不仅记录了分组索引，还注释了其每个子树中对应分组的用户数总和。例如，根节点的分组索引 6 表示其左子树包含前 6 个分组，而分组索引 12 则表示其右子树包含第 7～12 个分组；注释部分的 109 与 91 则分别表示 1～6 组的用户数总和与 7～12 组的用户数总和。$\tilde{B}$+树的叶子节点分别记录了每个分组的组号，并在注释部分记录该组包含的用户数。例如，最左侧叶子节点的关键字表示第 1～3 个分组，注释部分表明各分组分别包含的用户数为 27、30 和 18。

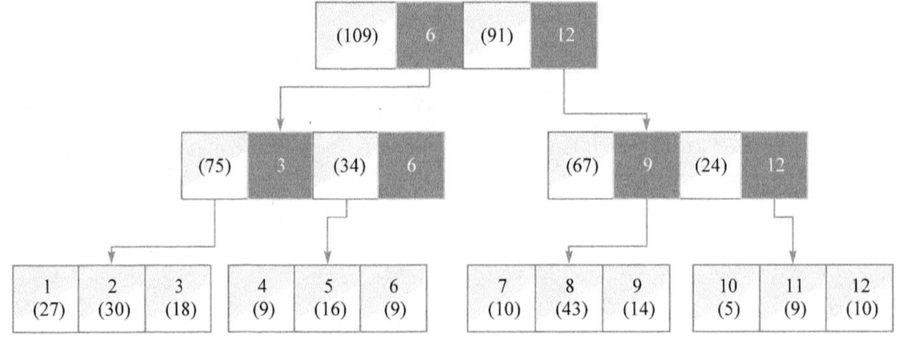

图 6.6　记录所有分组信息的 $\tilde{B}$+树

2) B+树的构造

本方案与 Ghinita 等[20]方案类似，每个组的组内用户信息分别存储在带有注释的 B+树中。用户查询 $\tilde{B}$+树可获取其当前所属的分组，查询该分组对应的 B+树可获取协作用户及其位置，以构建匿名区。图 6.7 为图 6.6 的第 1 组对应的 B+树，非叶子节点中黑色区域的数字代表索引，白色区域的注释则表示对应子树包含的用户总数。每个用户 2-D 真实坐标所映射的 1-D 希尔伯特值则分别存储在 B+树的叶子节点中。例如，最左侧的叶子节点包含了 3 个关键字，分别表示对应的 1-D 希尔伯特值为 8、14、17 的 3 个用户。

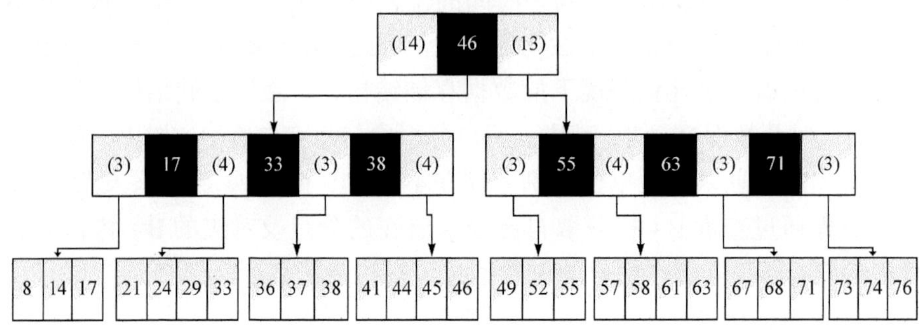

图 6.7　记录组内用户信息的 B+树

2. PRC 算法

采用现有的互惠性方案保护用户位置隐私时，位置隐私保护需求 K 值在同一时间内固定且一致，若区域内用户具有个性化的位置隐私保护需求，则该需求将无法得到满足。本章所提方案使用希尔伯特曲线填充整个区域并索引用户，使区域内所有用户的 2-D 真实坐标都映射为 1-D 希尔伯特值。为使匿名区满足互惠性，将区域内用户以 1-D 希尔伯特值升序排序，根据其在希尔伯特曲线上的位置以及各自位置隐私保护需求 K 值的分布，将区域内所有用户分为若干组，同一组内用户的 1-D 希尔伯特值及位置隐私保护需求 K 值相对集中。由于可能存在用户密集且 K 值集中甚至完全相同的区域，对应分组的用户数量较大，若直接将其划分为一个匿名集，将会导致请求用户发起 LBS 查询时的通信开销和时延较大，并且，协作用户的数量远大于用户的隐私保护需求 K 值，这将造成匿名集中的用户提高其初始设定的位置隐私保护需求 K 值，使用户的处理负担变重。因此需要对分组进一步划分，这一划分过程称为分桶。

在分桶过程中，考虑到用户具有个性化的位置隐私保护需求，且能够自主设置其在 LBS 查询中的相关参数，具体为位置隐私保护需求 K 值、位置隐私保护权重 α 和服务质量权重 β。由于用户初始位置隐私保护需求 K 值不一致，可能存在用户需要改变自己初始的 K 值以保证匿名区满足互惠性的情况。然而，提高位置隐私保护需求意味着请求用户对查询结果集的处理负担变重；降低位置隐私保护需求意味着用户原本的位置隐私保护需求无法满足，从而使其被攻击者攻陷的概率升高。从全局上来说，本章所提方案的目标是使整体的代价尽可能小。因此，可根据 K 、α 和 β，计算出能够使该组用户互相协作构建匿名区的总代价最小的位置隐私保护需求 $\overline{K}$，并以 $\overline{K}$ 按希尔伯特值升序对该组用户进行分桶，每 $\overline{K}$ 个用户组为一个桶。同一桶内的用户发起 LBS 查询请求时所属的匿名集相同，从而满足互惠性。

本章所提算法主要包含三个步骤。首先是分组阶段，根据匿名区内用户的希尔伯特值和位置隐私保护需求 K 值对其进行初步的划分；然后进入分桶阶段，根据用户自定义的权重 β，将每个分组进一步划分为若干个分桶，使得每个分桶内的所有用户发起 LBS 查询时所构造的匿名集完全相同，并且实现全局总代价最小；最后根据请求用户所属的匿名集，与同匿名集下的其他用户协作构造匿名区。具体过程如下。

1) 分组阶段

在本阶段，依据匿名区内用户的希尔伯特值和位置隐私保护需求 K 值，对用户进行初步划分，使得每个组内用户的初始位置隐私保护需求 K 值相对集中，以保证区域内用户构造匿名区的总代价较小。假设区域内有 n 个用户已按希尔伯特值升序排列，分别为 $u_1,u_2,\cdots,u_t,\cdots,u_n\ (1\leqslant t\leqslant n)$，对应的 1-D 希尔伯特值分别为 $\mathrm{hv}_1, \mathrm{hv}_2,\cdots,\mathrm{hv}_n\ (\mathrm{hv}_1\leqslant \mathrm{hv}_2\leqslant\cdots\leqslant \mathrm{hv}_n)$；用户初始设置的位置隐私保护需求分别为 $K_1,K_2,\cdots,K_t,\cdots,K_n\,(1\leqslant t\leqslant n)$，且 $K_t\geqslant 1$。分组过程具体如下。

(1) 初始化新的分组 G_j，定义该组用户数为 count_j，此时 $\mathrm{count}_j=0$，定义组内临时位置隐私保护需求 $\bar{K}_j$ 表示当前组内成员初始位置隐私保护需求的均值，此时 $\bar{K}_j=0$。

(2) G_j 初始化后，将当前未分组的用户按照希尔伯特值升序，依次加入该分组，直到 G_j 首次满足 $\mathrm{count}_j\geqslant\bar{K}_j$ 为止。每当有新的用户加入 G_j，进行如下更新：

$$\mathrm{count}_j=i,\bar{K}_j=\frac{1}{i}\sum_{t=1}^{i}K_{j,t}=\frac{\bar{K}_j\cdot\mathrm{count}_j+K_{j,i}}{i} \tag{6.1}$$

其中，i 表示已加入第 j 组的用户数；$K_{j,i}$ 表示加入第 j 组的第 i 个用户初始设置的位置隐私保护需求。

(3) 分组 G_j 首次满足 $\mathrm{count}_j\geqslant\bar{K}_j$ 时，计算此时分组 G_j 内所有用户初始设置的位置隐私保护需求的方差：

$$\delta_j=\frac{1}{i}\sum_{t=1}^{i}\left(K_{j,t}-\bar{K}_j\right)^2 \tag{6.2}$$

将当前未分组的用户以希尔伯特值升序的顺序依次临时加入分组 G_j，并计算此时分组 G_j 内所有用户初始位置隐私保护需求的方差 $\delta_{j\mathrm{new}}$。若方差变小或保持不变，即 $\delta_{j\mathrm{new}}-\delta_j\leqslant 0$，则将该临时用户加入分组 G_j，并进行如下更新：

$$\mathrm{count}_j=i\,,\quad \delta_j=\frac{1}{i}\sum_{t=1}^{i}\left(K_{j,t}-\bar{K}_j\right)^2 \tag{6.3}$$

之后继续将新用户临时加入分组 G_j。若方差变大，即 $\delta_{j\mathrm{new}}-\delta_j>0$，则不将该临时用户加入分组 G_j，更新 $j=j+1$，随后跳转至(1)，构建新的分组。

特别的，若当前分组 G_j 在未满足 $\mathrm{count}_j\geqslant\bar{K}_j$ 之前，区域内已经没有未加入某个分组的用户(即当前分组 G_j 是区域内最后一个分组，G_j 内的用户是区域内希尔伯特值较大的用户)，则直接将这些用户划分为一组，并结束分组阶段。

综上所述，分组阶段伪代码如算法 6.1 所示。

算法 6.1　PRC 算法分组阶段

输入：n 个用户的希尔伯特值 $\mathrm{hv}_1,\mathrm{hv}_2,\cdots,\mathrm{hv}_n$ 及对应初始设置的位置隐私

保护需求 $K_1,K_2,\cdots,K_n$；

输出：所有分组的划分结果 G；

1. **while** 存在 u 没有加入任何分组
2. 初始化新的分组 G_j；
3. **while** $\text{count}_j \leqslant \bar{K}_j$
4. $u_{j,i}$ 加入 G_j；
5. update i，$\bar{K}_j$，count_j；
6. **end while**
7. 计算 δ_j，δ_{jnew}；
8. **while** $\delta_j \leqslant \delta_{\text{jnew}}$
9. $u_{j,i}$ 加入 G_j；
10. 更新 δ_j，δ_{jnew}；
11. **end while**
12. $G = G \cup G_j$；
13. update j;
14. **end while**
15. **return** G;

2) 分桶阶段

分组阶段结束后，假设区域内的 n 个用户被分为 m 组，每个组的用户数分别为 $\text{count}_1,\text{count}_2,\cdots,\text{count}_m\left(\sum_{t=1}^{m}\text{count}_t = n\right)$。对于第 j 组 $G_j\,(1\leqslant j\leqslant m)$ 的 count_j 个用户，分别记为 $u_{j,1},u_{j,2},\cdots,u_{j,\text{count}_j}$，且其 2-D 真实位置所映射的 1-D 希尔伯特值分别为 $\text{hv}_{j,1},\text{hv}_{j,2},\cdots,\text{hv}_{j,\text{count}_j}\left(\text{hv}_{j,1}<\text{hv}_{j,2}<\cdots<\text{hv}_{j,\text{count}_j}\right)$，对应初始设置的位置隐私保护需求为 $K_{j,1},K_{j,2},\cdots,K_{j,t},\cdots,K_{j,\text{count}_j}\left(1\leqslant t\leqslant \text{count}_j\right)$，且 $K_{j,t}\geqslant 1$。用户可根据当前需求设定其对位置隐私保护程度的权重及对服务质量的权重。$\alpha\in[0,1]$ 表示用户对于位置隐私保护程度的权重，$\beta\in[0,1]$ 表示用户对于服务质量的权重，权重值越接近 0，表示用户相应的需求越低；越接近 1，表示用户相应的需求越高。在实际应用中，位置隐私保护程度的提高，意味着发起 LBS 查询的用户需要更多的协作用户与其构建匿名区，将会导致匿名区面积增加，进而使 LSP 返回的查询集变大，服务质量降低；反之亦然。可见，位置隐私保护程度和服务质量是负相关的，为简单起见，在本章所提方案中令 $\alpha+\beta=1$。

为了使整个区域满足互惠性，可能存在一些用户需要调整自己的初始位置隐私保护需求 K 值。将需要提高 K 值的用户称为贡献用户(contribute user, CU)，需要降低 K 值的用户称为牺牲用户(sacrifice user, SU)。前者需要提高自己的位置隐私保护需求，带来更大的计算开销；后者需要降低自己的位置隐私保护需求，使得该用户被攻击者攻陷的概率提高。特别的，区域内可能存在对服务质量和位置隐私保护程度都没有要求的用户称为无关用户(indifferent user, IU)，并设其 $\alpha=\beta=0$。由于 IU 在发起 LBS 查询时不需要其他用户的协作，即满足 $K=1$。为简单起见，本章认为 IU 仅以协作用户的身份参与匿名区构造过程，不会发起 LBS 查询请求。

定义当前分组的最终位置隐私保护需求 $\bar{K}_j$，以此对分组内用户进行进一步的划分，使得该分组内用户的 K 值调整的总代价 COST 取得最小值，这一过程被称为分桶。具体过程如下。

(1) 定义集合 $A_{j,i}=\left\{\left(K,C_{j,i}\right)|K_{\min}\leqslant K\leqslant K_{\max}\right\}$。其中，$K$ 代表当前分组可能的最终位置隐私保护需求，$K_{\min}$ 和 $K_{\max}$ 分别代表组内用户初始设置的位置隐私保护需求中的最小值和最大值，$C_{j,i}$ 代表与 j 组第 i 个用户在本章所提方案中产生的代价，$1\leqslant i\leqslant \text{count}_j$，有

$$C_{j,i}=\begin{cases}0, & \text{if } u_{j,i} \text{ is IU} \\ \alpha_{j,i}\left(K_{j,i}-K\right), & \text{if } u_{j,i} \text{ is SU} \quad \left(1\leqslant i\leqslant \text{count}_j\right) \\ \beta_{j,i}\left(K-K_{j,i}\right), & \text{if } u_{j,i} \text{ is CU}\end{cases} \tag{6.4}$$

由于组内用户知晓组内的 $K_{\max}$ 和 $K_{\min}$，其可根据自身的权重 $\alpha_{j,i}$ 和 $\beta_{j,i}$ 计算所有可能的 K 值对应的代价 $C_{j,i}$，之后将 $A_{j,i}$ 提交给组内推选出计算总代价的用户。

(2) 推选出的用户根据组内用户提交的 $A_{j,i}$，计算所有可能的总代价：

$$\text{COST}=\left\{\sum_{i=1}^{\text{count}_j} C_{j,i}\,|\,K,K_{\min}\leqslant K\leqslant K_{\max}\right\} \tag{6.5}$$

再从中找出 $\text{COST}_{\min}$，将其对应的 K 值设为该分组最终的位置隐私保护需求，即 $\bar{K}_j$。

$$\text{COST}_{\min}=\min\left\{\text{COST}\,|\,K,K_{\min}\leqslant K\leqslant K_{\max}\right\} \tag{6.6}$$

(3) 对该分组内的用户进行桶的划分，每 $\bar{K}_j$ 个成员划分为一个分桶，同一个分桶内的任何一个用户发起 LBS 查询请求时构造的匿名区都相同。

特别地，每个分组的最后一个分桶内的用户数可能为 $\bar{K}_j\sim 2\bar{K}_j-1$。若区域内最后一个分组划分桶时，未满足 $\text{count}_j\geqslant\bar{K}_j$，则直接令 $\bar{K}_j=\text{count}_j$，此时，

该分组只包含一个分桶，对应的位置隐私保护需求 K 值与该组用户数相等。

综上所述，分桶阶段伪代码如算法 6.2 所示。

算法 6.2　PRC 算法分桶阶段

输入：第 j 组用户的位置隐私保护需求 $K_{j,1},K_{j,2},\cdots,K_{j,\mathrm{count}_j}$ ，对位置隐私保护程度的权重 $\alpha_{j,1},\alpha_{j,2},\cdots,\alpha_{j,\mathrm{count}_j}$ ，对服务质量的权重 $\beta_{j,1},\beta_{j,2},\cdots,\beta_{j,\mathrm{count}_j}$ ；

输出：第 j 组的分桶划分结果；

---

for 分组 G_j 中的每个用户
　　if G_j 是最后一个分组 & $\mathrm{count}_j < \bar{k}_j$
　　　　$\bar{K}_j = \mathrm{count}_j$;
　　end if
　　计算 $C_{j,t}(1 \leqslant t \leqslant \mathrm{count}_j)$ 以获取 $A_{j,t}(1 \leqslant t \leqslant \mathrm{count}_j)$;
　　发送 $A_{j,t}(1 \leqslant t \leqslant \mathrm{count}_j)$ 给挑选出的用户;
end for
挑选出的用户计算 COST;
找到 $\mathrm{COST}_{\min}$ 并计算相应的 $\bar{K}_j$;
对分组 G_j 内的用户进行分桶，每 $\bar{K}_j$ 个成员为一个分桶，最后一个桶有 $\bar{K}_j + \mathrm{count}_j \% \bar{K}_j$ 个成员；
return 分桶结果;

---

3) 匿名区构造阶段

当某个用户 u 发起 LBS 查询时，可根据其希尔伯特值 hv 来确定 u 当前所在的分组及组内分桶，由同一分桶内的其他用户协助 u 共同构造匿名区。假设用户 u 发起 LBS 查询时，其所属匿名集对应位置隐私保护需求为 $\bar{K}_j$。首先计算 hv_u 在升序序列中对应的位置 rank_u，通过 rank_u 在 $\tilde{\mathrm{B}}+$ 树中确定用户 u 所属分组 G_j，并根据 $\tilde{\mathrm{B}}+$ 树中的注释确定比 u 所在分组的组号小的所有分组的用户总数：

$$\mathrm{prenum} = \sum_{t=1}^{j-1} \mathrm{count}_t \tag{6.7}$$

可通过查询其所属分组的 B+ 树得到包含用户 u 的 K 桶的起始位置 start 及结束位置 end：

$$\mathrm{start} = \mathrm{rank}_u - \mathrm{prenum} - \left(\left(\mathrm{rank}_u - \mathrm{prenum}\right) \bmod \bar{K}_j\right) \tag{6.8}$$

$$\text{end} = \text{start} + \bar{K}_j - 1 \tag{6.9}$$

特别地，如果 u 所在的桶恰好是当前分组的最后一个桶，则 $\text{end} = \text{count}_j - 1$。

根据所求出的起始位置 start 和结束位置 end,可确定包含用户 u 的匿名集。例如，希尔伯特值 $\text{hv}_u = 37$ 的用户发起一次查询请求，其对应位置隐私保护需求 $\bar{K}_j = 6$，首先根据其 hv_u 值 37 得到对应的 $\text{rank}_u = 8$，查询 $\tilde{\text{B}}+$ 树以确定用户所属分组。如图 6.8 所示，由于用户所在分组之前并无其他分组，因此 $\text{prenum} = 0$，通过计算得出 $\text{start} = 8 - 0 - ((8-0) \bmod 6) = 6$，$\text{end} = 6 + 6 - 1 = 11$。

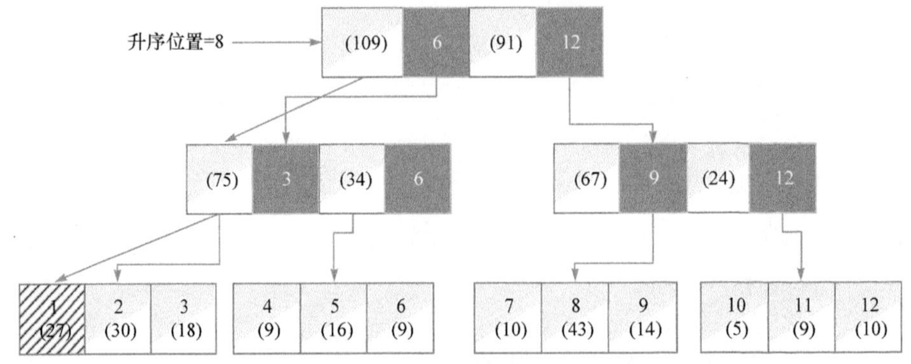

图 6.8 查询 $\tilde{\text{B}}+$ 树以确定请求用户所属分组

之后在用户所在分组对应的 B+ 树中查询 rank_u 为 6～11 的用户，如图 6.9 所示，对应的希尔伯特值分别为这 6 个用户共同构成 6-ACR 的匿名区。随后，请求用户在所属匿名集中随机挑选一名用户作为代理，由代理用户将查询请求和匿名区一并发送给 LSP。

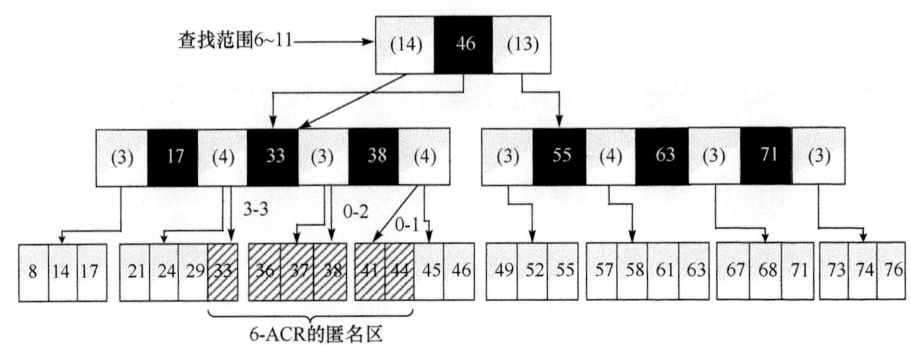

图 6.9 查询 B+树以找到协作用户

综上所述，PRC 算法匿名区构造阶段伪代码如算法 6.3 所示。

算法 6.3　PRC 算法匿名区构造阶段

输入：请求用户 u 的希尔伯特值 hv_u；
输出：所构造的匿名区；

1. 通过 $\tilde{B}+$ 树得到用户的分组数;
2. 计算 prenum;
3. 计算 start;
4. 计算 end;
5. 通过 B+ 树找到相应的协作者;
6. 构造匿名区;

6.3.2　连续请求下的位置隐私保护方案

当用户需要发起连续的 LBS 查询请求时，随着用户的移动，其 1-D 希尔伯特值 hv 也随着 2-D 位置的变化而改变，因而用户间构造的森林存储结构可能发生变化，匿名集也随之改变。因此，PRC 算法无法直接应用于连续请求的场景。对此，本章进一步提出了满足连续请求场景的 EPRC 算法。在连续请求下用户状态变化将导致数据结构发生变化，但并不影响同一时刻内用户发起 LBS 查询请求时构建匿名区的过程，因此 EPRC 算法主要针对 PRC 无法解决的数据结构变化问题做出改进。本章将数据结构变化分为以下三类：用户的加入、用户的离开和用户的重定位。

1. 用户的加入

在连续请求下，随着时间的变化，区域内可能存在新用户加入系统的情况。新加入的用户首先根据其 2-D 真实坐标计算出对应的 1-D 希尔伯特值 hv，得出其在升序序列中对应的位置 rank，根据 rank 值在 $\tilde{B}+$ 树中找到用户所属的分组。同时，在 $\tilde{B}+$ 树中对访问到的所有节点中的关键字进行更新。如图 6.10 所示，新用户 u 的 hv=53，rank=16，首先访问 $\tilde{B}+$ 树的根节点，rank=16 属于前 6 个分组，因此更新其包含的用户数，即关键字 6 的注释部分 109+1=110，并访问根节点的左孩子；类似的，更新关键字 3 的注释部分 75+1=76，并访问其左孩子；最后访问到叶子节点时，更新关键字 1 的注释部分 27+1=28，并得到结果，即用户 u 当前所在的位置属于第 1 分组。

之后，在记录第 1 组信息的 B+ 树中，通过 B+ 树的插入操作，从根节点逐层访问，确定插入关键字的位置，从而得到其在分组中的位置。如图 6.11 所示，上文已经提到的新用户 u，其 hv=53，首先访问 B+ 树的根节点，由于 53>46，因此更新根节点右孩子所包含的用户数，即关键字 46 右侧的注释部分

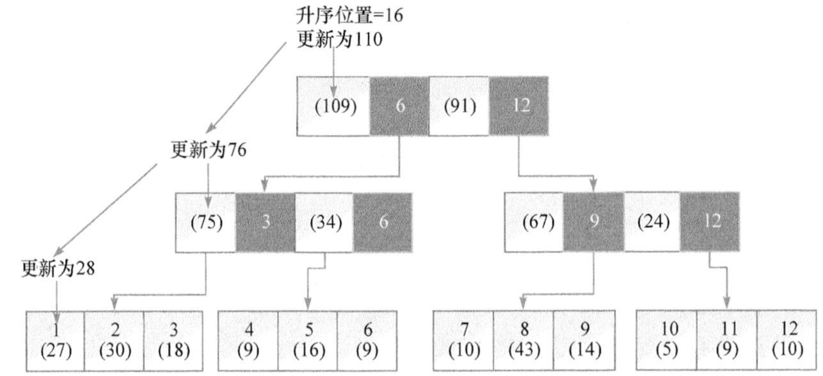

图 6.10　新用户加入导致 $\tilde{B}$+ 树关键字更新

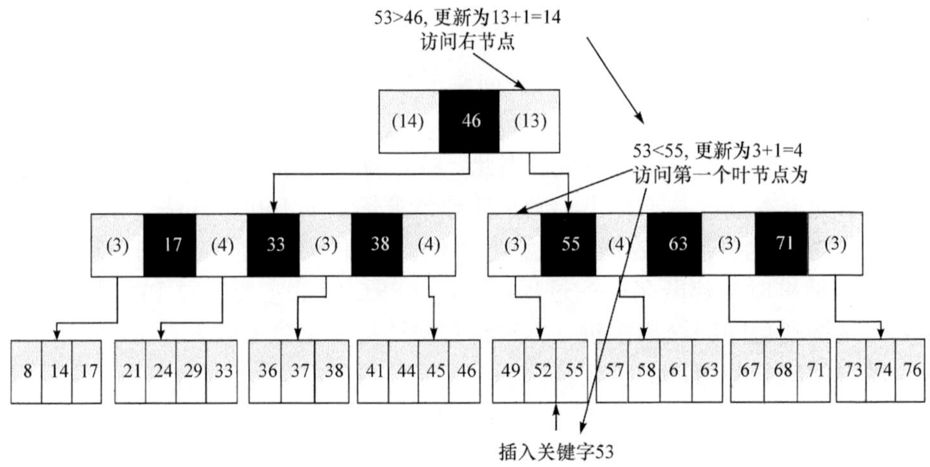

图 6.11　新用户加入导致 B+树关键字更新

13+1=14；然后，访问根节点的右孩子，根据 53<55 更新当前节点第一个关键字 55 左侧的注释部分 3+1=4；最后，访问对应的叶子节点，并将关键字 53 插入在 52 与 55 中间。至此，新用户的加入操作结束。

另外，新用户的加入将可能引起 B+ 树的分裂操作。若新节点插入后，其父亲节点的子节点数超过了 2λ(λ 代表树的阶数)，将引起 B+ 树的分裂操作，分裂后同样也需更新相关节点的注释部分，在此不做赘述。特别的，若当前 B+ 树已饱和，无法再进行分裂操作，则区域内所有用户将重新进行划分。

2. 用户的离开

类似的，区域内也存在用户从系统中离开的情况。若用户离开系统，其在 B+ 树中对应节点的关键字将会被删除。关键字的删除将引起其各个父亲节点注释部分的变化，因此，不同于新用户加入时自顶向下更新节点信息，用户离开时，将自底向上更新 B+ 树中的相关节点信息。如图 6.12 所示，hv=36 的用户离开系统，首先，从叶子节点中删除值为 36 的关键字；然后，访问该节点的父亲节点，并对相应的注释部分进行更新，更新为 3–1=2；最后，访问根节点，并更新为 14–1=13。

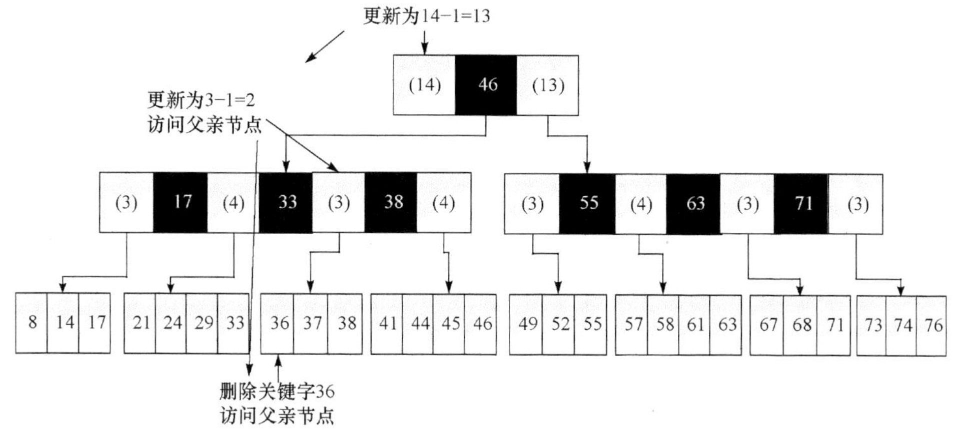

图 6.12　用户离开系统导致 B+树关键字更新

对 B+ 树节点更新完毕后，需访问 $\tilde{B}$+ 树，对相应节点进行更新。如图 6.13 所示，由于离开系统的用户属于第 1 组，首先从根节点开始访问，关键字 1<6，更新关键字 6 左侧的注释部分 109–1=108 并访问根节点的左节点；然后，由于关键字 1<3，更新关键字 3 左侧的注释部分 75–1=74 并访问该节点的左孩子；最后，更新第 1 组的用户数，即更新关键字 1 的注释部分 27–1=26。至此，用户的离开操作结束。

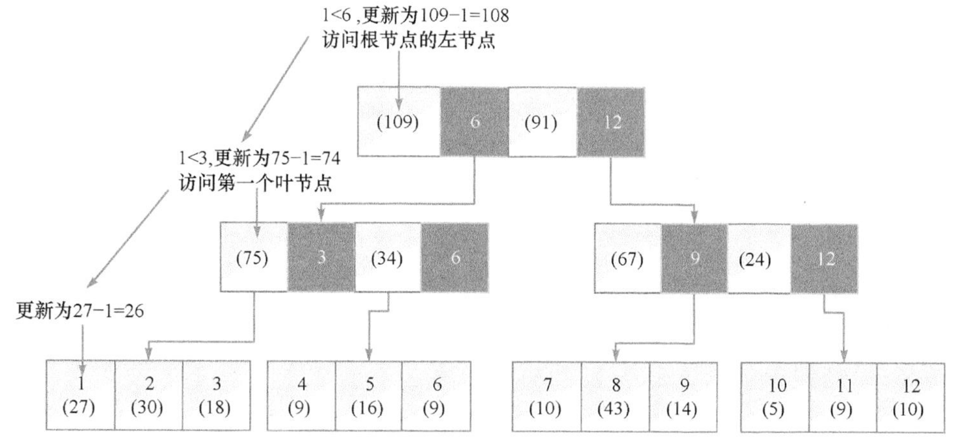

图 6.13　用户离开系统导致 $\tilde{B}$+ 树关键字更新

用户的离开同样也可能引起B+树的合并操作。若当前节点由于关键字的删除，使其数量少于λ，将引起B+树的合并，合并后同样也需更新相关节点的注释部分。特别的，若B+树的叶子节点因当前节点关键字的删除而仅剩$\lambda-1$个关键字，该B+树无法再进行合并操作，则区域内所有用户将重新进行划分。

3. 用户的重定位

在连续请求下，用户处于移动状态，随着其 2-D 真实坐标的变化，对应 1-D 希尔伯特值也改变，因此用户间构造的树形存储结构将可能发生变化，本章将这一过程称为用户的重定位。根据用户移动后所在的新位置，分为以下四种情况。

(1) 若用户移动后，其希尔伯特值 hv 仍然大于B+树中所在叶子节点中左侧的关键字且小于右侧的关键字，即该用户在索引上的位置并未改变。这种情况下，B+树结构并未发生改变，只需更新用户移动后的希尔伯特值 hv 即可，因此$\tilde{\mathrm{B}}$+树未发生变动。如图 6.14 所示，hv=52 的用户移动后新的希尔伯特值若大于左侧关键字 49 且小于右侧关键字 55，则仅需更新该用户的 hv，无需其他操作。

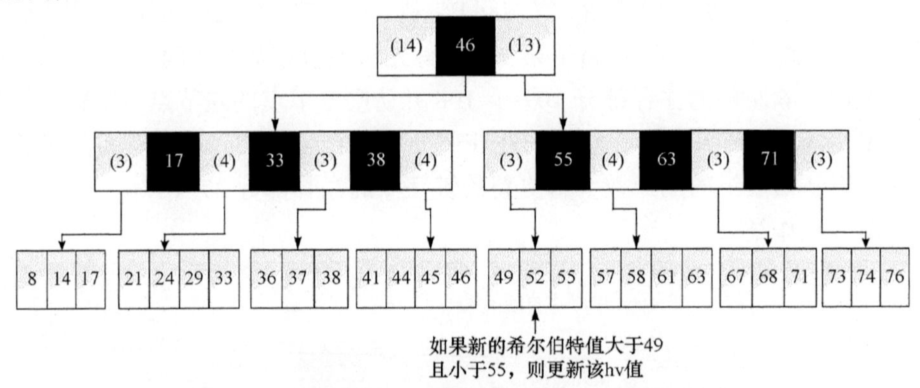

图 6.14　用户移动后 hv 在希尔伯特值上的索引未变

(2) 若用户移动后，其希尔伯特值 hv 小于所在叶子节点中左侧的关键字且大于右侧的关键字，但仍然大于所在叶子节点包含关键字范围的最小值且小于所在叶子节点包含关键字范围的最大值，即该用户在索引上的位置发生了变化，但仍处在当前叶子节点所包含的范围内。这种情况下，B+树的结构未发生变化，仅需对当前叶子节点中的关键字进行重新排序即可，因此$\tilde{\mathrm{B}}$+树也未发生变动。如图 6.15 所示，hv=45 的用户移动后新的希尔伯特值若大于 38 且小于 46，如为 39，则对该叶子节点中的关键字重新进行排列，排列后为 39、41、44、46。

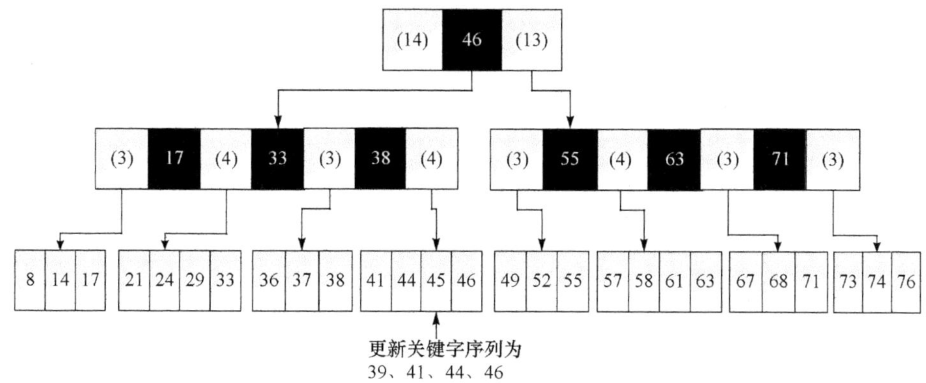

图 6.15　用户移动后 hv 仍处在当前叶子节点包含关键字的范围内

(3) 若用户移动后，其希尔伯特值 hv 大于所在叶子节点包含关键字范围的最小值且小于所有叶子节点包含关键字范围的最大值，但其大于当前 B+ 树中记录的最小希尔伯特值并且小于当前 B+ 树中记录的最大希尔伯特值，即该用户在索引上的位置发生了变化，超出所在叶子节点包含的关键字范围，但仍处于当前分组的范围内。此时，用户的重定位操作等同于对节点先进行用户的离开操作，再进行用户的加入操作。用户移动范围仅限于用户所在分组区域内部，因此仅需对 B+ 树结构进行更新，$\tilde{B}$+ 树则无需进行更新。如图 6.16 所示，hv=21 的用户移动后新的希尔伯特值为 35，已超出其所在叶子节点所包含的关键字范围[18,33]，但未超出当前 B+ 树所有叶子节点包含的关键字范围，因此，首先在当前叶子节点中删除关键字 21，之后访问其父亲节点，并更新索引 33 左侧的注释部分 4−1=3。随后，由于 35>33 且 35<38，更新索引 33 右侧的注释部分 3+1=4，并访问当前节点的第三个孩子节点。最后，将关键字 35 插入在关键字 36 的左侧。

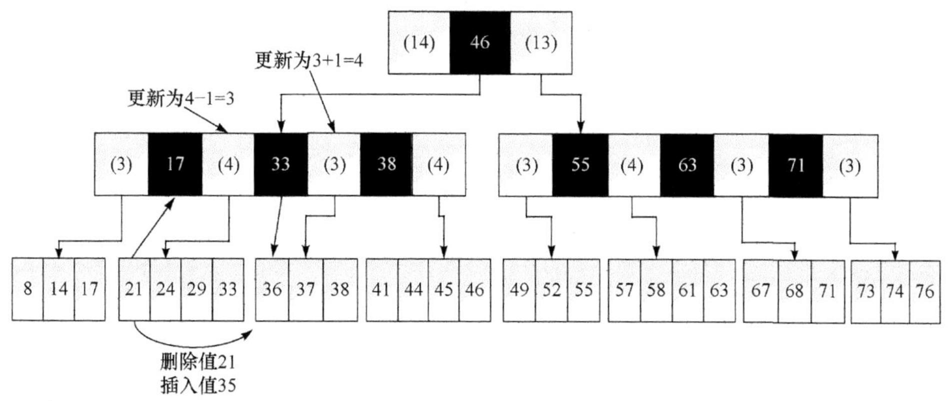

图 6.16　用户移动后 hv 仍处在所属分组包含关键字的范围内

在此情况下，由于用户的重定位操作等价于依次对其进行用户的离开和用户的加入操作，可能存在 B+ 树的合并和 B+ 树的分裂操作。但是，分组内用户总数未发生改变，因此不会出现关键字数量少于 λ 个或关键字饱和的情况，无需对区域内用户重新进行划分。

(4) 若用户移动后，其希尔伯特值 hv 小于当前 B+ 树叶子节点中最小的关键字，或大于当前 B+ 树叶子节点中最大的关键字，即其希尔伯特值的变化已超出了所在 B+ 树中叶子节点所包含关键字的范围。此时，与(3)类似，用户的重定位操作等同于对节点先进行用户的离开操作，再进行用户的加入操作。但由于用户移动已超出当前分组所在区域，不仅需要对 B+ 树结构进行更新，也需要对 $\tilde{B}$+ 树进行相应更新。因此，用户的离开和用户的加入操作会引起 B+ 树的合并和分裂操作，另外，若出现关键字数量少于 λ 个或关键字饱和的情况时，也将对区域内用户重新进行划分。

6.4 方案分析

本节首先对方案的安全性和收敛性进行理论分析和证明，无论是快照式请求或者连续请求，安全性分析和收敛性分析均适用。随后，分别计算了快照式请求和连续请求场景下的时间复杂度。

6.4.1 安全性分析

定理 6.1 对于任一匿名空间，本方案使得攻击者依据用户的希尔伯特值，在不能得到所有的初始参数时，无法推断出用户的真实位置。

证明： 已知希尔伯特曲线函数的构造与参数 POW、ORI、DIR 有关，其中，任一参数的不确定将导致攻击者不能推断出用户的真实位置。若攻击者无法知晓 POW 值，则对于攻击者，R 会有多种可能的结果，因此攻击者难以将用户的希尔伯特值与其真实位置相关联；若攻击者无法知晓 ORI 值，则只能根据 R 推断出四种用户可能的位置；若攻击者无法知晓 DIR 值，则也只能推断出两种用户可能的位置。若攻击者无法知晓函数中的两个或三个参数，则更加难以推断出用户位置。因此，对于上述情况，均有 $R \nrightarrow H(\text{POW,ORI,DIR})$。当且仅当攻击者得到所有的初始参数时，才有 $R \to H(\text{POW,ORI,DIR})$。定理得证。

定理 6.2 对于区域内的用户，若任一用户构造的匿名区均满足互惠性，那么本方案满足了整个区域内所有用户的位置 K 匿名隐私保护需求。

证明： 假设在最坏情况下，攻击者已经知晓了区域内所有用户的真实位置，且截获了一个与用户的 LBS 查询请求相关的匿名区集合 A。对于匿名区

$\mathrm{ACR}_j \in A$，攻击者试图获取某个用户 u 的隐私信息。对于 ACR_j 中包含用户 u 的匿名集 AS_j，其满足互惠性，从而有① $\left|\mathrm{AS}_j\right| \geqslant \bar{K}_j$；② $u \in \mathrm{AS}_j$，即 AS_j 中的任一用户发起 LBS 查询请求时所构造的匿名集均为 AS_j。可得用户 u 位置隐私泄露的概率为

$$P_u = \frac{1}{\left|\mathrm{AS}_j\right|} \leqslant \frac{1}{\bar{K}_j} \tag{6.10}$$

因此，AS_j 满足了位置 K 匿名的安全性要求。

进一步的，由于区域内所有匿名集均满足互惠性，全部满足位置 K 匿名的安全性要求，故本方案使得区域内所有用户满足位置 K 匿名，定理得证。

综上所述，在本章所提方案中，利用希尔伯特曲线单向性的特征，可以一定程度地保护用户真实位置不被攻击者获取；由于用户构造的匿名区满足互惠性，即使在最坏情况下，攻击者获取了区域内用户的真实位置，也无法以超过 $1/K$ 的概率获取某个用户的位置隐私信息。因此，本方案所提出的匿名区构造方法在本章攻击者模型下是安全的。

6.4.2　收敛性分析

在本章方案中，区域内所有用户将根据其 2-D 真实坐标计算出对应的 1-D 希尔伯特值并以希尔伯特值升序排序，再根据该序列将用户划分为若干个组。若区域内仍存在未被划分的用户，则方案将继续以希尔伯特值升序排序，将未分组的用户加入分组。若在分组过程中，当前分组未满足 $\mathrm{count}_j \geqslant \bar{K}_j$，而区域内已无未被划分的用户，即所有用户均被划分至某个组中，则直接结束分组过程，将当前分组的这些用户划分为一组。因此，区域内任一用户都能够被划分到某个组中，且用户同一时刻只能属于一个分组。

对于某个分组内的用户，方案进一步将它们划分为若干桶。其中，若组内成员数满足 $\mathrm{count}_j \equiv 0 \bmod \bar{K}_j$，则恰好可被划分为 $\mathrm{count}_j/\bar{K}_j$ 个桶，且每个桶内的用户数恰好为 $\bar{K}_j$。若 $\mathrm{count}_j \neq 0 \bmod \bar{K}_j$，则该组将被划分为 $\left\lfloor \mathrm{count}_j/\bar{K}_j \right\rfloor$ 个桶，其中前 $\left\lfloor \mathrm{count}_j/\bar{K}_j \right\rfloor - 1$ 个桶内的用户数为 $\bar{K}_j$，而最后一个桶需进行相应的调整，调整后包含 $\mathrm{count}_j - \bar{K}_j * \left(\left\lfloor \mathrm{count}_j/\bar{K}_j \right\rfloor - 1\right)$ 个用户。因此，每一分组的任意用户都能够被划分到某个桶中，且同一时刻只属于一个分桶，因此匿名集之间不存在重叠的情况。

结合分组和分桶的过程可以得出，区域内任一用户都能够成功地被划分到某个分组的某个分桶中，且在此过程中匿名集之间不会产生重叠。

在极端情况下，区域内用户数量非常小，甚至小于其位置隐私保护需求，即 $n \ll K$ 。在这种情况下，根据上文分析，区域内用户将全部被划分为一组，且该分组也仅有一个分桶。此时，用户的最终位置隐私保护需求 K 值为区域内用户总数 n，即 $\overline{K}=n$ 。这意味着用户在发起 LBS 查询请求时的位置隐私保护需求 K 值降低了，虽然被攻击者获取其位置隐私信息的概率略有提高，但仍能够相互协作构造匿名区。

综上，本方案使得空间区域内的任一用户均被包含在某个匿名集中，且同一时刻只属于一个匿名集，即使在极端情况下，也能成功地构建匿名区以保护用户隐私。因此，所提方案满足收敛性。

6.4.3 复杂度分析

1) 分组的时间复杂度

假设区域中 n 个用户分为 m 组，分别为 $\text{count}_1,\text{count}_2,\cdots,\text{count}_m\left(\sum_{t=1}^{m}\text{count}_t=n\right)$。对于分组 $G_j\left(1\leqslant j\leqslant m\right)$，在构造过程中需计算 $\overline{K}_j$ 和 δ_j ，其中

$$\overline{K}_j=\frac{1}{i}\sum_{t=1}^{i}K_{j,t}=\frac{\overline{K}_j*\text{count}_j+K_{j,i}}{i} \tag{6.11}$$

$$\delta_j=\frac{1}{i}\sum_{t=1}^{i}\left(K_{j,t}-\overline{K}_j\right)^2 \tag{6.12}$$

计算 $\overline{K}_j$ 所需的时间复杂度为 $O(1)$，由于 $\overline{K}_j$ 的计算次数不超过 count_j 次，故复杂度不超过 $\text{count}_j\cdot O(1)=O\left(\text{count}_j\right)$；同理，对于 δ_j，也有 $\text{count}_j\cdot O(1)=O\left(\text{count}_j\right)$。故构造分组 G_j 的过程所需的时间复杂度为 $O\left(\text{count}_j\right)$。因此，构造所有分组的复杂度为

$$\sum_{t=1}^{m}O\left(\text{count}_t\right)\leqslant O(n) \tag{6.13}$$

2) 分桶的时间复杂度

对于第 j 组 $G_j\left(1\leqslant j\leqslant m\right)$ 的 count_j 个用户，每个用户计算其所有可能的 $C_{j,i}$ 的复杂度为 $\left(K_{\max}-K_{\min}\right)\cdot O(1)=O(1)$，而代理用户计算出最终的 $\overline{K}_j$ 的复杂度为 $\left(K_{\max}-K_{\min}\right)\cdot O\left(\text{count}_j\right)=O\left(\text{count}_j\right)$，故 G_j 分桶的时间复杂度为 $O(1)+O\left(\text{count}_j\right)=O\left(\text{count}_j\right)$，$m$ 个组分桶的总时间复杂度则为

$$\sum_{t=1}^{m} O\left(\text{count}_t\right) \leqslant O(n) \tag{6.14}$$

3) 构造 B+ 树的时间复杂度

构造一个 B+ 树的时间复杂度与对应分组的用户数 count_j 以及树的高度相关，为 $O\left(\text{count}_j \cdot \log_2 \text{count}_j\right)$。区域内共 m 个分组，因此构造 m 棵 B+ 树的时间复杂度为

$$\sum_{t=1}^{m} O\left(\text{count}_t \cdot \log_2 \text{count}_t\right) \leqslant O\left(n \cdot \log_2 \text{count}_j\right) \tag{6.15}$$

考虑到极端情况下整个区域被分为一个组，即 $\text{count}_j \to n$，此时系统中仅有一棵 B+ 树，因此复杂度为 $O\left(n \cdot \log_2 n\right)$。

4) 构造 $\tilde{\text{B}}$+ 树的时间复杂度

类似于 B+ 树，构造 $\tilde{\text{B}}$+ 树的时间复杂度也与分组的总数相关，由于区域内共有 m 个分组，故复杂度为 $O\left(m \cdot \log_2 m\right)$。

5) 构造匿名区过程的时间复杂度

用户 u 构造匿名区时，首先通过 $\tilde{\text{B}}$+ 树找到 u 所属分组，这一过程的复杂度为 $O\left(\log_2 m\right)$。然后，计算 u 所属分桶的 start 和 end 的复杂度均为 $O(1)$。最后通过访问所属分组对应的 B+ 树找到请求用户 u 所属分桶内的其他用户，这一过程的复杂度为 $O\left(\log_2 \text{count}_j\right)$。因此，构造匿名区过程的复杂度为

$$\begin{aligned} O\left(\log_2 m\right) + O(1) + O(1) + O\left(\log_2 \text{count}_j\right) &= \max\left\{O\left(\log_2 \text{count}_j\right), O\left(\log_2 m\right)\right\} \\ &\leqslant O\left(\log_2 n\right) \end{aligned} \tag{6.16}$$

在连续请求的环境下，由于用户的移动性、新用户的加入和系统中用户的离开，B+ 树可能存在分裂或合并操作，且 $\tilde{\text{B}}$+ 树中的关键字也需要更新。

6) B+ 树分裂操作的复杂度

B+ 树的叶子节点分裂后，因为需逐层检索其父亲节点，并更新所有父亲节点的关键字，所以 B+ 树的分裂操作与 B+ 树的高度相关，而树的高度取决于 B+ 树中叶子节点的个数。因此这一过程的复杂度为 $O\left(\log_2 \text{count}_j\right)$。

7) B+ 树的合并操作的复杂度

类似于 B+ 树的分裂操作，B+ 树的合并操作也需逐层检索父亲节点并更新关键字，因此这一过程的复杂度也为 $O\left(\log_2 \text{count}_j\right)$。

8) $\tilde{\text{B}}$+ 树更新的复杂度

B+ 树的分裂或合并操作将引起 $\tilde{\text{B}}$+ 树中相应节点关键字的更新。类似的，

这一过程的复杂度为 $O(\log_2 m)$。

综上，算法的时间复杂度如表 6.1 所示。其中 PRC 算法所需的时间复杂度为 $O(n)+O(n\cdot\log_2 \mathrm{count}_j)+O(m\cdot\log_2 m)+O(\log_2 n)$，EPRC 算法所需的时间复杂度为 $O(n)+O(n\cdot\log_2 \mathrm{count}_j)+O(m\cdot\log_2 m)+O(\log_2 n)+O(\log_2 \mathrm{count}_j)+O(\log_2 m)$。

表 6.1　时间复杂度分析

阶段	时间复杂度
分组过程	$O(n)$
分桶过程	$O(n)$
构造 B+ 树	$O(n\cdot\log_2 \mathrm{count}_j)$
构造 $\tilde{\mathrm{B}}$+ 树	$O(m\cdot\log_2 m)$
构造匿名区过程	$O(\log_2 n)$
B+ 树分裂	$O(\log_2 \mathrm{count}_j)$
B+ 树合并	$O(\log_2 \mathrm{count}_j)$
$\tilde{\mathrm{B}}$+ 树更新	$O(\log_2 m)$
PRC 算法总体	$O(n)+O(n\cdot\log_2 \mathrm{count}_j)+O(m\cdot\log_2 m)+O(\log_2 n)$
EPRC 算法总体	$O(n)+O(n\cdot\log_2 \mathrm{count}_j)+O(m\cdot\log_2 m)+O(\log_2 n)+$ $O(\log_2 \mathrm{count}_j)+O(\log_2 m)$

6.5　实　　验

6.5.1　实验环境

本章算法由 java 语言编程实现，为实现多个用户之间的交互，使用多线程技术，为每个用户开辟独立的线程。所有代码均运行在配置为 Intel(R) Core(TM) i7-6700 CPU @ 3.40GHz，8GB RAM 的计算机上。实验模拟了图 6.4 中的分布式架构，假设整个区域为 $8\text{km}\times 8\text{km}$，用户在整个区域内随机分布，且初始化希尔伯特曲线的各项参数如下：填充区域的希尔伯特曲线为固定的开口向下且从左至右。表 6.2 总结了实验中所使用的实验参数及数值。

表 6.2　实验参数及数值

参数	数值
用户数(以千为单位)	1、2、3、4、5、6、7、8、9、10
区域划分粒度	32km×32km、64km×64km、128km×128km、256km×256km
用户初始位置隐私保护需求范围	[3,10]、[3,20]、[3,30]、[3,40]
用户初始位置隐私保护需求分布	Zipf 分布、正态分布、均匀分布
非个性化的位置隐私需求	5、10、15、20

6.5.2　匿名区面积

在本节中，分别分析用户数、区域划分粒度和用户初始位置隐私保护需求范围这三个变量对构造的匿名区面积大小的影响。对于区域内用户初始位置隐私保护需求分布，本节考虑了以下三种情况：Zipf 分布、正态分布和均匀分布。①Zipf 分布。Zipf 定律已被应用于众多领域，在实验中假设 80%用户的初始位置隐私保护需求集中在位置隐私保护需求范围中心 20%的 K 值中，而其余 20%用户的初始位置隐私保护需求则分布在其余 80%的 K 值中。②服从 $N(\mu,\sigma^2)$ 的正态分布。根据概率统计规律，现实生活中许多分布是基本服从正态分布的，因此在实验中也考虑了 K 值服从正态分布。取 μ 为初始位置隐私保护需求范围的中值，并取其标准差 $\sigma=1$。③均匀分布。用户初始位置隐私保护需求的分布是随机的，对于初始位置隐私保护需求范围内的所有可能的 K 值，用户设置的可能性均等。考虑到某些区域内用户对初始位置隐私保护需求的设置可能无明显规律，因此本章也考虑了这种随机性的情况。在快照式请求下，对于每一种分布情况，分别运行 50 次算法，并对 50 次实验结果取均值；在连续请求下，对于每一种分布情况，也分别截取其中 50 次结果取均值。

在图 6.17 中，K 值范围为[3,20]，区域划分粒度为 $128\text{km}\times128\text{km}$，且用户数分别为 1～10(以千为单位)。随着用户数的增加，对于任一种分布情况，所构造的匿名区都在逐渐变小，且快照式请求和连续请求的趋势基本一致。以 Zipf 分布为例，当区域内用户数为 1000 时，匿名区面积在快照式请求和连续请求下分别约占总区域的 1.17%和 1.07%；而当区域内用户数达到 10000 时，匿名区面积分别占总区域面积的 0.12%和 0.10%。这是由于在固定区域内，用户数量的增加意味着单位面积中包含的用户增加，而位置隐私保护需求的取值范围是固定的，显然匿名区面积会随之减小。

保持区域内用户数不变，初始位置隐私保护需求范围为[3,20]，而区域划分粒度分别为 $32\text{km}\times32\text{km}$、$64\text{km}\times64\text{km}$、$128\text{km}\times128\text{km}$ 和 $256\text{km}\times256\text{km}$。

如图 6.18 所示，快照式请求和连续请求下的趋势较为一致。区域划分粒度越粗，相应的匿名区越大；反之，区域划分粒度越细，构造的匿名区越小。这是由于粒度较粗时，区域内单个网格的面积较大，从而使得匿名区变大；而粒度较细时，单个网格的面积较小，匿名区也随之变小，但相应的，用户根据自己 2-D 真实位置计算 1-D 希尔伯特值的计算开销也会随之增大。

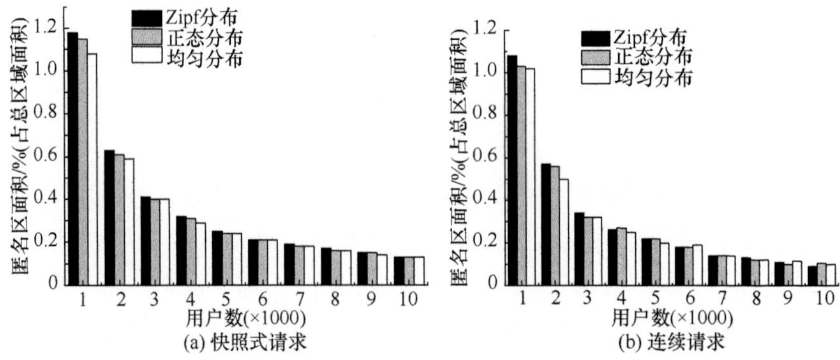

图 6.17　用户数和匿名区面积

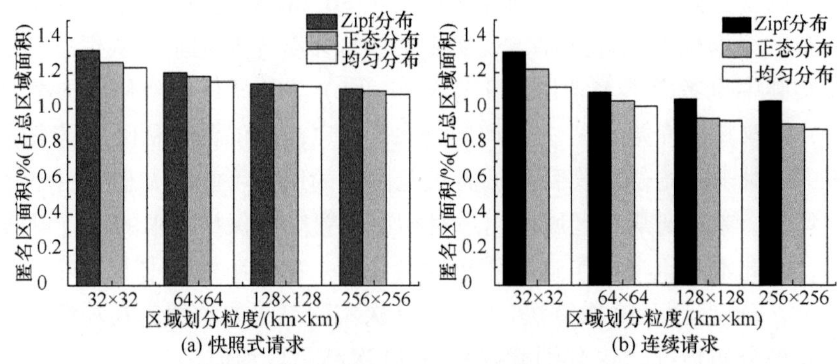

图 6.18　区域划分粒度和匿名区面积

图 6.19 中，用户数和区域划分粒度保持不变，分别为 1000 和128km×128km。随着用户初始位置隐私保护需求范围的扩大，所生成的匿名区面积也逐渐增大。这是由于随着用户初始位置隐私保护需求范围的扩大，区域内用户的平均位置隐私保护需求也在逐渐提高，最终构造的匿名区的位置隐私保护需求也随之提高，协作用户的数量相应增加，匿名区面积也随之增加。以均匀分布为例，当用户初始位置隐私保护需求范围为[3,10]时，匿名区面积在快照式请求和连续请求下分别为总区域面积的 1.00%和 0.91%；当初始位置隐私保护需求范围扩大到[3,40]时，匿名区面积分别占总区域面积的 1.38%和 1.38%。用户初始位置隐私保护需求范围的扩大，导致区域内用户在进行群组划分时得出更大的最终位置隐私保护需求 $\overline{K}$ 值，同一匿名集内有更多的用户，所构造的匿

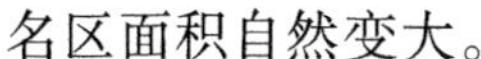

名区面积自然变大。

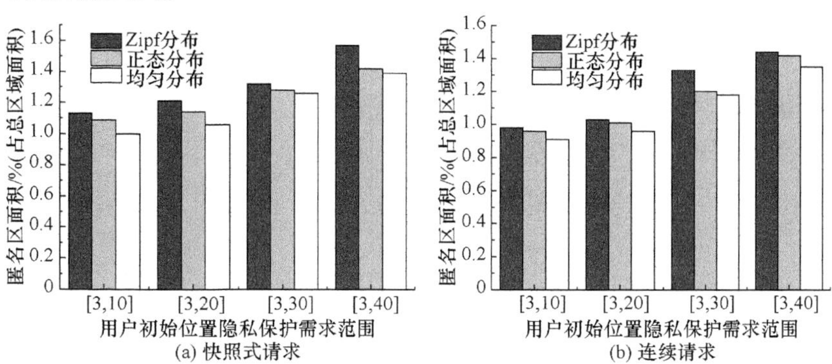

图 6.19　用户初始位置隐私保护需求范围和匿名区面积

综上，本方案在快照式请求和连续请求下构造的匿名区面积大小相当且呈相同趋势。在相同变量的情况下，Zipf 分布下的匿名区面积较大，正态分布下居中，而均匀分布下则略小，但基本保持一致。匿名区面积的大小在一定程度上和区域内用户数呈正相关。对于正态分布，区域内大部分的用户会设置靠近中值的初始隐私保护需求 K 值，因此所构造的匿名区面积大小居中。对于 Zipf 分布，80%用户会选择初始位置隐私保护需求范围内居中的 20%区间中的数值，这将会比正态分布情况下略大一些。然而对于均匀分布，因为隐私保护需求范围内任何数值所对应的用户基本持平，因而存在更多用户数量较少的匿名集，所以平均匿名区面积偏小。

6.5.3　通信开销及通信时延

本方案中，区域内所有用户在发起 LBS 查询请求前需先参与分组与分桶，此阶段无论是请求用户还是协作用户，其产生的通信开销相当；仅在发起查询请求阶段，由于请求用户和协作用户身份的不同，其通信开销也会不同。因此，无论是快照式请求还是连续请求，在同一时间内产生的通信开销相当。如图 6.20 所示，最终位置隐私保护需求 K 值取[3,20]，协作用户的通信开销约为 13KB；而请求用户的通信开销随着最终位置隐私保护需求的增加而增加。例如，在 $K=3$ 时，请求用户的通信开销约为 18KB；而在 $K=20$ 时，请求用户的通信开销约为 58KB。这是由于请求用户需要与同一匿名集的其他用户都进行通信，而协作用户仅仅需要与发起请求的用户进行通信。即使是在最终位置隐私保护需求较大的情况下，本方案中的通信开销也较低。

类似的，通信时延的主要部分是在分组和分桶阶段产生。这是因为在分组和分桶阶段，区域内的所有用户都需要参与，而查询请求阶段只有请求用户所属的匿名集内的用户进行通信，所以通信时延相对较低。如图 6.21 所示，快照式请求和连续请求下的通信时延均随着最终位置隐私保护需求的升高而逐渐延长，且趋势基本保持一致。这是由于最终位置隐私保护需求的提高会使匿名集内的用户数量增加，而用户数量的增加会导致通信时延变长。但在本方案中，即使最终位置隐私保护需求较大，所需的通信时延也较低。

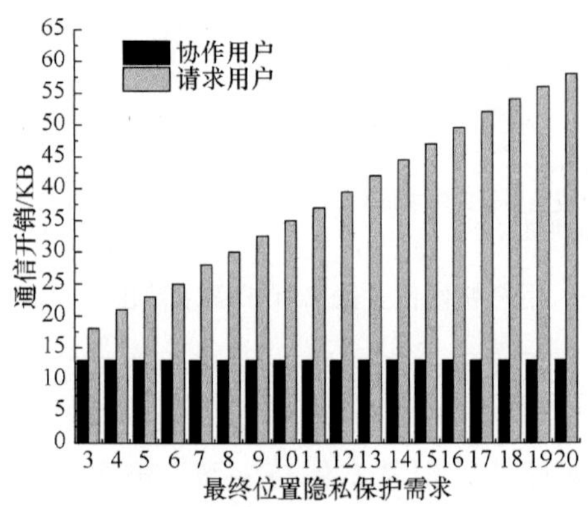

图 6.20　通信开销

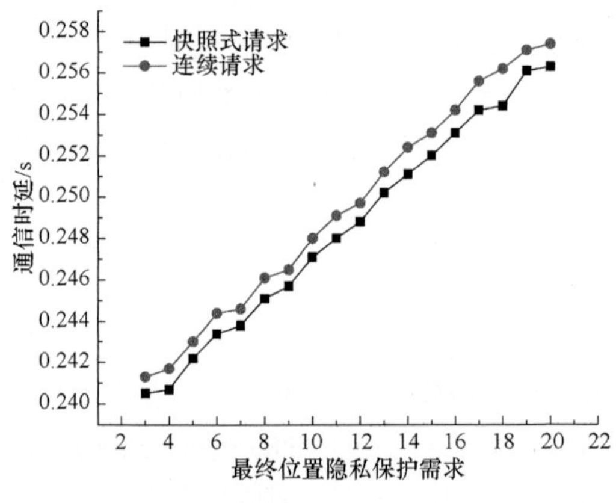

图 6.21　通信时延

6.5.4　用户代价

实验对比了使用本方案算法与未使用本方案算法的情况下，系统的人均代价。由于在本方案中用户的最终位置隐私保护需求值是由群组的划分而确定的，不同时刻可能有不同位置隐私保护需求，且同一时刻的不同用户的位置隐私保护需求也不尽相同，而现有方案全部假设用户在发起 LBS 查询请求时，区域内所有用户的位置隐私保护需求 K 值完全相同。为了便于对比，实验选取了固定位置隐私保护需求情况下的四种 K 值，分别为 5、10、15、20。无论是快照式请求还是连续请求，方案所产生的代价一致。设区域划分粒度为128km×128km，初始位置隐私保护需求范围为[3,20]。以均匀分布为例，针对不同的用户数，分别运行 50 次算法，并对结果取均值，结果如图 6.22 所示。在不同用户数的情况下，本方案的人均代价均低于现有假位置隐私保护需求 K 值完全相同的情况，并且基本持平。这是由于本方案满足收敛性，无论区域内用户数的多少，所有用户都会被划分到某个组内的某个桶中。然而对于任何一个分桶，根据本方案的划分方法，其代价都保持了较低的水平。

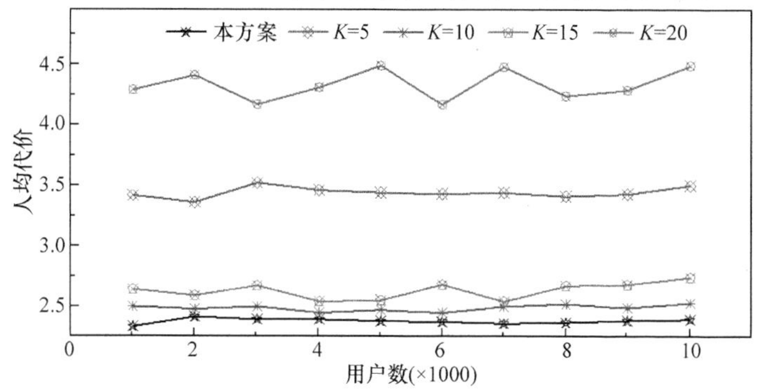

图 6.22　用户数和人均代价

另外，当区域内用户的初始位置隐私保护需求范围变化时，人均代价的变化趋势如图 6.23 所示。当初始位置隐私保护需求范围较小时，三种分布情况下的人均代价基本持平，而随着初始位置隐私保护需求范围的扩大，Zipf 分布和正态分布情况下的人均代价基本保持不变，均匀分布情况下的人均代价则逐渐升高。这是由于在 Zipf 分布和正态分布下，大多数用户的初始位置隐私保护需求比较集中，而在均匀分布下则相对分散，可能会存在更多的用户需要调整其初始位置隐私保护需求以使区域内用户的总代价较低。

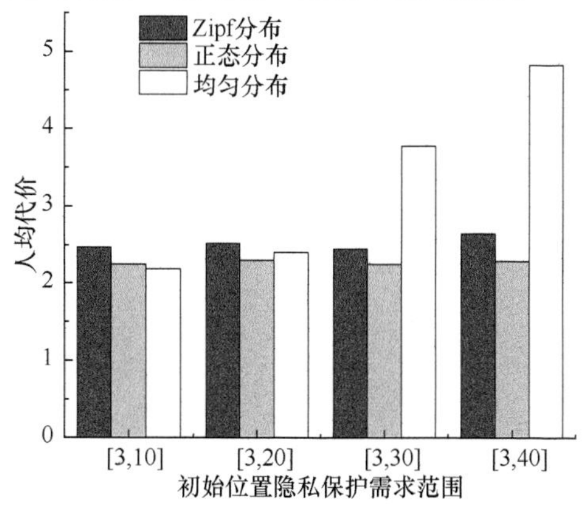

图 6.23　初始位置隐私保护需求范围和人均代价

6.6 结　　论

由于现有的互惠性方案未考虑用户的个性化需求，在用户位置隐私保护需求个性化的环境下，直接使用现有方案将存在隐私泄露的风险。为解决上述问题，本章根据现有互惠性方案和用户个性化需求方案中存在的不足，提出适用于用户位置隐私需求多样化环境的森林存储结构，包括一棵记录分组信息的 $\tilde{B}+$ 树及数棵记录各个分组内用户信息的 B+ 树。所提森林存储结构相较于传统的树形结构，存取时的开销较小。结合森林存储结构，本章提出分布式环境下的 PRC 算法，利用希尔伯特曲线索引用户，将其 2-D 真实坐标转换为 1-D 希尔伯特值，根据用户的希尔伯特值及自定义的位置隐私权重和服务质量权重，对用户进行群组划分，使得区域内各个匿名集均满足互惠性，且为用户提供个性化的位置隐私服务。更进一步地，利用森林存储结构更新用户在移动中的状态变化，根据用户的加入、用户的离开和用户的重定位三种状态，动态的调整匿名集以保持互惠性，提出在连续请求下的 EPRC 算法，有效地保护用户位置隐私。安全性分析表明，本方案在所提攻击者模型下，能抵御攻击者通过推断攻击获取用户的真实位置。收敛性分析表明，即使在最坏情况下，本方案仍然能够有效地构造匿名区。时间复杂度分析表明，本方案的计算开销较小。实验结果表明，本方案构造的匿名区面积、通信开销和通信时延都较小，与现有无法提供个性化服务的互惠性方案相比，系统带来的用户总代价更小，从而为用户提供更好的服务。

第 7 章　基于频率的轨迹发布隐私保护方案

7.1　引　　言

轨迹数据往往包含了有关个人的详细资料，披露这些信息可能会泄露人们的生活方式、喜好及其他敏感的个人信息。此外，对于许多应用，轨迹数据常常需要与其他属性一起被公开，这些属性中有些可能是敏感的属性，从而导致个人敏感信息的隐私泄露。例如，攻击者通过对轨迹数据集进行分析和研究，不仅能够发现移动对象现在所在的位置，而且能够推断出其曾经访问过的位置，进而分析出移动用户的身份、生活习惯、健康状况等敏感信息[148]。现实生活中，轨迹数据的泄露或发布而导致移动用户隐私或人身安全遭受威胁，如美国某公司曾报道一个和 GPS 定位相关人身攻击的案例，报道称有人通过 GPS 定位对其前女友进行跟踪，进而实施人身攻击和打击报复，该案例说明了用户轨迹隐私的泄露给生活带来的恶劣影响。由此可见，对轨迹数据集进行隐私保护很重要，同时，在数据发布中，用户的隐私保护也很重要。但在新兴的数据发布方案中，隐私保护的问题并没有得到很好的研究，通常这样的问题限制了轨迹数据持有者为进一步的研究提供数据和应用程序的热情。

本章针对轨迹发布中的隐私保护问题，提出两种解决方案：一种是对即将发布的数据采用轨迹抑制的方法并适时添加虚假数据；另一种是对即将发布的数据采用特定的轨迹局部抑制方法。这两种方案都是基于轨迹频率进行匿名处理，且在满足用户位置隐私需求的同时都最大限度地提高了匿名数据的效用。最后结合实验结果，分析总结对本章提出的两种方案都有影响的四种主要因素：原始轨迹数据集的大小、用户的隐私容忍度、每次处理有问题投影集中轨迹的个数和攻击者的数量。同时，采用这两种方案对模拟数据进行处理，并将实验结果进行对比，证明本章提出两种方案的有效性。

本章主要完成以下工作。

(1) 对所研究的轨迹发布隐私保护问题进行详细定义，提出攻击者模型和隐私模型。

(2) 提出两种匿名方法对轨迹数据集进行处理，相对用户来说，使其得到安全、可发布的匿名数据集。

(3) 在 Windows 环境下，采用 VC 编程实现匿名方法，通过多次实验深入分析影响匿名算法的四个影响因子；并将实验结果与之前的研究结果作对比，证明本章所提方案的有效性。

7.2 问题概述

7.2.1 系统架构

在轨迹隐私保护中，包含两种隐私保护场景，一种是在线轨迹发布隐私保护问题；另一种是离线轨迹发布隐私保护问题，而本章要解决的问题是离线轨迹发布隐私保护问题。该问题的隐私保护系统结构是基于以下原则对数据进行隐私保护处理：①原始数据集的获取，该过程一般是通过数据收集服务器从移动用户端获取用户的时空位置数据信息，从而形成原始数据集；②对原始数据集进行匿名化处理，使得处理后的数据集满足用户的位置隐私需求，该过程包含数据预处理模块、隐私保护处理模块和数据效用衡量模块三部分；③将匿名后的数据集进行发布。总的来说，可发布数据集是基于“先收集轨迹数据集，再匿名处理，后发布匿名轨迹数据”的原则，即首先由一个数据收集服务器收集轨迹数据，并将原始数据集存储到轨迹数据库中，然后由匿名服务器进行隐私保护处理，最后形成可发布的匿名轨迹数据，如图 7.1 所示。

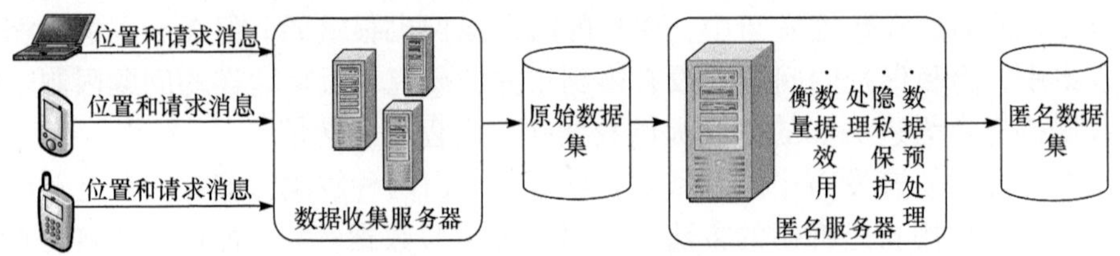

图 7.1　离线轨迹发布隐私保护处理过程

针对匿名服务器中的 3 个主要模块，数据预处理模块、隐私保护处理模块和数据效用衡量模块，详细的说明如下。

数据预处理模块：负责对收集到的原始数据进行预处理，即按照用户身份对数据进行归类，并将同一用户的所有位置数据按照时间戳排序，最终形成用户的轨迹序列集合。

隐私保护处理模块：负责对预处理后的轨迹数据集进行隐私保护处理，即首先根据用户的位置隐私需求，找到不满足用户位置隐私需求的轨迹序列集合，然后将这些集合按照频率进行排序，最后按照本章提出的两种隐私保护匿名算法对其进行处理：①对即将发布的数据集进行轨迹抑制并适时添加假数据；②对即将发布的数据集进行轨迹局部抑制，从而得到安全的可发布数据集合。

数据效用衡量模块：负责评估隐私保护处理后的轨迹数据集的可用性，即统计匿名轨迹数据集的数据效用，并将轨迹数据发布。

7.2.2　轨迹数据集的相关定义

轨迹数据集 T (表 7.1)表示所有用户轨迹序列的集合，形式化表示为

$$T=\bigcup t_i, i=1,2,\cdots,n \tag{7.1}$$

其中，t_i 表示用户 i 的运动轨迹。对于每个用户 i，其运动轨迹 t_i 是由 n 个不同时刻 time_i 的位置序列组成，可表示为

$$t_i=\left\{\left\langle \text{loc}_1\left(x_1,y_1\right),\text{time}_1\right\rangle \to \cdots \to \left\langle \text{loc}_n\left(x_n,y_n\right),\text{time}_n\right\rangle\right\} \tag{7.2}$$

其中，$\left\langle \text{loc}_i\left(x_i,y_i\right),\text{time}_i\right\rangle$ 表示 time_i 时刻用户 i 所在的具体位置。

定义 7.1　轨迹记录：轨迹记录是由 n 个位置信息按照时间顺序组成的长度为 n 的一条运行轨迹 $t=\left\langle \text{loc}_1,\text{loc}_2,\cdots,\text{loc}_n\right\rangle$，其中 $\text{loc}_i \in A$。

A 是数据发布中心可以掌控的所有位置，假设 $A=\{a_1,a_2,a_3,b_1,b_2,b_3\}$，如智能卡公司(相当于数据发布中心)，$A$ 表示可以刷该种卡的所有位置，如商店、停车场等。因为存在商业垄断，一个商店可能拥有不同的分商店，所以 A 被分为 m 个互不相交的非空子集，即 $A=\sum_{i=1}^{m} A_i$。根据表 7.1 有 $A=A_1 \bigcup A_2, A_1=\{a_1,a_2,a_3\}, A_2=\{b_1,b_2,b_3\}$。

本章对轨迹数据集做了简化处理，轨迹数据集中仅包含了用户的位置信息，且位置信息按照时间 time_i 升序排列，为了方便理解，如表 7.1～表 7.5 所示，在后续部分会以此为例进行举例说明。从表 7.1～表 7.4 中可以很明显地看出仅有两个攻击者 v_a 和 v_b，且假设用户的隐私容忍度 P_{br} 设置为 0.5。用户的隐私容忍度是用户对轨迹数据集的隐私需求，不同用户的隐私需求可能是变化的，该值可由用户指定。

表 7.1　轨迹数据集 *T*

t_{id}	轨迹数据
t_1	$a_1 \to b_1 \to a_2$
t_2	$a_1 \to b_1 \to a_2 \to b_3$
t_3	$a_1 \to b_2 \to a_2$
t_4	$a_1 \to a_2 \to b_2$
t_5	$a_1 \to a_3 \to b_1$

续表

t_{id}	轨迹数据
t_6	$a_2 \to a_3 \to b_1$
t_7	$a_2 \to a_3 \to b_2$
t_8	$a_2 \to a_3 \to b_2 \to b_3$

表 7.2　攻击者 v_a 的投影知识 TP_a

t_{id}	轨迹数据
t_1	$a_1 \to a_2$
t_2	$a_1 \to a_2$
t_3	$a_1 \to a_2$
t_4	$a_1 \to a_2$
t_5	$a_1 \to a_3$
t_6	$a_2 \to a_3$
t_7	$a_2 \to a_3$
t_8	$a_2 \to a_3$

表 7.3　攻击者 v_b 的投影知识 TP_b

t_{id}	轨迹数据
t_1	b_1
t_2	$b_1 \to b_3$
t_3	b_2
t_4	b_2
t_5	b_1
t_6	b_1
t_7	b_2
t_8	$b_2 \to b_3$

表 7.4　匿名轨迹集 T_1'

t_{id}	轨迹数据
t_1'	$a_1 \to b_1 \to a_2$
t_2'	$a_1 \to b_1 \to a_2$
t_3'	$a_1 \to a_2$

续表

t_{id}	轨迹数据
t'_4	$a_1 \to a_2$
t'_5	b_1
t'_6	$a_2 \to a_3 \to b_1$
t'_7	$a_2 \to a_3$
t'_8	$a_2 \to a_3$
t'_9	$a_2 \to a_3$
t'_{10}	b_1
t'_{11}	b_1

表 7.5　匿名轨迹集 T'_2

t_{id}	轨迹数据
t'_1	$a_1 \to b_1 \to a_2$
t'_2	$a_1 \to b_2 \to a_2$
t'_3	$a_1 \to b_2 \to a_2$
t'_4	$a_1 \to a_2 \to b_2$
t'_5	$a_3 \to b_1$
t'_6	$a_3 \to b_1$
t'_7	a_3
t'_8	$a_3 \to b_2$
t'_9	$a_3 \to b_2$

7.2.3　攻击者模型

假定潜在的攻击者数量为 m，则有 $V=\sum_{i=1}^{m} v_i$，其中 V 为攻击者集合；每个攻击者 v_i 可以掌控 A_i 中包含的所有位置信息，则有 $\forall v_i, v_j \in V \to A_{v_i} \cap A_{v_j} = \varnothing$ 且 $\bigcup_{v_i \in V} A_i = A$。针对每一条轨迹记录 $t \in T$，每一个攻击者 $v_i \in V$ 都拥有一个投影知识 t^{v_i}，定义如下。

定义 7.2　投影： 若仅考虑一个攻击者 v，则一条轨迹记录 $t=\langle \mathrm{loc}_1, \mathrm{loc}_2, \cdots, \mathrm{loc}_n \rangle$ 的投影知识为 $t^v = \langle \mathrm{loc}_1^v, \mathrm{loc}_2^v, \cdots, \mathrm{loc}_k^v \rangle, \forall \mathrm{loc}_i^v \in t, \forall \mathrm{loc}_i^v \in A_v$，称 t^v 为 t 相对于攻击者 v 的投影知识。

其中，t^v 是 T 的一个子轨迹记录，仅由 t 中属于 A_v 的所有位置数据点组成。因此，每个攻击者将会拥有所有轨迹数据集 T 中的投影知识 TP_v，且 $\mathrm{TP}_v=\bigcup_{t\in T} t^v$，如攻击者 v_a 的投影知识 TP_a (表 7.2)就是根据定义 7.2 通过轨迹数据集 T (表 7.1)得到。

攻击者 v 所拥有的投影知识仅是 TP_v，攻击者可以根据其拥有的 TP_v 很容易地推断出经过 t^v 中全部位置的所有用户的身份信息，进而推断出其他信息。对该问题，本章进行如下定义。

定义 7.3 给定原始轨迹数据集 T，T' 是 T 经过处理后要发布的轨迹数据集，若 $\forall t'\in T'$，每个攻击者 v 都不能以高于 P_{br} 的概率准确地推断出任一位置信息 loc_j，如果 $\mathrm{loc}_j\in t\wedge \mathrm{loc}_j\notin A_v$，则认为 T' 是安全的，可以公开发布；否则就不安全，不能公开发布。

本部分主要考虑攻击者可能发起两种类型的攻击：①身份链接攻击，因为攻击者掌握用户的部分信息和对应的用户身份信息，所以攻击者可以根据这些局部信息实行身份链接攻击，从而推断出用户的身份；②属性链接攻击，攻击者将掌握的用户的局部信息作为用户的准标识符发起属性链接攻击，从而推断出用户的其他属性信息。

本章不希望攻击者 v 拥有关于轨迹数据 t 的投影知识 t^v，从要发布的轨迹数据集 T' 中推断出其他任何不属于 t^v 的位置信息或者用户的身份信息，即进行身份链接攻击和属性链接攻击。这一问题类似于 1-多样性问题[95,149],其中 t^v 中的位置信息类似于准标识符 QID，而其他的位置信息则类似于敏感属性 S。随着攻击者数量的变化，从不同攻击者的角度出发，每一个攻击者的投影知识 $t^v\in\mathrm{TP}_v$ 都可以作为轨迹数据 t 的准标识符 QID，由于 t^v 的长度可变，每一条轨迹数据 $t\in T$ 的准标识符都可变长，且可能有多个；对于每一条轨迹数据 $t\in T$，其敏感属性 S 也是不唯一的，可能有多个。综上所述，本章研究的问题和以往不同的是①准标识符 QID 是可变长的，且可能有多个 QID；②敏感属性 S 不是唯一的，可能是多个；③攻击者也不是唯一的，可能有多个。

7.2.4 隐私保护模型

本章假设数据发布中心在发布原始轨迹数据集 T 时，移除或是隐藏明显的身份信息，如 ID，攻击者仍然可以推断出用户的身份和其他敏感信息，从而导致用户的隐私受到威胁。攻击者可以进行两种类型的攻击：①身份链接攻击，即攻击者可依据发布的轨迹数据推测出用户的身份信息；②属性链接攻击，即若 $\forall t\in T$，每一个攻击者 v 能够以高置信度推断出任一位置信息 loc_j，$\mathrm{loc}_j\in t$ 且

$\mathrm{loc}_j \notin A_v$。针对属性链接攻击，定义了如下隐私模型 P_{br}-privacy，在定义隐私模型之前，需要进行以下定义。

定义 7.4　$S\left(t^v,\mathrm{TP}_v\right)$：根据定义 7.2 从原始轨迹数据集 T 中找到攻击者 v 的投影知识 TP_v，并从 TP_v 中找到满足特定条件的所有轨迹数据集 $S\left(t^v,\mathrm{TP}_v\right)$，$S\left(t^v,\mathrm{TP}_v\right)=\left\{t'|t'\in \mathrm{TP}_v \wedge t'=t^v\right\}$。

$S\left(t^v,\mathrm{TP}_v\right)$集合中的轨迹信息是攻击者 v 的投影知识 TP_v 中所有和轨迹 t^v 相同的轨迹形成的集合，如攻击者 v_a 的投影知识 TP_a 如表 7.2 所示，若 $t^a=\left\{a_1\to a_2\right\}$，则 $S\left(t^a,\mathrm{TP}_a\right)$是用户 $t_1\to t_4$ 的轨迹集合。为了使匿名轨迹数据集 T' 在一定程度上保护用户的位置隐私(假设用户的隐私容忍度为 P_{br})，即 $\forall t\in T$，则攻击者 v 根据 $S\left(t^v,\mathrm{TP}_v\right)$ 推断出其他位置 loc_j 的概率为 $p\left(\mathrm{loc}_j,t^v,T'\right)=\sup\left(\mathrm{loc}_j,t^v,T'\right)/\left|S\left(t^v,T'\right)\right|$，$\sup\left(\mathrm{loc}_j,t^v,T'\right)=\left\{t|t\in S\left(t^v,T'\right)\wedge \mathrm{loc}_j\in t\ \wedge \mathrm{loc}_j\notin A_v\right\}$；若 $p\left(\mathrm{loc}_j,t^v,T'\right)<P_{\mathrm{br}}$，则认为 T' 是安全的，可以公开发布。

定义 7.5　P_{br}-privacy：对于 m 个攻击者，若 $\forall v\in V$ 且 $\left\{\mathrm{loc}_j\,|\,\mathrm{loc}_j\in t\wedge \mathrm{loc}_j\notin A_v\right\}$，$\forall t\in T'$，有 $p\left(\mathrm{loc}_j,t^v,T'\right)<P_{\mathrm{br}}$ 成立，则认为 $T\to T'$ 的转换是安全的，可以公开发布 T'；若有 $p\left(\mathrm{loc}_j,t^v,T'\right)>P_{\mathrm{br}}$，则认为 $T\to T'$ 的转换是不安全的，并标记 t^v 为有问题的投影轨迹，同时保存到轨迹集合 VP_v。找到和每个攻击者相关联的轨迹集合，并保存到轨迹投影集 VP，根据特定匿名算法处理 VP，使得 $T\to T'$ 的转换是安全的。

如果攻击者 v 拥有关于轨迹记录 t 的投影知识 t^v，从 T' 中推断出不属于 t^v 的位置信息的概率都小于用户的隐私容忍度 P_{br}，则表明该轨迹数据集 T' 满足了用户的隐私需求，是安全的数据集，可以公开发布。如表 7.1 中数据集 T 不能够直接发布，则根据定义 7.5，$\mathrm{VP}_a=\left\{a_1\to a_3,a_2\to a_3\right\}$，$\mathrm{VP}_b=\left\{b_1,b_1\to b_3,b_2,b_2\to b_3\right\}$，$\mathrm{VP}=\left\{\left\{a_1\to a_3,a_2\to a_3\right\},\left\{b_1,b_1\to b_3,b_2,b_2\to b_3\right\}\right\}$；经过匿名处理的轨迹数据集 T' 则是安全的，可以发布。

7.2.5　数据效用

数据发布者发布轨迹数据的目的是让接收者进行数据挖掘。为了尽可能满足多个接收者完成不同的数据挖掘任务，使其更好地服务于社会，人们不得不考虑如何提高数据效用 UL。然而，为了使匿名的轨迹数据集获得很好的效用，如何使被抑制的轨迹数据集的数量尽可能少，是解决问题的关键。数据效用

UL 的定义如下(UL 也可以根据不同的需求进行不同的定义)。

定义 7.6 若原始轨迹数据集 T 的轨迹个数记作 $|T|$，匿名的轨迹数据集 T' 中的足迹个数记作 $|T'|$，则有

$$\mathrm{UL}=\frac{|T|-|T'|}{|T|}\times 100\% \tag{7.3}$$

其中，分子代表抑制数据的数量，即数据的损失量，分母代表原始轨迹集的轨迹个数，该定义衡量用户匿名后轨迹数据集的效用。UL 越小，代表数据效用越好；相反，UL 越大，代表数据效用越差。该定义将用于后续实验部分，即度量匿名后轨迹数据的效用。

7.3 方案设计

7.3.1 基于假数据的轨迹抑制匿名方案

本方案记为方案 1，所使用的算法包含三部分：①IVPA，从原始轨迹数据集 T 中找到不满足用户隐私容忍度 P_{br} 的有问题的投影集 VP。该算法主要是为了找到违背用户隐私需求的轨迹序列集合。②FVPA，将有问题的投影集 VP 中的所有轨迹按照其在原始轨迹数据集 T 中出现的频率进行排序，并将结果保存到 FVP 中。该算法使得出现频率较高的轨迹序列优先得到处理，在一定程度上提高了匿名后轨迹数据的效用。③匿名算法 TDA_1，循环调用 IVPA 和 FVPA，并将求得的有问题的投影集 VP 按照频率进行排序，根据排序结果集合 FVP，采用轨迹抑制法或添加假数据的方法处理原始轨迹数据集 T，直到 $\mathrm{FVP}=\varnothing$ 结束，使得处理后的轨迹序列都满足用户的隐私需求。该算法是核心算法，在保证满足用户隐私需求的基础上实现对原始轨迹数据集的匿名处理，将匿名后的轨迹数据效用提升了 10%左右。

1. IVPA

在对原始轨迹数据进行匿名处理之前，需要根据用户的隐私需求(即隐私容忍度)，找到不满足用户隐私需求的轨迹序列投影，并保存到集合 VP 中，该算法被称为 IVPA。若将这些投影序列发布出去，将造成用户的隐私泄露。因此，在发布之前，需要对违背用户隐私需求的轨迹序列投影进行匿名处理。为了更好地理解 IVPA，需进行以下定义。

定义 7.7 VP_v：对于任意的攻击者 v，$\forall t^v \in \mathrm{TP}_V$，通过定义 7.4 计算，可以求得攻击者 v 推断出其他位置 loc_j 的概率为 $P\left(\mathrm{loc}_j,t^v,T'\right)$；若 $P\left(\mathrm{loc}_j,t^v,T'\right)>P_{\mathrm{br}}$，

则记录 t^v 为有问题的轨迹投影，$\mathrm{VP}_v=\left\{t^v \middle| t^v\in \mathrm{TP}_V \wedge P\left(\mathrm{loc}_j,t^v,T'\right)>P_{\mathrm{br}}\right\}$。

VP_v 是攻击者 v 的投影知识 TP_v 中有问题的投影集，即根据 VP_v 中的轨迹记录可以以高于用户的隐私容忍度 P_{br} 的概率推断出其他的位置信息；这样的轨迹记录对于用户来说是不安全的，需对其进行匿名处理。假设有 m 个攻击者，因此有 $\mathrm{VP}=\bigcup_{\forall v\in V}\mathrm{VP}_v$。

具体如算法 7.1 所示，这里以伪代码的形式给出。

算法 7.1　IVPA 伪代码描述

输入：原始轨迹数据集 T，用户的隐私容忍度 P_{br}，每一个攻击者 v 所掌握的位置集合 A_v；

输出：违背用户隐私需求的投影集合 VP;

---

1. **for** V 中所有 v 以及 T 中 t
2. 　$\mathrm{TP}_v=U_{t\in T}t^v$；　//根据定义 7.2，求每个攻击者 v 的投影知识 TP_V；
3. **for** 所有 $t^v\in \mathrm{TP}_V$ do
4. 　$\sup\left(\mathrm{loc}_j,t^v,T\right)=0$；　//初始化 $\sup\left(\mathrm{loc}_j,t^v,T\right)$ 为 0；
5. **for** 所有 $v\in V$ do
6. 　**for** 所有 $\mathrm{loc}_j\notin A_v$ do
7. 计算 $\sup\left(\mathrm{loc}_j,t^v,T\right)$；　//统计原始轨迹数据集中所有不属于攻击者 v 的位置数据出现的次数；
8. **for** 所有 $v\in V$ do
9. 　对于 TP_V 中 t^v，计算 $S\left(t^v,\mathrm{TP}_v\right)$；　//统计轨迹投影记录 t^v 在集合 TP_v 出现的次数；
10. **for** 所有 $t^v\in \mathrm{TP}_V$ do
11. 　$p\left(\mathrm{loc}_j,t^v,T\right)=\sup\left(\mathrm{loc}_j,t^v,T\right)\Big/\left|S\left(t^v,T\right)\right|$;
12. 　　If $P\left(\mathrm{loc}_j,t^v,T\right)>P_{\mathrm{br}}$ then
13. 　　　$\mathrm{VP}_v=\mathrm{push\_back}\left(\mathrm{VP}_v\right)$；　//找到所有不满足用户隐私需求的轨迹序列投影 t^v，并将其保存到集合 VP_v 中；
14. **for** 所有 v in V do
15. 　$\mathrm{VP}=\mathrm{push\_back}\left(\mathrm{VP}_v\right)$；　//找到所有有问题的投影集合 VP；

示例 7.1：对于攻击者 v_a、v_b，由表 7.1 和表 7.2 知，其有问题的投影集为

$VP_a = \{a_1 \to a_3, a_2 \to a_3\}$ ， $VP_b = \{b_1, b_1 \to b_3, b_2, b_2 \to b_3\}$ ， $VP = \{a_1 \to a_3, a_2 \to a_3, b_1, b_1 \to b_3, b_2, b_2 \to b_3\}$ 。

2. FVPA

FVPA 基于 IVPA，将有问题的投影集 VP 中的轨迹序列按照其在原始轨迹数据集 T 中出现的次数降序排列，此过程也是为匿名算法处理数据做准备，使出现频率较高的轨迹序列优先得到处理。通过多次实验，发现该算法在一定程度上可以减少被抑制的点数。FVPA 伪代码描述如算法 7.2 所示。

算法 7.2　FVPA 伪代码描述

输入：违背用户隐私需求的投影集合 VP;

输出：依据频率降序排列有问题的轨迹投影集合 FVP;

---

1. **for** 所有 V 中 v do

2. 　**for** 所有 $t^v \in VP_V$ do

3. 　　$f(t^v, VP_V) = 0$ ；　//初始化 $f(t^v, VP_V)$ ，该集合用于保存轨迹投影记录 t^v 在 VP_V 中出现的次数；

4. **for** 所有 $v \in V$ do

5. 　**for** 所有 $t^v \in VP_V$ do

6. 　　统计所有的轨迹投影记录 t^v 在集合 VP_V 中出现的次数 $f(t^v, VP_V)$ ；

7. 　　$F(t^v, \text{frequency}) = \text{push\_back}(t^v, f(t^v, VP_V))$ ；　//将轨迹投影和对应出现的次数保存到集合 FVP_V 中；

8. **for** 所有 $v \in V$ do

9. 　将所有有问题的投影轨迹数据 VP_V 按照频率 $F(t^v, VP_V)$ 降序排列，并保留在 FVP_V 中；

10. 　$FVP = \text{push\_back}(FVP_V)$;

示例 7.2：对于攻击者 v_a，其轨迹顺序为 $\{a_1 \to a_3, a_2 \to a_3\}$ ，分别出现的次数为 4、1、3，排序后的结果是 $\{a_2 \to a_3, a_1 \to a_3\}$ 。

3. 匿名算法 TDA_1

匿名算法 TDA_1 是核心算法，其目的是将原始轨迹数据集 T 经过此算法处理后变为满足用户隐私需求的可发布的轨迹数据集 T' ；这里采用添加假数据的方法和轨迹抑制方法进行匿名处理，程序流程图如图 7.2 所示。

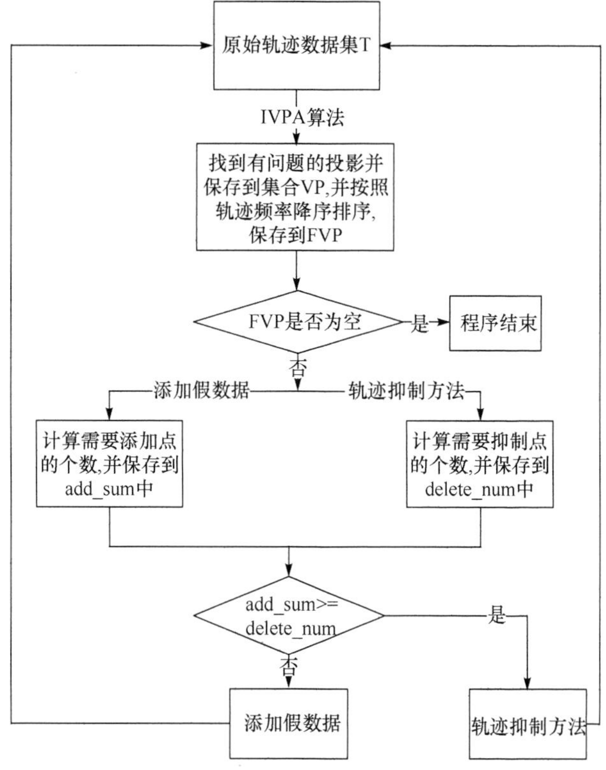

图 7.2　匿名算法 TDA_1 的程序流程图

添加假数据的方法：根据原始轨迹数据集 T 和用户的隐私容忍度 P_{br}，对 $\forall v \in V$，分别计算前 $|\text{PS}|$ 个轨迹投影记录的 $p\left(\text{loc}_j, t^v, T\right)$，$\text{loc}_j \in t \wedge \text{loc}_j \notin A_v$，在原始轨迹数据集 T 中添加轨迹记录 t^v，直到 $p\left(\text{loc}_j, t^v, T\right) = P_{\text{br}}$ 结束；统计添加轨迹记录的总位置数 add_sum。

轨迹抑制方法：对 $\forall v \in V$，在 FVP 中分别找出前 $|\text{PS}|$ 个的轨迹投影记录的子集或父集，若存在，则将抑制长度较长的轨迹记录中的局部位置，使得其同轨迹长度较短的记录相同；统计轨迹抑制总位置数 delete_sum。

当 $\text{add\_sum} < \text{delete\_sum}$ 时，则采用添加假数据的方法对其进行处理；当 $\text{add\_sum} \geqslant \text{delete\_sum}$ 时，则采用轨迹抑制方法对其进行处理。该过程主要是当添加或删除的点数较少时，提升数据的效用，如算法 7.3 所示。

处理完毕后，则重新调用算法 7.1 和算法 7.2，找到 VP 和 FVP，再次进行匿名处理；此后，一直循环该过程，直至 $\text{VP} = \varnothing$ 或 $\text{FVP} = \varnothing$ 时结束该匿名算法。

示例 7.3：对于攻击者 v_a，$\text{VP}_a = \{a_1 \to a_3, a_2 \to a_3\}$，由于 VP_a 中 $\{a_1 \to a_3\} \cap \{a_2 \to a_3\} = \varnothing$，通过计算得到：$\text{add\_num}(a_1 \to a_3) = 2$，add_num

$(a_2 \to a_3) = 2$ ，delete_num$(a_1 \to a_3) = 2$ ，delete_num$(a_2 \to a_3) = 6$ ，因此，删除轨迹 $a_1 \to a_3$ 且添加一条假轨迹 $a_2 \to a_3$ ，达到用户的隐私需求。同理，处理 VP_b 的有问题的投影，表 7.1 中的轨迹数据集 T 经过该匿名算法处理后的安全轨迹数据集 T' 如表 7.4 所示，其伪代码如算法 7.3 所示。

算法 7.3 匿名算法 TDA_1 伪代码描述

输入：原始轨迹数据集 T ，用户的隐私容忍度 P_{br} ，每一个攻击者 v 所掌握的位置集合 A_v ；

输出：可发布的安全轨迹数据集 T' ；

```
为每个攻击者 v∈V 构造投影知识 TP_v;
初始化 T'=T;
while  FVP != ∅  do
   调用 IVPA 和 FVPA;
   for 所有 V 中 v do
      在 FVP_V 中选择频率最高的有问题的轨迹投影 t^v 进行处理;
      统计出达到用户隐私需求时所需要删除位置数据的个数 delete_num 或添加位置数据的个数 add_sum;
      if  add_sum<delete_num  then
         向 T' 中选择添加假轨迹数据 t^v 以满足用户的隐私需求;
      else if 存在 t^v 的子集或者超集 t'  then
         获取 t' 和 t^v 的交集，并替换 T' 中相应的轨迹记录 t ;
      else do
         抑制所有的轨迹投影记录 t^v ;
Output  T';    //输出安全的可发布轨迹数据集;
```

匿名算法 TDA_1 主要是基于轨迹抑制和基于假数据的轨迹匿名两种技术对原始数据集进行匿名处理，并根据用户的隐私需求设置，得到满足用户隐私需求的可发布的轨迹数据集。该匿名算法尽管结合了两种匿名技术，但是匿名数据集的效用和以前的研究结果相比，并没有得到很大的提高；同时，假数据的添加会造成轨迹数据集的增大，进而导致该算法占用的存储空间较大和性能较差。因此，为了获取更好的数据效用和提升算法的性能，本章提出了另外一种匿名方案，将在 7.3.2 小节中进行详尽的描述。

7.3.2 局部轨迹抑制匿名方案

尽管匿名算法 TDA_1 结合了两种匿名技术，但是匿名后的数据效用和先前方案的仿真结果相比，并没有得到大幅度提高，且占用的存储空间较大、性能较差。因此，为了获取更好的数据效用并提升算法的性能，本章提出第二种方案，即轨迹局部抑制法，记为方案 2。方案 2 采用特定的算法对轨迹数据集进行局部抑制，从而使得发布的匿名数据在满足用户隐私需求的同时有效地提升匿名数据的效用。

方案 2 与方案 1 存在差异，方案 1 在满足匿名算法 TDA_1 中条件 $\text{add\_sum} < \text{delete\_sum}$ 的情况下添加假数据，满足条件 $\text{add\_sum} \geqslant \text{delete\_sum}$ 时，则对有问题的投影集 FVP 进行轨迹抑制；方案 2 不进行假数据的添加，而是通过求解隐私关联度和数据效用之间的关系 $R\left(\text{PG}\left(\text{loc}_i\right),\text{UL}\left(\text{loc}_i\right)\right)$，然后根据 $R\left(\text{PG}\left(\text{loc}_i\right),\text{UL}\left(\text{loc}_i\right)\right)$ 对有问题的投影集 FVP 进行局部轨迹抑制。在每次匿名处理过程中，将对整条轨迹记录的抑制改为抑制轨迹中的某一位置数据，有效地提升了数据效用和性能。

该方案中的匿名算法包含四部分：①IVPA；②FVPA；③在有问题的投影集 FVP 中找到最小的违反隐私需求的轨迹序列集数据，并保存到轨迹数据集合 MVP 的 MVPA，该算法主要是为了找到最小的有问题的投影记录集，当某一轨迹投影记录没有子集或包含其较长轨迹投影记录时，不对该轨迹投影记录做任何的处理，而是将其先保存到集合 MVP 中，因此避免了匿名算法 TDA_1 中的直接抑制整条轨迹投影记录；④根据攻击者 v 的知识 A_v 计算轨迹序列集 MVP 中所有轨迹中位置的 $R\left(\text{PG}\left(\text{loc}_i\right),\text{UL}\left(\text{loc}_i\right)\right)$ 值，每次找 $R\left(\text{PG}\left(\text{loc}_i\right),\text{UL}\left(\text{loc}_i\right)\right)$ 值较大的位置 loc_i，然后从 MVP 中找到包含 loc_i 的所有轨迹序列集 T_1，并在 T 的投影知识 TP_v 中找到所有包含 T_1 的轨迹序列集 T_2，在 T 中找到对应 T_2 的轨迹序列 T_3，抑制 T_3 中的所有位置 loc_i，该过程需要迭代进行，直至 $\text{MVP} = \varnothing$ 结束，此算法称为轨迹匿名算法 TDA_2，在该算法中，每次抑制位置的个数可以是多个，但是为了最大限度地提升数据效用，每次抑制的个数越少越好。

1. MVPA

定义 7.8　MVP_v：对于任意的攻击者 v，$\forall t_i^v, t_j^v \in \text{FVP}_v$，若 $\left\{a_i | \forall a_i \in t_i^v\right\} \subset \left\{a_j \mid a_j \in t_j^v\right\}$ 或 $\left\{a_i | \forall a_i \in t_i^v\right\} \supset \left\{a_j \mid a_j \in t_j^v\right\}$ 时，则将其进行合并记作 $t_i^m = \left\{a_i | \forall a_i \in t_i^v\right\} \cap \left\{a_j \mid a_j \in t_j^v\right\}$，直到 $\forall t_i^v, t_j^v \in \text{FVP}_v$，且 $\forall a_i \in t_i^v \wedge \forall a_i \notin t_j^v$，此时有 $\text{MVP}_v = \left\{t_i^m \mid t_i^m \in \text{FVP}_v\right\}$。

通过对有问题的投影集 FVP_v 进行合并，得到最小的有问题的投影集 MVP_v；如果将 MVP_v 中的任何一条轨迹投影记录 t_i^m 都看作是一个位置数据的集合，则 $\forall t_i^m$ ，$t_j^m \in \mathrm{MVP}_v$ ，$t_i^m \not\in t_j^m$ 或 $t_j^m \not\in t_i^m$ 。因为有 m 个攻击者，所以 $\mathrm{MVP} = \bigcup_{i=1}^{m} \mathrm{MVP}_v$ 。

基于 FVPA，将已排序的有问题的投影集 FVP 中的轨迹集根据定义 7.8 再次进行处理，对相互包含关系或子集关系的轨迹序列进行合并，但是对于不是相互包含关系或子集关系的轨迹序列不做任何处理，保留下来，通过下一步的匿名算法再进行处理，该算法称为 MVPA。其旨在尽可能地减少有问题的投影集合，由于该算法避免了匿名算法 TDA_1 中的直接抑制整条轨迹投影记录，不会对有问题的投影集合做大幅度地删减，仅是少量地抑制了一些导致泄露用户隐私的位置数据点。算法伪代码如算法 7.4 所示。

算法 7.4　MVPA 伪代码描述

输入：依据频率降序排列的有问题的轨迹投影集合 FVP;

输出：最小的有问题的轨迹投影集合 MVP;

for V 中所有 v do

　for 所有 $t_i^v \in \mathrm{FVP}_v$ do

　　If $t_i^v \subset t_j^v$（or $t_j^v \subset t_i^v$）then

　　　$t_i^m = t_i^v \cap t_j^v$;

　　　将集合 FVP_v 中所有相互包含关系或子集关系的投影记录 t_i^v 和 t_j^v 用 t_i^m 代替。调用 IVPA 和 FVPA;

　　else do

　　　$\mathrm{MVP}_v = \mathrm{push\_back}\left(t_i^v\right)$;　　//若找不到相互包含关系或子集关系时，则轨迹记录保存到集合 MVP_v ;

for 所有 $v \in V$　do

　$\mathrm{MVP} = \mathrm{push\_back}\left(\mathrm{MVP}_v\right)$;

示例 7.4：对于攻击者 v_a、v_b，$\mathrm{FVP}_a = \{a_2 \to a_3, a_1 \to a_3\}$ ，$\mathrm{FVP}_b = \{b_1, b_2, b_1 \to b_3, b_2 \to b_3\}$ ，通过 MVPA 算法，得到 $\mathrm{MVP}_a = \{a_2 \to a_3, a_1 \to a_3\}$ ，$\mathrm{MVP}_b = \{b_1, b_2\}$ 。

2. 匿名算法 TDA_2

在对原始轨迹数据集 T 进行匿名处理前，需要进行如下定义。

定义 7.9　$R\left(\mathrm{PG}(\mathrm{loc}_i), \mathrm{UL}(\mathrm{loc}_i)\right) = \mathrm{PG}(\mathrm{loc}_i) / \mathrm{UL}(\mathrm{loc}_i)$

$\mathrm{PG}(\mathrm{loc}_i)$：定义其为与位置点 loc_i 相关的隐私关联度，代表由删除位置点 loc_i 所带来的隐私收益，其值为集合 MVP_v 中包含位置点 loc_i 的不同轨迹的个

数；但是当某一位置点仅和自身关联时，其隐私关联度仍定义为 1，这是由于当多个位置和自身关联，若将其隐私关联度定义为 0 时，多个位置的 R 值相同，就会造成对位置点的随机删除，因此为了避免该种情况的出现，将其定义为 1，那么出现次数较少的位置点便会优先被抑制，从而提升数据的效用。$\mathrm{UL}(\mathrm{loc}_i)$：代表由删除位置点 loc_i 所带来的信息损失，其值为 MVP_v 中所有的轨迹中包含位置点 loc_i 的总数。$\mathrm{PG}(\mathrm{loc}_i)$ 的值越大，代表由删除位置点 loc_i 所带来的隐私收益越大，且信息损失越小。

该匿名算法不同于以往的轨迹匿名算法，采用局部抑制轨迹集 MVP 中位置点的方法对轨迹数据集 T' 进行匿名处理。为了获得较好的隐私收益和较高的数据效用，在处理轨迹集 MVP 中的位置信息时，应优先抑制 $\mathrm{PG}(\mathrm{loc}_i)$ 最大的位置点 loc_i，从而使得每删除一个位置点 loc_i 所带来的隐私保护和数据效用都达到最优。具体算法描述如算法 7.5 所示。

示例 7.5： 对于攻击者 v_a、v_b，$\mathrm{MVP}_a=\{a_2\to a_3,a_1\to a_3\}$，$\mathrm{MVP}_b=\{b_1,b_2\}$。按照定义 7.9 计算得到表 7.6；由表 7.6 知 $R(\mathrm{PG}(a_1),\mathrm{UL}(a_1))$ 最大，因为轨迹 $a_1\to a_3$ 对应 T' 中的轨迹为 $a_1\to a_3\to b_1$，所以删除轨迹 $a_1\to a_3\to b_1$ 中的点 a_1，即 $a_1\to a_3\to b_1$ 变为 $a_3\to b_1$；循环迭代，直至 $\mathrm{MVP}=\varnothing$，算法结束。最终结果如表 7.6 所示。

表 7.6　R(PG,UL)

位置数据	PG	UL	R(PG, UL)
a_1	1	1	1
a_2	1	3	0.33
a_3	2	4	0.5
b_1	1	4	0.25
b_2	1	4	0.25

在方案 2 的匿名算法处理过程中包含了两个比较关键的算法，一个算法是 MVPA，该算法通过抑制一些对用户的隐私带来较高威胁的位置点，使得有问题的投影集合尽可能缩小；另一个算法是匿名算法 TDA_2，该算法对有问题的投影集合按照定义 7.9 求解得到所有位置点的 R(PG,UL)值，优先抑制 R(PG,UL)比较高的位置点，从而使得每抑制一个位置点都能带来较高的隐私收益和较低的数据效用损失，其伪代码如算法 7.5 所示。

算法 7.5 匿名算法 TDA_2 伪代码描述

输入：原始轨迹数据集 T ，用户的隐私容忍度 P_{br} ，每个攻击者 v 所掌握的位置集合 A_v ；

输出：可发布的安全轨迹数据集 T' ；

1. 为每个攻击者 $v \in V$ 构造投影知识 TP_v ;
2. 初始化 $T'=T$;
3. **while** FVP!$=\varnothing$ || MVP!$=\varnothing$ do
4. 　调用 IVPA、FVPA 和 MVPA;
5. 　**for** 所有 V 中 v do
6. 　　根据定义 7.8 及集合 MVP_V ，计算 A_v 中所有位置数据的 R(PG, UL)，并选择最大的 R(PG, UL)；
7. 　**for** 所有 $t^v \in \mathrm{MVP}_v$
8. 　　在集合 MVP_v 找到所有包含 R(PG, UL)最高位置点的轨迹记录 T_1 ；
9. 　**for** 所有 $t \in \mathrm{TP}^v$
10. 　　在投影集 TP^v 找到所有包含 T_1 中的轨迹投影，并保存到集合 T_2 中；
11. 　**for** 所有 $t \in T'$ do
12. 　　根据集合 T_2，在轨迹集 T' 中找到对应的轨迹记录，并保存到集合 T_3 中，抑制集合 T_3 中所有轨迹记录中的对应 $R(\mathrm{PG},\mathrm{UL})$ 值最高的位置点；
13. **Output** T'；　//输出安全的可发布轨迹数据集；

7.4 实　　验

7.4.1 实验环境

实验环境为2.83GHz的Intel双核CPU，2GB内存，操作系统平台为 Windows XP，在 VC 编程环境通过 C++编程实现匿名算法。实验数据是通过 Brinkoff 生成器在 Oldenburg 地图上模拟产生移动用户的坐标信息，将其处理得到用户的原始轨迹数据集 T。本章将 Oldenburg 地图均分成 100 个区域，对于每个区域，通过随机算法产生攻击者；每个区域的中心位置作为用户穿越该区域的足迹信息。用户的平均轨迹长度为 6，收集到的原始轨迹数据集 T 的轨迹总数为 15000。

7.4.2 影响因子

针对本章所提出的两种匿名方案，通过多次实验，并与文献[150]所提方案进行对比。分析总结了影响这两种匿名方案数据效用的主要因素，包括原始轨迹数据集的大小$|T|$、用户的隐私容忍度 P_{br}、每次处理有问题投影集中轨迹的

个数|PS|和攻击者的数量$|V|$。

由图 7.3 可知，在保证用户的隐私容忍度 P_{br} 不变的情况下，方案 1 和方案 2 的 UL 值会随着$|T|$的增大而减小；同时还发现，在保证$|T|$不变时，方案 1 的 UL 随着 P_{br} 的改变较平缓，而方案 2 的 UL 变化则较快。这表明：①当原始轨迹数据集$|T|$增大时，添加假数据或是对有问题的投影集进行局部抑制都能够有效地提升数据效用；②当用户的隐私容忍度 P_{br} 增大时(即用户的隐私需求降低时)，采用方案 2 处理轨迹数据集得到的 UL 值变化较明显，说明对有问题的投影集采用方案 2 的局部抑制的方法能够有效地降低数据效用损失。

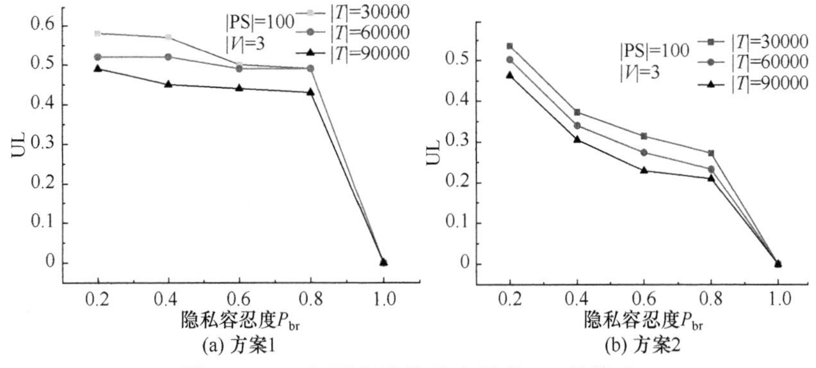

图 7.3　UL 和用户的隐私容忍度 P_{br} 的关系

由于在处理有问题的投影集 FVP 时，本章采用每次处理 FVP 中前|PS|个轨迹的方法。通过对图 7.4 进行分析，在|PS|从 1 变化到 100 的过程中，其值对方案 1 和方案 2 的实验结果有影响；且对于方案 1，|PS|在 1～100 的变化过程始终会影响 UL；而对于方案 2，只有当|PS|在 1～50 的范围内变化才对 UL 有影响，这是由于方案 2 中，其有问题的投影集包含的位置数据集个数在 50 以内，不管如何增大|PS|，都不会对实验结果 UL 造成影响。

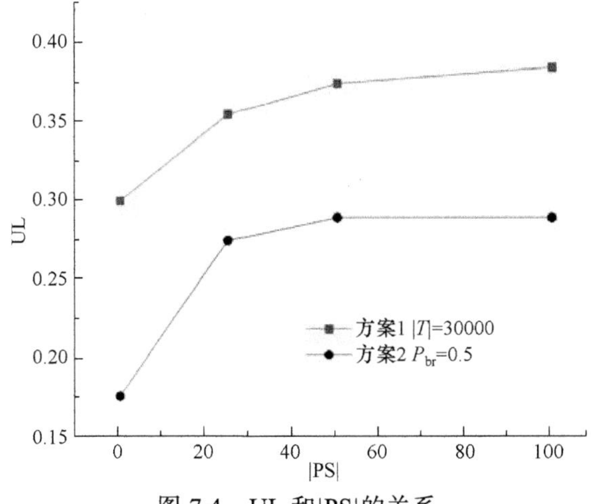

图 7.4　UL 和|PS|的关系

在攻击者的数量$|V|$从 2 变化到 4 的过程中，通过图 7.5 发现所提方案 1 和方案 2 的 UL 稍有提高，但是变化幅度较小；随着攻击者数量的增多，有问题的投影集也随之增多，导致在抑制过程中被删除的位置点数增多，但是随着攻击者数量的增加不会使抑制的位置点数急剧增长，说明在所提方案 1 和方案 2 相对攻击者数量改变的情况下，具有一定的稳定性。

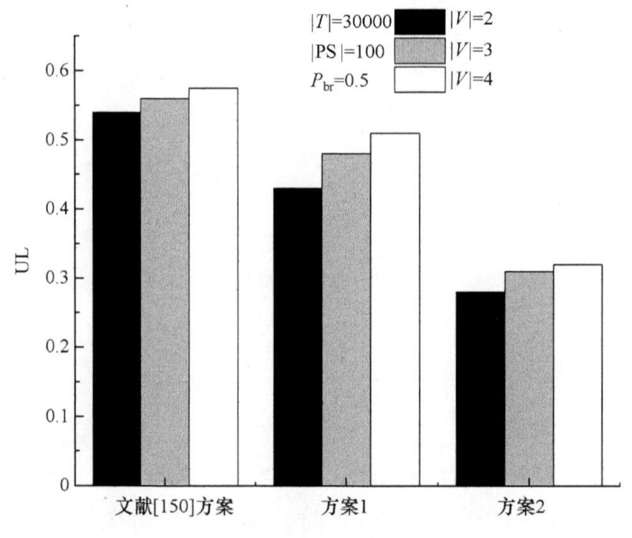

图 7.5　UL 和$|V|$的关系

7.4.3　数据效用和性能

采用本章所提的方案 1、方案 2 和文献[150]中的方案分别对原始轨迹数据集 T 进行匿名处理，数据集相同，从数据效用和性能两方面对匿名结果进行对比分析。此时，攻击者的数量$|V|=3$。

1. 数据效用

数据效用通过数据效用损失 UL 表示，根据定义 7.6 可知，UL 值越大，数据效用越差，反之，数据效用越好，实验仿真结果如图 7.6。

通过图 7.7 中三个方案的对比，发现无论是方案 1-添加假数据，还是方案 2-局部抑制都优于文献[150]的方案；当用户的隐私容忍度设置同为 0.5 时，方案 1 和方案 2 明显提升了数据效用，且随着轨迹数据集 T 的增大，数据效用趋向于更好。

综合数据效用和性能两方面考虑，方案 2 最优。

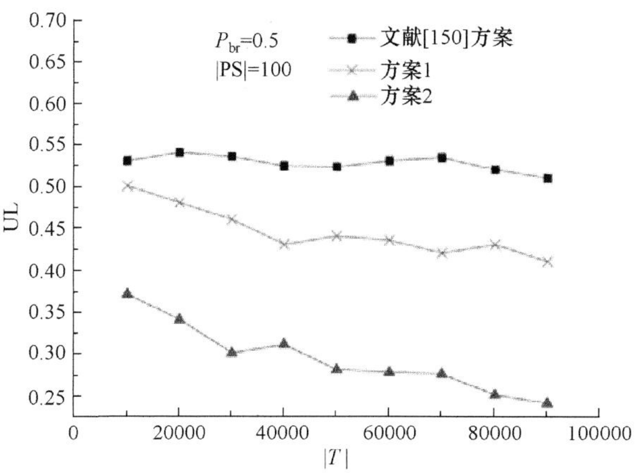

图 7.6　UL 和|T|的关系

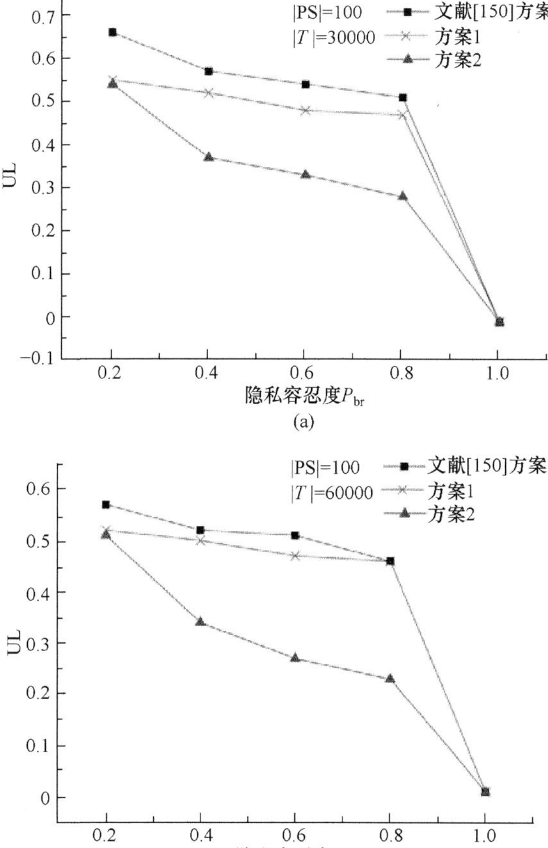

(a)

(b)

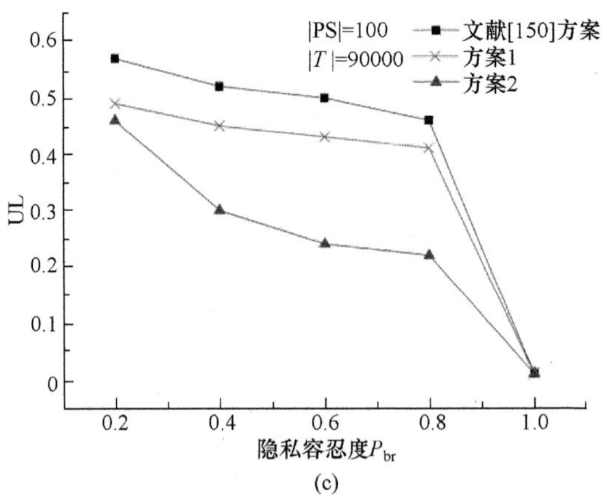

图 7.7　UL 和|T|与用户隐私容忍度 P_{br} 的关系

2. 性能

由于本章所要解决的问题并不是实时问题，这里仅从两方面进行性能分析：①存储空间；②运行时间。

由于方案 1 和方案 2 都需要对数据集进行频率的计算和保存，且方案 1 中需要添加虚假数据，方案 2 需要计算和保存每一个位置点的 *R*(PG,UL)值。因此，与文献[150]中的方案相比，方案 1 和方案 2 都需要额外的存储空间。尽管如此，随着计算机存储量的增大，用存储空间换取较高的数据效用是值得的。

运行时间与$|T|$的关系如图 7.8，随着处理数据量的增大，方案 1 的运行时间要长于文献[150]的运行时间，而方案 2 的运行时间和文献[150]方案中的运行时间比较接近。但是随着计算能力的增强，程序的运行时间将会进一步缩短。

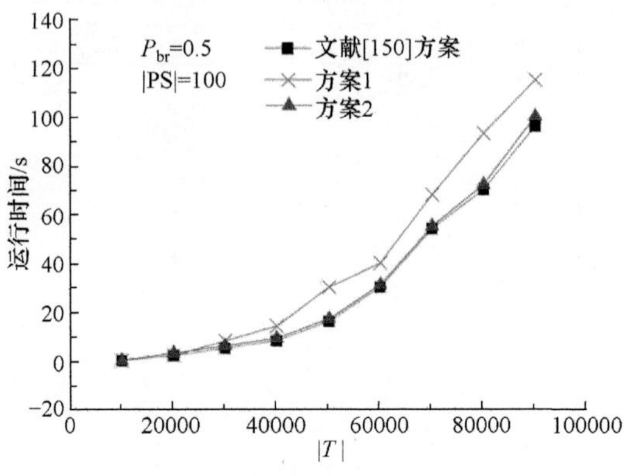

图 7.8　运行时间与$|T|$的关系

7.5 结　　论

本章分析了轨迹发布中所面临的威胁，定义了攻击者模型和隐私保护模型。本章所研究的轨迹发布问题可能面临多个攻击者，且每个攻击者都会发起身份链接攻击和属性链接攻击；不同攻击者拥有的背景知识是不同的，且对于轨迹记录，不同的攻击者对应不同的准标识符，因此，同一条轨迹拥有的准标识符和敏感属性集是多样化的。针对这样的攻击者，本章给出了详细的定义来描述攻击者模型；同时，在不同的场景下，用户的位置隐私需求是变化的，因此在面临多个攻击者时，如何根据用户的位置隐私需求设置安全的轨迹发布数据集至关重要，本章通过形式化的描述对隐私保护模型进行了定义。根据攻击者模型和隐私保护模型的定义，提出了两种有效的匿名方案，一种是对即将发布的轨迹数据采用轨迹抑制法并适时添加虚假数据进行处理，得到可发布的匿名轨迹数据集；另一种是采用特定的轨迹局部抑制法对即将发布的轨迹数据进行匿名处理，通过求解隐私关联度和数据效用之间的关系对轨迹数据进行局部抑制，在每次匿名处理过程中，将对整条轨迹记录的抑制改为抑制轨迹中的某一位置数据，从而得到满足用户位置隐私需求的可发布轨迹数据集。这两种方案都是基于频率对轨迹数据集进行匿名处理，且通过实验证明了方案在满足用户位置隐私需求的同时能够有效性地提升匿名后的数据效用，相信这在解决以后的数据发布中隐私保护的问题有着重要的意义。

第 8 章　基于时空关联的假轨迹隐私保护方案

8.1　引　　言

轨迹隐私保护不同于单点位置隐私保护，由于各个位置之间存在一定时空关系，不能利用现有的位置隐私保护方案为真实轨迹的每个位置提供保护，以实现轨迹隐私保护。然而，现有轨迹隐私保护方案也存在大量的问题。其中，轨迹 K 匿名隐私保护方案的主要缺陷是需要一个容易成为系统瓶颈的可信第三方，然而，现实生活中难以找到可信的第三方服务器。轨迹抑制只能应用于特定的场景，并且会造成发布数据的信息损失。现有假轨迹隐私保护方案不存在上述问题，但是它忽略了所发布的轨迹集合中单条轨迹的前后相邻位置间的联系及各个轨迹之间的时空关系，具体如下所述。

现有假轨迹隐私保护方案在假轨迹的生成过程中，不仅没有结合实际的地貌、路况等因素，而且没有考虑单条轨迹中前后相邻两位置间的时空关联性，也忽略了轨迹集合中各条轨迹(包括假轨迹与假轨迹，假轨迹与真实轨迹)之间的时空关联性[38-40,42,98-100]。因此，若用户采用现有假轨迹隐私方案保护自己的真实轨迹，恶意攻击者能够利用上述不足以识别出轨迹集合中的某些假轨迹，从而大幅度提高识别出用户真实轨迹的概率，甚至直接推测出用户的真实轨迹，给用户带来隐私泄露的威胁。如图 8.1 所示的轨迹关系，利用旋转生成法生成假轨迹。然后将轨迹中前后两个位置送入地图接口，通过地图知识，根据不同的交通工具查询从前一个位置到达后一个位置所需的时间。如果 $\overrightarrow{A_1B_1}$ 和 $\overrightarrow{C_1D_2}$ 的现实到达时间要远远大于发布的时间间隔，则意味着该段路径不可达。例如，发布的两位置时间间隔为 20min，而某条轨迹的真实到达时间超过 2h。轨迹中存在较多这样的路径时，恶意攻击者可能以较大的概率推测出轨迹 1 为假轨迹。轨迹 3 的整体移动方向与轨迹 1 和轨迹 2 相反，攻击者也会以较大的概率推测出轨迹 3 是假轨迹。此外，从图论的角度，由于 C_1 的出入度为 4，高于轨迹集合中其他的位置点。攻击者就有可能将 C_1 作为旋转的轴点，不含有该位置点的轨迹为假轨迹。综合上述因素，恶意攻击者很容易将轨迹 2 推测为用户的真实轨迹。

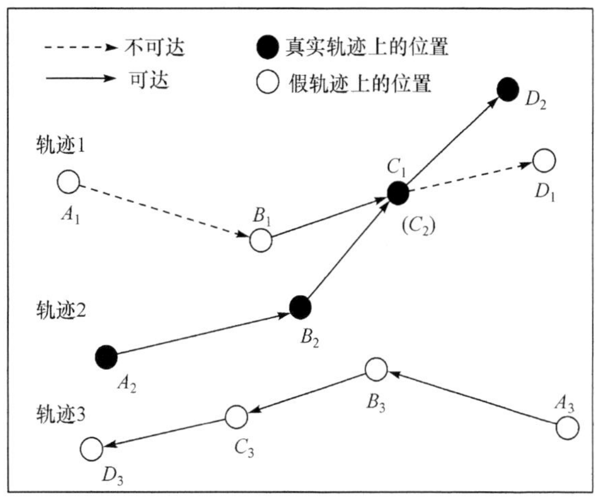

图 8.1　轨迹关系

针对上述问题，本章对轨迹发布中基于时空关联的假轨迹隐私保护方案展开研究，主要内容如下。

(1) 提出轨迹发布中的假轨迹识别方案，利用现有的假轨迹生成方案生成轨迹集合，通过每条轨迹中满足时间可达性路径所占的比例及轨迹集合中各个位置的出入度进行假轨迹识别。

(2) 深度分析轨迹发布中真实轨迹的运动模式，针对现有假轨迹隐私保护方案存在问题，提出基于时空关联的假轨迹隐私保护方案。该方案结合轨迹的整体性、出入度、满足时间可达性及路程合理性、路径所占比例等因素，使得假轨迹与真实轨迹不可区分，从而实现用户的轨迹隐私保护。

(3) 通过实验仿真首先验证本章所提假轨迹识别方案，证明现有假轨迹隐私保护方案仅能以不高于 15%的成功率保护用户的真实轨迹。然后通过安全性分析和实验表明，所提基于时空关联性的假轨迹隐私保护方案在较低的开销下能有效地保护用户的轨迹隐私。

8.2　问题概述

8.2.1　基本概念

轨迹是指随着用户不断移动而产生的由时间和位置组成的时空序列。本章将轨迹表示为 $\text{traj}=\{\langle \text{loc}_1(x_1, y_1), \text{time}_1\rangle, \langle \text{loc}_2(x_2, y_2), \text{time}_2\rangle, \cdots, \langle \text{loc}_n(x_n, y_n), \text{time}_n\rangle\}$。其中，轨迹中共有 n 个位置，$\langle \text{loc}_i(x_i, y_i), \text{time}_i\rangle$ 表示轨迹上 time_i 时刻的位置坐标为 $\text{loc}_i(x_i, y_i)$，$1\leqslant i\leqslant n$。

轨迹集合是指当用户进行轨迹发布时，由用户生成的 $K-1$ 条假轨迹与真实轨迹 $\text{traj}_{\text{real}}$ 构成的集合，表示为 $\text{Trajs}=\{\text{traj}_1,\text{traj}_2,\cdots,\text{traj}_{K-1},\text{traj}_{\text{real}}\}$。其中，$|\text{Trajs}|$ 表示集合 Trajs 中元素的个数，即轨迹的数目。当轨迹集合中包含 K 条不可区分的轨迹时，真实轨迹被识别出的概率为 $1/K$。

在轨迹发布中，轨迹集合的时间是对齐的，即轨迹集合中包含的所有轨迹的第 i 个位置对应的时刻均为 time_i，如表 8.1 所示。

表 8.1　轨迹发布

轨迹	时间			
	time_1	time_2	…	time_n
traj_1	(x_1, y_1)	(x_2, y_2)	…	(x_n, y_n)
traj_2	(x_1, y_1)	(x_2, y_2)	…	(x_n, y_n)
…	…	…	…	…
traj_K	(x_1, y_1)	(x_2, y_2)	…	(x_n, y_n)

本章借用图论中出度和入度的概念，表示轨迹集合中以各个位置为起点或者终点的路径段的数量。出度 $\text{Out}_i{}^j$ 表示轨迹集合中，以第 i 条轨迹 traj_i 的第 j 个位置为起点的所有路径段的数量；同理，入度 $\text{In}_i{}^j$ 表示轨迹集合中，以第 i 条轨迹 traj_i 的第 j 个位置为终点的所有路径段的数量。

定义 8.1　地图时间间隔 mapTime：将轨迹中的两个位置 loc_i 和 $\text{loc}_j\,(1\leqslant i<j\leqslant n)$ 坐标发送至地图接口，根据不同的交通工具，得到从前一个位置到后一个位置所需的时间。

定义 8.2　发布时间间隔 pubTime：轨迹发布的两个位置时间间隔，即 $\text{time}_j-\text{time}_i\,(1\leqslant i<j\leqslant n)$。

时间可达性是指轨迹中从前一个位置到后一个位置的地图时间间隔，与轨迹发布所对应的时间间隔相差的绝对值在一定范围内，即 $\left|\text{mapTime}\langle \text{loc}_i\text{loc}_j\rangle-\text{pubTime}\langle \text{loc}_i,\text{loc}_j\rangle\right|$ 在一定范围内，其中 $1\leqslant i<j\leqslant n$。如果满足该条件，则称由 loc_i 与 loc_j 构成的路径段满足时间可达性，反之不满足。例如，轨迹发布中有相邻位置 loc_i 和 loc_{i+1} 对应的发布时间 time_i 和 time_{i+1} 之间只间隔了 20min，而轨迹集合中某条轨迹相应时刻的路径，地图时间需超过 2h 才能到达，此时认为该段路径不满足时间可达性。当轨迹中存在大量的这类路径时，恶意攻击者会以较高的概率推断出这条轨迹为假轨迹。

8.2.2 攻击模型和隐私度量标准

本节首先介绍轨迹发布中的攻击模型和恶意攻击者识别出假轨迹的评估标准，随后介绍轨迹移动方向相似性和轨迹泄露概率两个概念。

1. 攻击模型

在轨迹发布中，恶意攻击者的最终目标是从轨迹集合中推测出用户的真实轨迹，非法获取与用户位置及轨迹相关的个人隐私信息。因此，会尽可能识别出轨迹集合中的某些假轨迹，从而降低轨迹隐私的保护程度，提高推测出真实轨迹的概率。本章假设恶意攻击者可以获取用户所发布的完整移动轨迹，并且掌握地图背景知识，能够利用地图接口根据不同的交通工具计算出轨迹中任意两个位置相互到达所需的时间及真实的路程。恶意攻击者识别假轨迹的能力可从以下两个方面进行评估。

定义 8.3　误判率 τ：该参数表示恶意攻击者将用户的真实轨迹识别为假轨迹的概率。样本空间是由轨迹集合 Trajs 构成的集合，用 E 表示样本数量。若用 E' 表示将用户的真实轨迹识别为假轨迹的样本数量，那么：

$$\tau = \frac{E'}{E} \times 100\% \tag{8.1}$$

定义 8.4　识别率 ρ：该参数表示恶意攻击者在未将用户的真实轨迹识别为假轨迹的情况下(即未发生误判)，识别出假轨迹的概率：

$$\rho = \frac{|\text{Trajs}| - |\text{Trajs}'|}{|\text{Trajs}|} \times 100\% \tag{8.2}$$

其中，$\text{Trajs}' \subseteq \text{Trajs}$。

2. 隐私度量标准

本章的轨迹隐私度量标准从两个方面考虑：轨迹移动方向相似性和轨迹泄露概率。

定义 8.5　轨迹移动方向相似性：假设 loc_{i-1}、loc_i 和 loc_{i+1} 是任意一条轨迹 traj 中相邻的三个位置，使用 $\overrightarrow{\text{loc}_{i-1}\text{loc}_i}$ 和 $\overrightarrow{\text{loc}_i\text{loc}_{i+1}}$ 表示形成的两个方向向量。此时，这两个方向向量形成的方向夹角 θ 为

$$\cos\theta = \frac{\overrightarrow{\text{loc}_{i-1}\text{loc}_i} \cdot \overrightarrow{\text{loc}_i\text{loc}_{i+1}}}{\left|\overrightarrow{\text{loc}_{i-1}\text{loc}_i}\right| \cdot \left|\overrightarrow{\text{loc}_i\text{loc}_{i+1}}\right|} \tag{8.3}$$

那么，轨迹集合 Trajs 中的轨迹移动方向的相似度 σ 表示为

$$\sigma = \frac{1}{(K-1)m} \sum_{j=1}^{k-1} \sum_{i=1}^{m} \left|\theta_{\text{real}}^i - \theta_j^i\right| \tag{8.4}$$

其中，θ_{real}^i 表示真实轨迹 $\text{traj}_{\text{real}}$ 中的第 i 个方向夹角；θ_j^i 表示轨迹集合中第 j 条轨迹中的第 i 个方向夹角；m 表示任一轨迹中的方向夹角的数量，即表示该轨迹中共包含 m+2 个位置信息。

定义 8.6　轨迹泄露概率：假设用户发布的轨迹集合为 Trajs，当恶意攻击者利用自身具备的轨迹识别能力对轨迹集合 Trajs 进行识别后，用户真实位置在 time_i 时刻的泄露概率为

$$p = \frac{1}{\text{time}_i\text{时刻未被识别出的位置数量}} \tag{8.5}$$

那么，用户真实轨迹的泄露概率为

$$P = \frac{1}{m+2} \cdot \sum_{i=1}^{m+2} p_i \text{。} \tag{8.6}$$

8.2.3　攻击方案

针对现有轨迹发布中基于假轨迹的隐私保护方案存在的问题：①忽略了单条轨迹中相邻位置间的时空关联性；②忽略了轨迹集合中各条轨迹之间的时空关联性，本小节以恶意攻击者的角度，利用轨迹中相邻位置间的时间可达性和轨迹集合中各位置的出入度提出一种假轨迹识别方案。该方案主要由两部分组成：利用时间可达性识别假轨迹和利用出入度识别假轨迹，最后将这两部分进行结合，基本框架如图 8.2 所示。

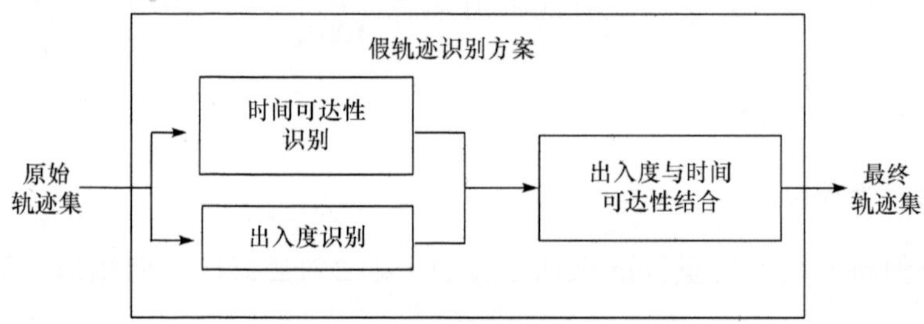

图 8.2　假轨迹识别方案基本框架图

1. 时间可达性识别

针对轨迹集合中各条轨迹相邻位置间的时空关联性，本小节利用时间可达性进行假轨迹识别。首先依次检查每条轨迹中相邻位置是否满足时间可达性，即将该轨迹中相邻位置的坐标发送至地图接口，从地图接口分别获取相邻位置间的地图时间间隔 mapTime。随后，将地图时间间隔 mapTime 与发布的时间间隔 pubTime 进行对比。由 8.2.1 小节中轨迹的概念可知，对于具有 n 个点的轨迹 traj，可被划分为 n−1 段路径，即每相邻两个位置构成一段路径，那么每条

轨迹最多需要进行 $n-1$ 次比较。最后根据比对结果，推断出该条轨迹是否为假轨迹。如果有一条轨迹上的大部分路径段不能满足时间可达性，或者其中某段路径在远远大于发布时间的范围内不可达，则该条轨迹被推断为假轨迹。对于任意一条轨迹 $\mathrm{traj}_i \in \mathrm{Trajs}$，时间可达性识别框架图如图 8.3 所示。

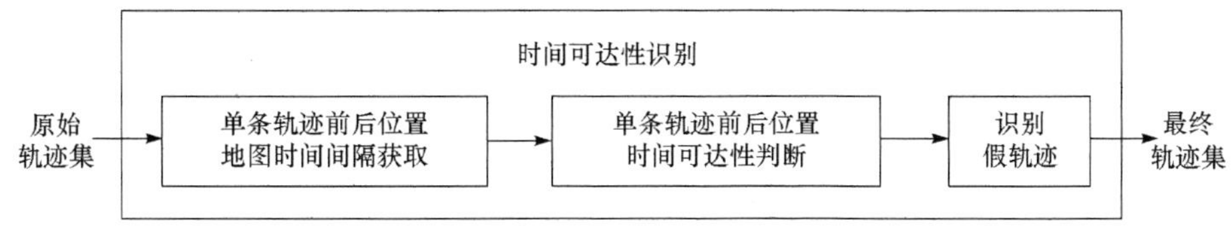

图 8.3　时间可达性识别框架图

具体识别步骤如下。

步骤 1：如果 $\mathrm{mapTime} \gg \mathrm{pubTime}$，即在现实环境中，该轨迹上相邻两位置构成的路径需要较长的时间才能够到达。例如，相邻两位置分别位于难以到达的河两岸或者地处现实中道路不通需要绕远路的两地。此时，将具有该条路径的轨迹判定为假轨迹。否则，进入步骤 2。

步骤 2：设定时间可达性识别阈值 δ_{t}。当 $|\mathrm{mapTime}-\mathrm{pubTime}| \geqslant \mathrm{pubTime}$ 时，将该路径视为可疑路径。分别统计出每条轨迹中存在的可疑路径的数量 $\mathrm{num}_i\left(\mathrm{num}_i \leqslant n-1\right)$。

步骤 3：计算出可疑路径的数量 num_i 在该条轨迹总路径段数中所占的比例。如果比例过大，则该条轨迹为假轨迹，反之则不能给出具体判断。即当 $\mathrm{num}_i > \delta_{\mathrm{t\_all}} \times (n-1)$ 时，该条轨迹被识别为假轨迹。其中，$\delta_{\mathrm{t\_all}}$ 为可疑轨迹比例阈值。

综上所示，时间可达性识别算法如算法 8.1 所示。

算法 8.1　时间可达性识别算法

输入：轨迹集合 $\mathrm{Trajs} = \{\mathrm{traj}_1, \mathrm{traj}_2, \cdots, \mathrm{traj}_{K-1}, \mathrm{traj}_K\}$，阈值 δ_{t}，$\delta_{\mathrm{t\_all}}$;
输出：轨迹集合 Trajs′;

计算每条轨迹中采样点的数目 n;
for each $\mathrm{traj}_i \in \mathrm{Trajs}$　(i from 1 to k) do
　for j from 1 to $n-1$
　　从地图接口获取 $\mathrm{mapTime}\left\langle \mathrm{loc}_j, \mathrm{loc}_{j+1} \right\rangle$;
　　if ($\mathrm{mapTime}\left\langle \mathrm{loc}_j, \mathrm{loc}_{j+1} \right\rangle \gg \mathrm{pubTime}\left\langle \mathrm{loc}_j, \mathrm{loc}_{j+1} \right\rangle$)
　　break;
　　else if ($|\mathrm{mapTime}-\mathrm{pubTime}| \geqslant \delta_{\mathrm{t}} \times \mathrm{pubTime}$)

```
            ++num_i;
        end if
    end for
    if (num_i ≤ δ_t_all × (n − 1))
        Trajs′ ← traj_i;
    end if
end for
return Trajs′;
```

2. 出入度识别

考虑到轨迹集合中轨迹之间的时空关联性，本章利用出入度进行轨迹的识别。首先计算发布的轨迹集合中各个位置的出入度值，然后分别得到每条轨迹上各个位置的出度值和入度值的总和，最后将出度值和入度值的总和与轨迹集合整体的平均出度值和入度值分别进行比较。因为基于旋转方案生成的假轨迹，其旋转点主要集中在用户的真实轨迹上，所以当某条轨迹的出度值和入度值的总和均低于某个阈值时，将该条轨迹识别为假轨迹。对于任意一条轨迹 $\mathrm{traj}_i \in \mathrm{Trajs}$，出入度识别框架图如图 8.4 所示。

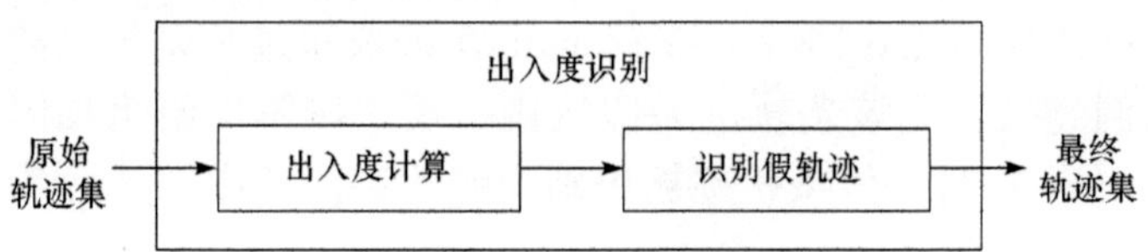

图 8.4　出入度识别框架图

具体识别步骤如下。

步骤 1：统计轨迹集合中每条轨迹上各个位置的出入度。用 D_i 和 C_i 分别表示轨迹 $\mathrm{traj}_i \in \mathrm{Trajs}$ 上各个位置的出度和入度总和，即 $D_i = \sum_{j=1}^{n} \mathrm{Out}_i^j$，$C_i = \sum_{j=1}^{n} \mathrm{In}_i^j$。其中，$n$ 表示轨迹 traj_i 上位置的数量。

步骤 2：计算轨迹集合的平均出度 DaverageOut 和平均入度 DaverageIn，即 $\mathrm{DaverageOut}=\frac{1}{K}\cdot\sum_{i=1}^{K} D_i$，$\mathrm{DaverageIn}=\frac{1}{K}\cdot\sum_{i=1}^{K} C_i$。

步骤 3：当 $D_i < \delta_{\mathrm{out}} \times \mathrm{DaverageOut}$、$C_i < \delta_{\mathrm{in}} \times \mathrm{DaverageIn}$ 时，将该轨迹识别为假轨迹。其中，δ_{out} 和 δ_{in} 分别表示出度和入度的识别阈值。

综上所述，出入度识别算法如算法 8.2 所示。

算法 8.2　出入度识别算法

输入：轨迹集合 Trajs = {traj_1 , traj_2 , ⋯ , traj_{K-1} , traj_K }，阈值 δ_{out} ，δ_{in} ;
输出：轨迹集合 Trajs″;

计算每条轨迹中采样点数目 n;
for each $\text{traj}_i \in \text{Trajs}$ (i from 1 to K) do
　　for j from 1 to n
　　　　$D_i \leftarrow D_i + \text{out}_i^j$;
　　　　$C_i \leftarrow C_i + \text{in}_i^j$;
　　end for
　　$\text{DaverageOut} \leftarrow \text{DaverageOut} + D_i$;
　　$\text{DaverageIn} \leftarrow \text{DaverageIn} + C_i$;
end for
$\text{DaverageOut} \leftarrow \text{DaverageOut} \div K$;
$\text{DaverageIn} \leftarrow \text{DaverageIn} \div K$;
for each $\text{traj}_i \in \text{Trajs}$ (i from 1 to K) do
　　if ($D_i < \delta_{\text{out}} \times \text{DaverageOut} \,\&\&\, C_i < \text{DaverageIn}$)
　　　　Trajs″ ← traj_i;
　　end if
end for
return Trajs″;

通过时间可达性识别，能够识别出轨迹集合中不满足轨迹中前后相邻位置的关联性的轨迹；通过出入度识别，能够识别出轨迹集合中与不满足轨迹间相互联系的轨迹。利用这两种识别方案对轨迹集合进行处理，即将两次识别所得的轨迹集合求交集 $\text{Trajs}' \cap \text{Trajs}''$，能够有效减少轨迹集合中的轨迹数量，从而增大推测出用户真实轨迹的概率。

8.3　方 案 设 计

8.3.1　相关知识

本节提出基于独立式模型的假轨迹隐私保护方案，该模型主要由两个模块组成：移动用户和服务提供者。本方案的实现不需要可信第三方代理服务器，轨迹隐私保护工作由用户自己完成，没有可信第三方带来的瓶颈问题且能够保证所发布的轨迹信息的完整性。

本章攻击者模型中，恶意攻击者能够获取用户所发布的完整轨迹集合信息，通过对轨迹集合信息的分析，采用数据挖掘技术和自身背景知识对假轨迹进行识别。例如，恶意攻击者具有地图和路况等知识背景，可以将轨迹中任意两个位置发送至地图接口，查询出这两个位置的路程(非欧氏距离)和通过不同的交通出行方式所需要的到达时间。目的是识别出轨迹集合中的某些轨迹，提高推测出用户真实轨迹的概率，甚至直接找出用户的真实轨迹，从而窃取用户的隐私信息。

本方案将从以下三个方面考虑假轨迹的生成因素。

(1) 整体方向。假轨迹与用户真实轨迹具有相似的整体方向。恶意攻击者可以通过分析发布的轨迹集合中各条轨迹的移动方向，如果发现某条轨迹与其他轨迹相差较多，很可能推测出该轨迹为假轨迹。因此，需要生成的假轨迹与真实轨迹的移动方向具有相似性。本节首先利用最小二乘法来拟合轨迹整体移动方向的斜率，通过斜率比判断假轨迹方向是否与真实轨迹方向相似。

(2) 时间可达性和移动距离合理性。轨迹中相邻两位置构成一段路径，在生成假轨迹时，需要考虑单条轨迹中满足时间可达性的路径所占有的比例。类似的，将轨迹中前后相邻位置送至地图接口，得到相应的路程，计算出单条假轨迹与真实轨迹路程相近的路径所占的比例。通过对路程和时间的控制，使得假轨迹与真实轨迹具有相近的移动速度。如果满足该条件的路径段所占比例过低，则可能被恶意攻击者识别出该轨迹为假轨迹。

(3) 出入度相同。轨迹集合中每个位置的出入度体现了其在轨迹集合中的权值，出入度越大，说明与该位置关联的轨迹数目越大，这个位置可能为敏感或频繁访问位置，导致与该位置相关的个人隐私泄露。同时，不具有这个位置的轨迹则有可能被推测为假轨迹。本节在生成假轨迹的各个位置时，检验该位置是否已经被选择过，确保每个位置只出现一次，即轨迹集合中所有位置的出入度均为 1。以此来均衡各个位置点的权值，使恶意攻击者不能通过某个位置的权值过高而得到与较为重要或者敏感位置相关的用户隐私信息。

8.3.2 假轨迹生成方案

考虑到现有轨迹发布中的基于假轨迹隐私方案不能很好地保护用户的轨迹隐私，本节提出一种新的假轨迹生成方案，构造包含真实轨迹在内的 K 条轨迹的集合。该方案主要由 3 个部分组成：初始准备阶段、假轨迹生成阶段和假轨迹检验阶段。

1. 初始准备阶段

本节提出一种轨迹发布中基于时空关联的假轨迹隐私保护方案。该方案需要考虑各条假轨迹与真实轨迹应有相似的移动方向，因此在初始准备阶段需得到真实轨迹的整体移动方向。

由对现有假轨迹的轨迹隐私保护方案的分析可知，恶意攻击者能够根据地图背景知识和轨迹集合中轨迹的整体方向推测出不合理的假轨迹，从而提高真实轨迹被猜测的概率。因此在假轨迹的初始阶段，利用最小二乘法拟合出真实轨迹的整体方向，从而保证随后生成的假轨迹的整体移动方向与用户的真实轨迹移动方向相似，使得攻击者难以通过移动方向相似性识别出假轨迹。其中，用户的真实轨迹移动方向的斜率 l 为

$$l=\hat{b}=\frac{\sum_{i=1}^{n}x_i y_i-n\overline{x}\overline{y}}{\sum_{i=1}^{n}x_i^2-n\overline{x}^2}=\frac{\sum_{i=1}^{n}\left(x_i-\overline{x}\right)\left(y_i-\overline{y}\right)}{\sum_{i=1}^{n}\left(x_i-\overline{x}\right)^2} \tag{8.7}$$

其中，$\overline{x}=\frac{1}{n}\cdot\sum_{i=1}^{n}x_i$；$\overline{y}=\frac{1}{n}\cdot\sum_{i=1}^{n}y_i$。

2. 假轨迹生成阶段

在假轨迹生成阶段，本节首先利用现有假位置的生成方式，为真实轨迹的起点和终点生成候选集合。然后从中挑选出假轨迹的起点和终点，要求其必须满足时间可达性和移动距离的合理性。最后在假轨迹的起点和终点的区间内根据用户的运动模式，为假轨迹生成中间位置。

假轨迹生成阶段为真实轨迹生成用于保护隐私的假轨迹，主要分为两个过程：轨迹起止假位置生成和轨迹中间假位置生成。

1) 轨迹起止假位置生成

利用现有的假位置生成方案，真实轨迹的起点和终点分别为需要保护的位置，生成假位置的候选集合 $\text{LocSet}_1=\left\{\text{loc}_1{}^1,\text{loc}_2{}^1,\cdots\right\}$ 和 $\text{LocSet}_n=\left\{\text{loc}_1{}^n,\text{loc}_2{}^n,\cdots\right\}$。$\text{LocSet}_1$ 为起点位置的假位置候选集合，LocSet_n 为终点位置的假位置候选集合。然后分别从集合 LocSet_1 和 LocSet_n 中选出假位置 $\text{loc}_i{}^1$ 和 $\text{loc}_j{}^n$，确保真实轨迹整体移动方向的斜率 l 与假轨迹起止点构成的斜率 l_{slope} 相近且起止点均未在已有的轨迹中出现过。这样不仅能限制假轨迹的整体运动方向，还可以保证起点位置的出度和止点位置的入度均为 1。此外，起止位置还需要满足时间可达性和移动距离合理性的约束，即

$$\begin{cases}\left|\operatorname{dis}\left\langle \mathrm{loc}_1^d,\mathrm{loc}_n^d\right\rangle-\operatorname{dis}\left\langle \mathrm{loc}_1^{\mathrm{real}},\mathrm{loc}_n^{\mathrm{real}}\right\rangle\right|\leqslant \delta_{\mathrm{dis\_all}}\\ \left|\operatorname{mapTime}\left\langle \mathrm{loc}_1^d,\mathrm{loc}_n^d\right\rangle-\operatorname{mapTime}\left\langle \mathrm{loc}_1^{\mathrm{real}},\mathrm{loc}_n^{\mathrm{real}}\right\rangle\right|\leqslant \delta_{\mathrm{t\_all}}\end{cases} \tag{8.8}$$

其中，$\operatorname{dis}\left\langle \mathrm{loc}_1{}^d,\mathrm{loc}_n{}^d\right\rangle$ 表示从位置 $\mathrm{loc}_1{}^d$ 到位置 $\mathrm{loc}_n{}^d$ 的移动距离；$\delta_{\mathrm{dis\_all}}$ 为限制移动距离的阈值；$\operatorname{mapTime}\left\langle \mathrm{loc}_1{}^d,\mathrm{loc}_n{}^d\right\rangle$ 表示从位置 $\mathrm{loc}_1{}^d$ 到位置 $\mathrm{loc}_n{}^d$ 的地图时间间隔。

只有在保证生成的假轨迹的起止点在地图时间范围内可达，才能够保证该轨迹中任意相邻两位置的可达时间与其对应的发布时间间隔相差满足一定的范围。并且，移动距离的控制又可以使假轨迹与真实轨迹具有相似的移动速度。

2) 轨迹中间假位置生成

在生成假轨迹的起止位置后，为每条假轨迹逐一生成第 2 个到第 $n-1$ 个假位置。在生成假轨迹的第 $i(2\leqslant i\leqslant n-1)$ 个位置时，以真实轨迹的第 $i-1$ 和 i 个位置之间的欧氏距离 $r+\mathrm{random}$ 为半径(random 表示随机数)，假轨迹第 $i-1$ 个位置为圆心作圆。在 l_{slope} 所在的直线的两侧，每间隔 θ 度选择一个候选位置，构成假位置候选集合 $\mathrm{LocSet}'=\{\mathrm{loc}_1,\mathrm{loc}_2,\cdots\}$，直至网格边界与 l_{slope} 所在直线的夹角达到阈值，如图 8.5 所示。这样做能够使假轨迹中不会出现某个位置突兀的偏离该条轨迹的情况。

假位置候选集合为图 8.5 中的阴影部分。从候选集合 LocSet′ 中随机选择假位置，不仅能够保证假位置具有随机性，而且能够避免出现中间位置突然偏离整体轨迹的情况。其中，$r=\sqrt{\left(x_i-x_{i-1}\right)^2+\left(y_i-y_{i-1}\right)^2}$，$\theta=\arccos\left(1-\dfrac{d^2}{r^2}\right)$，$d$ 为网格的边长。

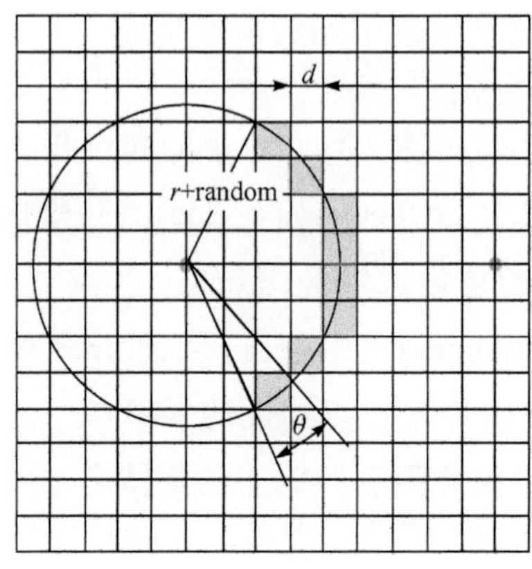

图 8.5 假位置候选集合

3. 假轨迹检验阶段

假轨迹检验阶段首先对完整的假轨迹进行整体方向的检查，利用最小二乘法拟合假轨迹的整体方向。然后与真实轨迹进行比较，使得假轨迹与真实轨迹具有相近的整体移动方向，即两条轨迹的斜率比接近于 1。最后对假轨迹进行时间可达性和移动距离合理性路径所占的比例进行检查。如果比例过高，则这条轨迹不满足隐私要求，需要重新生成假轨迹。反之，则将该轨迹放入轨迹集合。

通过上述步骤，可以得到一条假轨迹。为了满足用户的位置隐私需求，使生成的假轨迹能够与真实轨迹完全不可区分，本节首先对假轨迹的整体方向进行检查，然后对假轨迹中满足时间可达性和移动距离合理性的路径所占比例进行检查。

1) 对完整的假轨迹进行整体方向的检查

在生成完整的假轨迹后，利用式(8.7)的最小二乘法拟合假轨迹的整体移动方向的斜率：

$$l_{\text{dummy}}=\hat{b}=\frac{\sum_{i=1}^{n}x_i^d y_i^d-n\overline{x^d}\,\overline{y^d}}{\sum_{i=1}^{n}x_i^{d2}-n\overline{x^d}^2}=\frac{\sum_{i=1}^{n}\left(x_i^d-\overline{x^d}\right)\left(y_i^d-\overline{y^d}\right)}{\sum_{i=1}^{n}\left(x_i^d-\overline{x^d}\right)^2} \tag{8.9}$$

其中，$\left(x_i{}^d,y_i{}^d\right)$表示第 d 条假轨迹 traj_d 的第 i 个位置。

随后，将假轨迹的整体移动方向的斜率 l_{dummy} 与真实轨迹的整体移动方向的斜率 l 进行对比。如果斜率相近，则进行时间可达性和移动距离合理性的判断；如果不满足，则重新生成假轨迹。

2) 对假轨迹的每段路径进行时间可达性和移动距离合理性的检查

对任意第 d 条假轨迹 traj_d 的第 i 个位置和第 $i+1$ 个位置形成的路径进行时间可达性和移动距离合理性的检查。按照式(8.8)进行计算，即

$$\begin{cases}\left|\text{dis}\left\langle\text{loc}_i^d,\text{loc}_{i+1}^d\right\rangle-\text{dis}\left\langle\text{loc}_i^{\text{real}},\text{loc}_{i+1}^{\text{real}}\right\rangle\right|\leqslant\delta_{\text{d}}\\\left|\text{mapTime}\left\langle\text{loc}_i^d,\text{loc}_{i+1}^d\right\rangle-\text{mapTime}\left\langle\text{loc}_i^{\text{real}},\text{loc}_{i+1}^{\text{real}}\right\rangle\right|\leqslant\delta_{\text{t}}\end{cases} \tag{8.10}$$

如果不能满足式(8.10)，则表示该段路径不合理。记录下不满足要求的路径段数 num。如果有 $\text{num}>\delta\cdot(n-1)$，则表示该条轨迹中不满足时间可达性和移动距离合理性检查的路径数目过多，此时重新生成假轨迹。否则，该条轨迹为所生成的假轨迹。其中，δ_{d}、δ_{t} 和 δ 为检查阈值。

利用上述方案，直到生成 $K-1$ 条假轨迹。综上所述，本节所提的基于时空

关联的假轨迹生成算法如算法 8.3 所示。

算法 8.3　基于时空关联的假轨迹生成算法

输入：轨迹 $\text{traj}_{\text{real}} = \{\langle <\text{loc}_1{}^{\text{real}}(x_1{}^{\text{real}}, y_1{}^{\text{real}}), \text{time}_1\rangle, \cdots, \langle \text{loc}_n{}^{\text{real}}(x_n{}^{\text{real}}, y_n{}^{\text{real}}), \text{time}_n\rangle\}$ 和 K;

输出：轨迹集合 $\text{Trajs} = \{\text{traj}_1, \text{traj}_2, \cdots, \text{traj}_{K-1}, \text{traj}_K\}$;

计算轨迹 $\text{traj}_{\text{real}}$ 的斜率 l;

Trajs ← $\text{traj}_{\text{real}}$;

for i from 1 to k

依据现有的假名方案计算 $\text{LocSet}_1 = \{\text{loc}_1^1, \text{loc}_2^1, \cdots\}$ 和 $\text{LocSet}_n = \{\text{loc}_1^n, \text{loc}_2^n, \cdots\}$;

while(1)

　从 LocSet_1 和 LocSet_n 中分别选择 location_1 和 location_n;

　$l_{\text{slope}} = \dfrac{\text{location}_n \cdot y - \text{location}_1 \cdot y}{\text{location}_n \cdot x - \text{location}_1 \cdot x}$;

　if ($\left|\text{dis}\left\langle \text{loc}_1^d, \text{loc}_n^d \right\rangle - \text{dis}\left\langle \text{loc}_1^{\text{real}}, \text{loc}_n^{\text{real}} \right\rangle\right| \leqslant \delta_{\text{dis\_all}}$ &&

　$\left|\text{mapTime}\left\langle \text{loc}_1^d, \text{loc}_n^d \right\rangle - \text{mapTime}\left\langle \text{loc}_1^{\text{real}}, \text{loc}_n^{\text{real}} \right\rangle\right| \leqslant \delta_{\text{t\_all}}$ &&

　l_{slope} meets the requirement)

　　break;

　end if

end while

for j from 2 to $n-1$

　$r = \sqrt{\left(x_j - x_{j-1}\right)^2 + \left(y_j - y_{j-1}\right)^2}$;

　$r = r + \text{random}$;

　$\theta = \arccos\left(1 - \dfrac{d^2}{r^2}\right)$;

　计算 LocSet'_j，并从 LocSet'_j 中选择 location;

end for

for j form 1 to $n-1$

　计算 l_{dummy};

　if (l_{dummy} meets the requirements)

if ($\left|\text{dis}\left\langle \text{loc}_j^d, \text{loc}_{j+1}^d \right\rangle - \text{dis}\left\langle \text{loc}_j^{\text{real}}, \text{loc}_{j+1}^{\text{real}} \right\rangle\right| \leqslant \delta_{\text{d}}$ &&
$\left|\text{mapTime}\left\langle \text{loc}_j^d, \text{loc}_{j+1}^d \right\rangle - \text{mapTime}\left\langle \text{loc}_j^{\text{real}}, \text{loc}_{j+1}^{\text{real}} \right\rangle\right| \leqslant \delta_{\text{t}}$)
　　continue;
　end if
　else
　　$--j$;
end if
end for
获取 traj_i 且 Trajs $\leftarrow \text{traj}_i$;
end for
return Trajs;

8.4　方 案 分 析

当用户采用上述方案生成假轨迹时，首先拟合用户真实轨迹的整体移动方向，计算出真实轨迹的斜率。随后在假轨迹的起止位置的生成过程中，通过计算假轨迹起止点构成的斜率与真实轨迹斜率比，避免出现假轨迹与真实轨迹移动方向相反的情况。当斜率比不断接近于 1 时，就能保证虚假移动轨迹的整体方向与用户真实轨迹的移动方向平行，使得攻击者难以利用移动方向相似性识别出假轨迹。并且，本方案还能保证起止位置构成的路径能够在发布的时间间隔内可达，利用移动距离满足限制要求，使得用户在假轨迹与真实轨迹上具有相近的移动速度。这样可避免攻击者在获知用户采用某种交通工具时，利用该类交通工具的移动速度通过计算可达时间来识别出假轨迹。当为每条假轨迹生成中间位置时，首先生成候选假位置，保证任意两条轨迹不会出现交叉位置。使得轨迹集合中的各个位置的出入度均为 1。遵循上述原则对假轨迹进行合理轨迹比例段检查。攻击者从每个时刻观察到的位置数目即为轨迹的数量 K 。此时，用户真实轨迹的泄露率能够满足其位置隐私保护需求。通过式(8.5)和式(8.6)计算轨迹泄露概率为

$$P = \frac{\sum_{i=1}^{n} p_i}{n} = \frac{\frac{1}{K} \times n}{n} = \frac{1}{K}$$

综上所述，当恶意攻击者与用户具有相同的假轨迹识别能力时，用户采用

本方案能够有效地保护自己的真实轨迹。

8.5 实　　验

8.5.1 实验数据及平台

本章的算法采用 C++编程语言实现，实验环境为 Intel(R) Core(TM) i5-3470 @ 3.20GHz, 4GB 内存，程序运行在 Windows 7 环境下。实验所用的轨迹数据来自 Wikiloc[1] 网站，Wikiloc 网站是 2006 年推出的一个提供免费导航定位系统轨迹和位置的网站，只要注册成会员便可上传和共享自己的位置及轨迹信息。本实验中，轨迹前后两个位置之间的现实可达时间通过调用 Google 的地图接口获得。

首先在 Wikiloc 网站中选择城市中的运动轨迹进行下载，但网站所发布的轨迹包含了一些与实验工作无关的信息，如海拔，因此需要对轨迹进行处理后得到位置坐标及时间序列。然后根据自适应假轨迹生成算法[100] (adaptive dummy trajectory generation algorithm，ADTGA)生成假轨迹，以此得到假轨迹识别方案所需的轨迹集合。ADTGA 是目前较好的假轨迹生成算法，在假轨迹生成的过程中考虑了短期披露(short-term disclosure，SD)、长期披露(long-term disclosure，LD)和平均距离偏差(mean distance deviation，MDD)。最后，利用 8.2 节所提轨迹服务中的假轨迹识别方案对生成的轨迹集合中的轨迹进行识别。

对 8.2 节所提轨迹发布中基于时空关联的假轨迹隐私保护方案的有效性进行分析。首先从实验数据集中随机选择大量的轨迹作为用户真实移动轨迹。然后利用上述假轨迹生成方案生成假轨迹，形成轨迹集合。最后，利用 8.2 节提出的假轨迹识别方案对生成的轨迹进行识别，从而表明所提的基于时空关联的假轨迹隐私保护方案能有效保护用户的真实轨迹。

8.5.2 轨迹服务中的假轨迹识别方案实验分析

为了证明现有轨迹发布中基于假轨迹的隐私保护方案不能有效地保护用户隐私信息，在 8.2 节提出了一种假轨迹识别方案。下面通过实验说明本方案能够有效地识别假轨迹。

1 Wikiloc[EB/OL]. [2016-11-01]. http://www.wikiloc.com.

1. 时间可达性识别效果评估

如图 8.6 所示，图 8.6(a)为当满足时间可达性的路径占总路径段数不小于可疑轨迹段比例阈值 $\delta_{t\_all}=5/12$ 时，轨迹的误判率和假轨迹识别率随阈值 δ_t 的变化情况。图 8.6(b)为时间可达性识别阈值 $\delta_t=4/7$ 时，轨迹的误判率和识别率随满足时间可达性的路径占总路径段数的比例阈值 δ_{t_all} 的变化情况。

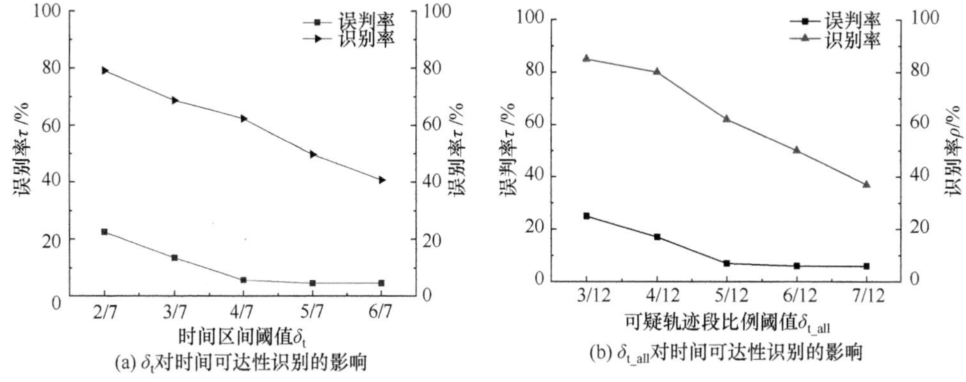

图 8.6　时间可达性识别效果评估

由图 8.6 可知，随着阈值 δ_t 和 δ_{t_all} 的增大，轨迹的误判率和识别率均越来越低。这是由于随着 δ_t 和 δ_{t_all} 的不断增大，时间区间不断变大，更多的假轨迹能够满足时间可达性识别的限制，这些轨迹不会被判定成假轨迹。因此，对于假轨迹的识别率下降，误判率也随着被识别为假轨迹的轨迹数量减少而降低。

对于假轨迹的识别方案，期望在误判率不宜太高的情况下能够有效地排除尽可能多的假轨迹。表 8.2 和表 8.3 分别给出随着 δ_t 和 δ_{t_all} 的变化，轨迹的误判率和假轨迹识别率的具体变化情况。

表 8.2　轨迹的误判率　(单位：%)

δ_t	δ_{t_all}				
	3/12	4/12	5/12	6/12	7/12
2/7	44.94	34.83	22.47	14.60	6.74
3/7	32.58	21.34	13.48	11.23	6.74
4/7	24.71	13.48	5.61	4.49	4.49
5/7	7.86	5.61	4.49	4.49	3.37
6/7	4.49	4.49	4.49	4.49	3.37
1	4.49	3.37	3.37	3.37	2.24

表 8.3　假轨迹识别率　(单位：%)

δ_t	δ_{t_all}				
	3/12	4/12	5/12	6/12	7/12
2/7	90.96	86.57	79.08	68.23	49.65
3/7	87.73	82.24	68.64	56.41	42.85
4/7	84.43	78.20	62.32	49.15	35.79
5/7	74.47	63.94	49.66	38.15	39.06
6/7	64.95	53.27	40.75	31.40	24.50
1	51.51	40.78	29.73	22.84	17.65

2. 出入度识别效果评估

出入度识别阈值δ_{out}和δ_{in}对出入度识别的影响如表 8.4 所示，本章设置阈值$\delta_{out}=\delta_{in}$。利用 ADTGA 生成假轨迹，每条假轨迹均是由真实轨迹以某个真实位置作为轴点旋转得到的。这种情况下生成的每条假轨迹均会与用户的真实轨迹相交。每产生一个交点就会带来真实轨迹出入度的增加，最终导致真实轨迹的出入度总是大于轨迹集合的平均出入度。综上可知，当出入度识别阈值$\delta_{out}=\delta_{in}\leqslant 1$时，误判率为 0；当$\delta_{out}=\delta_{in}>1$时，平均出入度与一个大于 1 的值相乘，乘积结果变大。此时会出现真实轨迹出入度小于平均出入度的情况，因此存在误判。

表 8.4　δ_{out}和δ_{in}对出入度识别的影响

$\delta_{out}=\delta_{in}$	误判率 τ /%	识别率 ρ /%
6/8	0	12.46
7/8	0	31.67
1	0	57.77
9/8	7.13	59.11
10/8	46.34	63.49

3. 识别效果综合评估

综合评估中整体考虑时间可达性识别方案和出入度识别方案，具体实验结果如图 8.7 所示。

通过表 8.4 可知，当$\delta_{out}=\delta_{in}=1$时，出入度识别具有较高的识别率且误判率为 0，因此，此处将出入度阈值设为 1。从图 8.7 中可以发现，当$\delta_t=2/7$、

$\delta_{t_all}=5/12$时，所提轨迹服务中的假轨迹识别方案的误判率仅为 23%，同时能够识别出 85%的假轨迹。换言之，现有基于假轨迹隐私保护方案仅能以 15%的成功率保护用户的轨迹隐私。

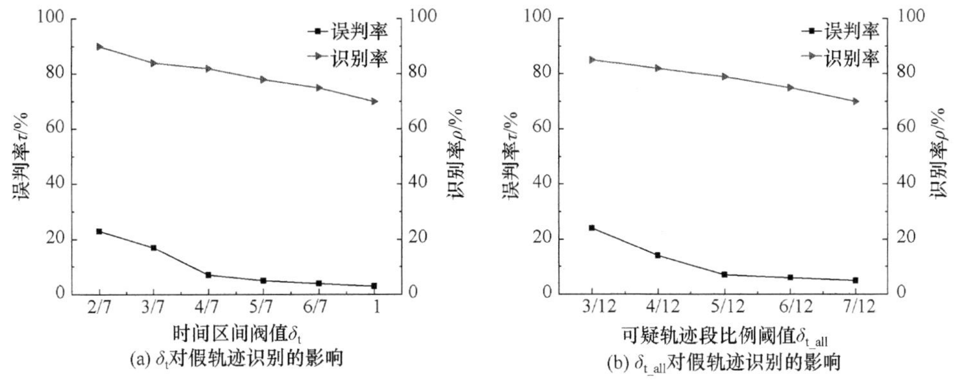

(a) δ_t对假轨迹识别的影响

(b) δ_{t_all}对假轨迹识别的影响

图 8.7　假轨迹识别方案综合评估

8.5.3　假轨迹隐私保护方案实验分析

针对 8.2 节提出的假轨迹识别方案，8.3 节提出了轨迹发布中基于时空关联的假轨迹隐私保护方案，该方案考虑了轨迹整体方向相似性、时间可达性及路程合理性路径段所占比例和轨迹集合中各个位置出入度几个因素，通过 8.2.2 小节提出的轨迹隐私度量标准证明该方案能够有效地保护用户的轨迹隐私。

1. 轨迹数量 K 对轨迹泄露概率的影响

利用 8.2 节提出的假轨迹识别方案对本方案生成的轨迹集合进行识别，通过实验结果说明本方案的有效性。在这部分实验中设置 $\delta_{out}=\delta_{in}=1$，$\delta_t=5/7$，$\delta_{dis\_all}=5/12$。利用时空关联性识别后剩余的轨迹数量的对比实验结果如图 8.8 所示。当恶意攻击者利用单条轨迹中的时空关联性，以及轨迹集合中各条轨迹之间的时空关联性对轨迹进行识别后，不能减少轨迹集合中的轨迹数量。此时真实轨迹隐私保护水平能够满足用户的需求，仍为$1/K$。然而攻击者采用上述假轨迹识别方案对利用 ADTGA 生成的假轨迹进行识别时，最好的情况是 $K=15$ 和 $K=18$，剩下 2 条轨迹未被识别出。用户的真实轨迹被识别的概率增加到 1/3，远大于 1/15 和 1/18。

2. 轨迹数量 K 对轨迹相似度的影响

轨迹的移动方向相似度表现了假轨迹与真实轨迹的轮廓相似程度，能在一

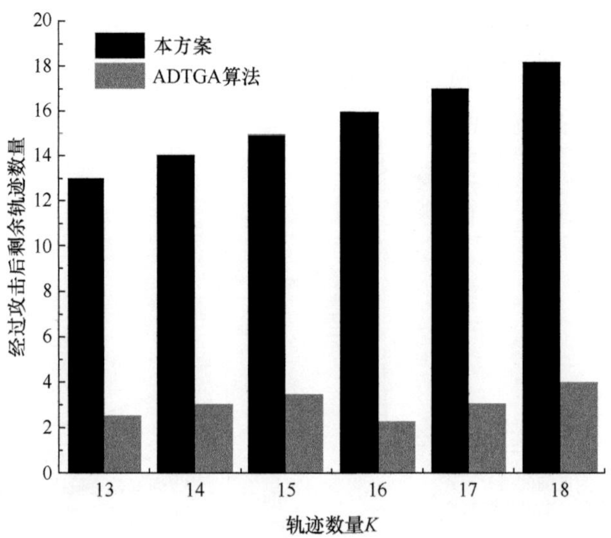

图 8.8　利用时空关联性识别后剩余的轨迹数量

定程度上反映用户真实轨迹的隐私保护级别。由图 8.9 所示的轨迹数量 K 对轨迹相似度的影响的实验结果可知，随着 K 值的变化，采用本方案所生成的轨迹集合的相似度 σ 几乎稳定不变，平均距离偏差(mean distance deviation)值均保持在 0.5 以下。通过 8.3 节可知，相似度 σ 越低，轨迹集合中各条轨迹之间的运动方向越相似，恶意攻击者就越难通过轨迹的整体移动方向从轨迹集合中识别出假轨迹。

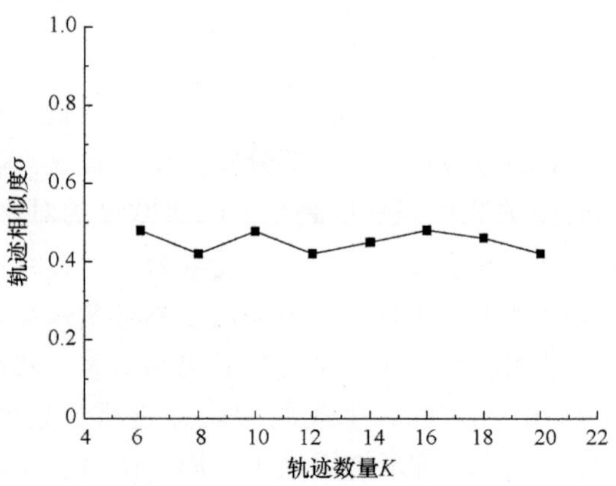

图 8.9　K 对轨迹相似度的影响

3. 轨迹数量 K 对方案运行时间的影响

最后，简要分析轨迹数量 K 对本章所提出的基于时空关联的假轨迹隐私保护方案在计算开销上的影响。K 值对方案运行时间的影响的实验结果如图 8.10 所示，K 表示假轨迹数量，随着 K 值的增长，本方案所需的计算时间也随之增加。即使 K 值增加至 20，本方案成功为用户生成假轨迹所需的计算时间也仅为 0.38s，低于现有的 ADTGA 方案。由此可知，本方案具有较低的时间开销和良好的可用性。

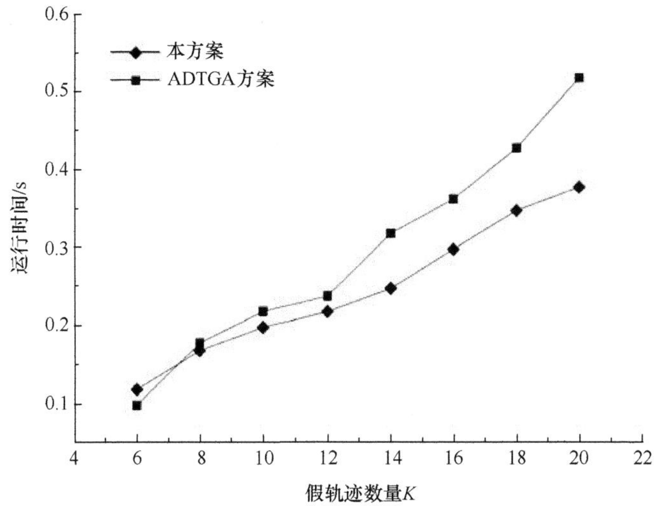

图 8.10　假轨迹数量 K 对方案运行时间的影响

综上所述，本方案不仅具有较低的计算开销，与现有假轨迹隐私保护方案相比，在时空关联性上还能够有效地混淆真实轨迹与假轨迹，从而实现保护轨迹发布中用户轨迹隐私的目的。

8.6　结　　论

考虑到轨迹信息更加容易对用户的隐私造成威胁，而现有的位置隐私保护方案忽略了轨迹中各个位置的联系，不能直接用于轨迹隐私保护。现有的轨迹隐私保护方案存在着各种问题，并且不能有效地保护轨迹隐私安全不被泄露。综上所述，本章对轨迹发布中的隐私保护问题进行仔细的研究和探索。由于采用独立式模型的假轨迹隐私保护方案具有诸多优势，本章首先针对现有假轨迹隐私保护普遍存在的问题，提出一种轨迹服务中的假轨迹识别方案，并通过实验证明现有假轨迹隐私保护方案并不能满足用户的位置隐私需求。具体而言，利用地图背景知识，恶意攻击者可以通过分析轨迹信息的时空关系，识别出轨迹集合中的假轨迹，从而使用户轨迹的隐私保护水平大幅下降，提高推测出用户真实轨迹的概率。随后，针对上述假轨迹识别方案，提出一种基于时空关联的假轨迹隐私保护方案。要求生成的假轨迹与用户真实轨迹具有相似的整体方向和时空关系，从而混淆真实轨迹与假轨迹，使得攻击者不能推测出真实轨迹。主要从轨迹的整体方向、轨迹中相邻位置时间可达性及移动距离合理性路径所占的比例、出入度三个因素限制假轨迹的生成，从而满足用户的位置隐私需求。经过安全性分析与实验仿真验证，本章所提的基于时空关联的轨迹隐私保护方案在具有较低计算开销的同时，能够保证轨迹集合中的假轨迹不被识别，有效地保护轨迹发布中的用户轨迹隐私安全。

第 9 章　基于查询范围的 *K* 匿名区构造方案

9.1 引　　言

K 匿名技术具有用户计算开销小、查询结果准确等优势，已广泛应用于位置隐私保护领域。在现实生活中，查询附近的兴趣点，如查询周围 500m 内的餐馆、医院等是用户最常使用的一种 LBS 查询。然而，当采用 *K* 匿名方法保护上述查询中用户的位置隐私时，如果匿名服务器生成的匿名区面积过大，将会增加 LSP 的查询开销，导致服务质量降低。现有的解决方法[151,152]均是通过去除区域内不包含用户的部分，以得到 n 个不相交的子匿名区，使匿名区面积减小，从而提高服务质量，如图 9.1 所示。然而，在基于 *K* 匿名的 LBS 查询中，服务质量不仅与匿名区的大小有关，也与用户的查询范围有关。如果使用现有方法构造匿名区，不仅不能有效地提高服务质量，甚至还会出现进一步降低服务质量的情形。如图 9.2 所示，当采用现有匿名区划分方法对初始匿名区进行划分，LSP 会对部分区域内的兴趣点进行重复查询，从而降低服务质量，通过实验也证明了这一观点。

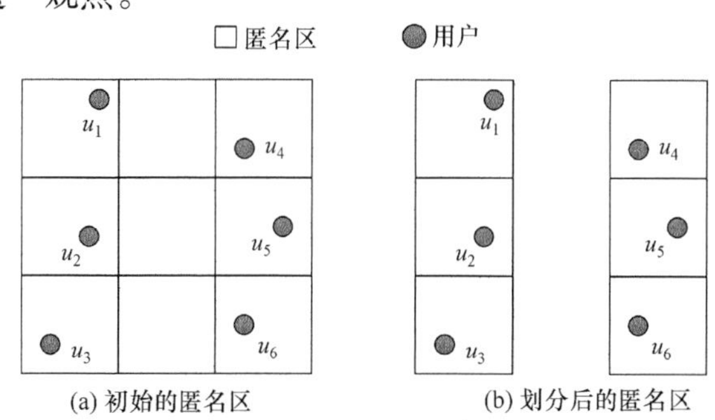

(a) 初始的匿名区　　(b) 划分后的匿名区

图 9.1　现有的匿名区的划分方法

为解决上述问题，本章提出了基于查询范围的 *K* 匿名区构造方案。在本方案中，匿名服务器首先根据用户的位置隐私保护需求生成 *K* 个初始子匿名区，并根据其对应的查询区域进行匿名区合并，使得最终提交给 LSP 的匿名区在不降低用户隐私保护等级的同时，减少 LSP 的查询开销，提高服务质量。据知本方案是第一个基于用户查询范围构造匿名区的 *K* 匿名位置隐私保护方案。本章的主要内容如下：

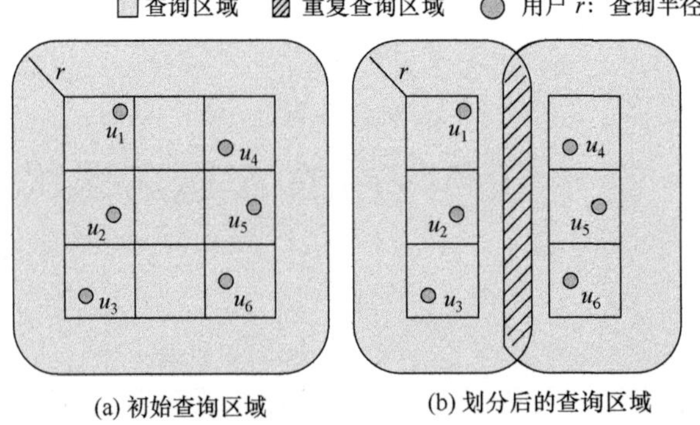

图 9.2　附近兴趣点的查询区域

(1) 从理论上分析得出，现有匿名区划分方法不能降低 LSP 的查询开销并提高服务质量，可通过实验进行证明。

(2) 以查询区域面积为子匿名区合并判断标准，提出一种基于用户查询范围的匿名区构造方案。安全性分析表明，本方案构造的匿名区能有效地保护用户的位置隐私。

(3) 大量实验表明，本方案在不给匿名服务器带来较大计算开销的同时，能有效地降低 LSP 的查询开销，从而提高 LBS 查询的服务质量。

9.2　设 计 思 想

9.2.1　系统架构

本方案采用集中式系统结构，如图 9.3 所示，该结构由用户、匿名服务器和 LSP 三部分组成。其中，匿名服务器由代理服务器担当，要求其是完全可信的。

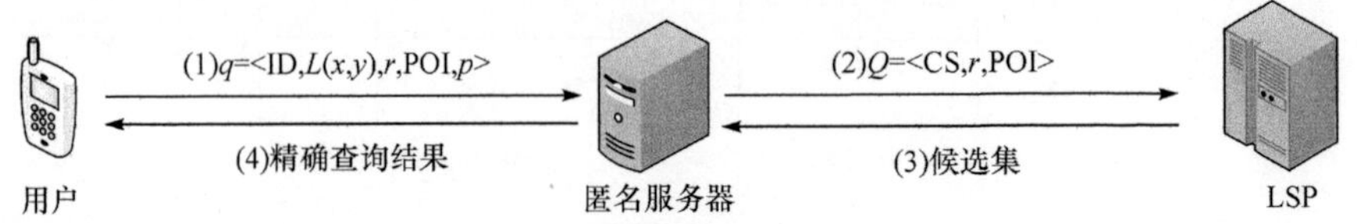

图 9.3　集中式系统结构

本方案假设用户与匿名服务器之间存在安全的通信信道，以保证用户与匿名服务器通信内容的安全。当用户查询附近的兴趣点时，首先将用户的查询请求 $q=<\mathrm{ID},L(x,y),r,\mathrm{POI},p>$ 通过安全信道发送给可信的匿名服务器。其中，ID 表示用户的身份；$L(x,y)$ 表示用户的位置坐标；r 表示用户的查询范围；POI 表示用户查询的兴趣点；$p=(K,A_{\min})$ 表示用户的位置隐私保护需求，K 表示

匿名区中至少包含 $K-1$ 个其他用户， $A_{\min}$ 表示匿名区的最小面积。

可信的匿名服务器收到用户请求后通过认证确定其身份，并根据用户的位置隐私保护需求 $p=(K,A_{\min})$，执行匿名算法寻找到其他 $K-1$ 个用户，构造出面积不小于 $A_{\min}$ 的匿名区，并将匿名化处理后得到的匿名查询请求 $Q=<\mathrm{CR},\mathrm{POI}>$ 发送给半可信的 LSP。其中，CR 表示构造的匿名区。

LSP 收到匿名服务器发送的匿名查询请求后，根据匿名区 CR 、查询半径 r 确定的查询范围和查询的兴趣点 POI 检索数据库，并将对应的查询结果作为候选集返回给匿名服务器。匿名服务器收到 LSP 发送的候选集后，根据请求用户的位置 $L(x,y)$ 和查询半径 r 确定的查询范围对查询结果进行精拣，将准确的查询结果返回给用户。

9.2.2　攻击模型

本章假定 LSP 为攻击者，是诚实而好奇的。诚实是指 LSP 会根据用户的请求返回相应正确的结果，不存在返回错误结果的可能；好奇是指 LSP 可能会根据匿名请求包含的信息推测用户的隐私，其中包括用户的身份信息和位置信息。攻击者具有身份关联攻击、区域面积攻击、中心点攻击和求交集攻击四种攻击能力。

1) 身份关联攻击

攻击者获取用户的匿名请求后，试图将用户身份与匿名请求相关联。当匿名区内包含的用户数小于 K 时，攻击者能够将用户身份与匿名请求关联的概率大于 $1/K$，用户的隐私需求无法得到满足，甚至当用户数等于 1 时，攻击者可以推测出请求用户真实的身份。

2) 区域面积攻击

攻击者获取用户的匿名请求后，试图推测出请求用户真实的位置信息。当匿名用户距离较近时，虽然匿名区满足 K 匿名，但存在区域面积较小的情况，甚至可能为一个点。此时，攻击者虽然无法推测出请求用户的身份，但能够以较大概率推测出请求用户的位置信息。

3) 中心点攻击

部分匿名区构造方案通过寻找距离请求用户最近的 $K-1$ 个用户参与匿名，使请求用户的位置以较高的概率出现在匿名区的中心区域。此时，攻击者可以将请求用户的位置缩小到一定范围，甚至推测出请求用户真实的位置信息。

4) 求交集攻击

当用户连续请求服务时，需要不断地报告自己的位置给 LSP。虽然用户的位置被匿名服务器模糊化为一个匿名区，但攻击者通过获取不同时刻的匿名区并将匿名区内的用户集合求交集，以缩小用户集合的范围，甚至推测出发送请求的移动用户，这被称为求交集攻击。

如图 9.4 所示，当用户的位置隐私需求 $K=4$ 时，t_0 时刻构造的匿名区包含的用户集合为 $\{u_0,u_1,u_2,u_4\}$，t_1 时刻构造的匿名区包含的用户集合为 $\{u_0,u_1,u_2,u_3\}$，t_2 时刻构造的匿名区包含的用户集合为 $\{u_1,u_3,u_4,u_5\}$，尽管每次请求均满足 K 匿名，但是攻击者通过观察可以发现，3 次匿名集合包含的共同用户只有 u_1，则可以推测出 u_1 即为发送请求的用户。

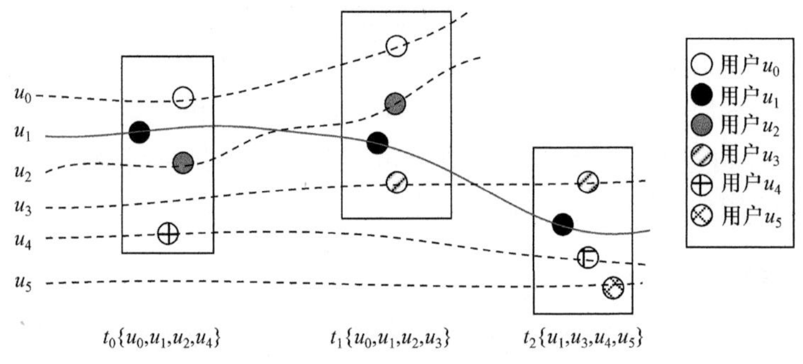

图 9.4　求交集攻击示例

9.2.3　服务质量

本方案能有效提高 K 匿名的服务质量。服务质量主要从两个方面进行度量：LSP 的查询开销和用户获取服务的时延。通过下述分析可知，这两个方面均与 LSP 的查询区域面积有关。

1) LSP 的查询开销

LSP 的查询开销是指 LSP 收到用户的匿名请求后，检索数据库并返回候选集所需要的系统开销，包括 CPU 的占用、磁盘读写速度等方面。LSP 的查询开销不是由匿名区面积决定，而是由 LSP 的查询区域面积决定。

当 LSP 收到用户的匿名请求后，会根据用户的查询范围、查询兴趣点的属性及构造的匿名区对数据库进行检索，检索的区域即为查询区域。查询区域是指与匿名区距离为 r 的边界所构成的区域，如图 9.5 所示，阴影部分为匿名区，虚线部分为 LSP 的查询区域，r 表示用户的查询半径，$L(x,y)$ 表示请求用户的位置坐标。

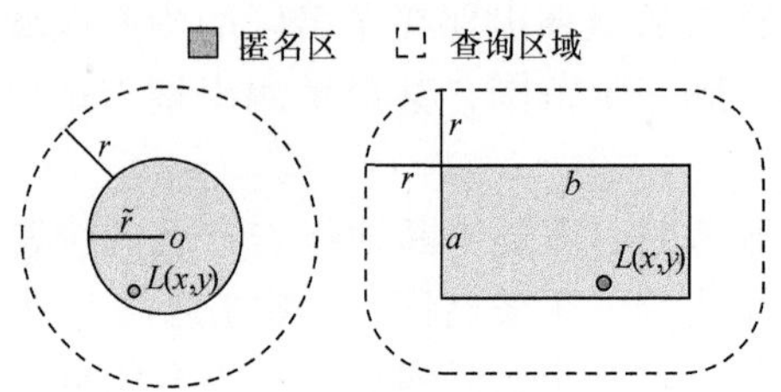

图 9.5　LSP 的查询区域

为了保证用户获取准确的服务，用户查询请求的结果需包含在候选集中。但对于 LSP 来说，匿名区中任意一点都可能是用户的位置，因此返回的候选结果为匿名区内所有位置对应的服务结果的并集，即查询区域内的兴趣点。由此可见，LSP 的查询开销与查询区域的面积有关，查询区域的面积越大，LSP 检索兴趣点的时间就越长。

观察图 9.5 可以发现，通过匿名区的大小、形状及用户的查询半径 r 可计算出查询区域面积。

当匿名区为圆形时，LSP 查询区域面积的计算公式为 $\pi\times\left(r+\tilde{r}\right)^2$。其中，$\tilde{r}$ 表示圆形匿名区的半径。当匿名区为矩形时，LSP 查询区域面积的计算公式为 $a\times b+2\times\left(a+b\right)\times r+\pi r^2$。其中，$a$ 和 b 表示矩形匿名区的边长。

由上述分析可知，LSP 的查询开销与查询区域面积有关。为提高 K 匿名的服务质量，现有解决方案试图通过缩小匿名区的大小来减少 LSP 的查询开销。但 LSP 的查询开销不仅与匿名区的大小有关，还与用户的查询范围有关。因此现有解决方案不能有效减少 LSP 的查询开销和提高 K 匿名的服务质量，甚至还会出现进一步降低服务质量的情况。

2) 用户获取服务的时延

用户获取服务的时延是指用户从发送服务请求到获取查询结果所需的时间，主要受匿名服务器的匿名时间、通信传输时间、响应时间和精简时间的影响。

匿名服务器的匿名时间：匿名服务器根据用户的位置隐私需求及所执行的方案，构造匿名区所需的时间。该时间不仅与选取的匿名方案相关，同时也与地理空间上用户的分布有关，当用户之间分布较远，匿名服务器寻找参与匿名用户所需的时间也就越长。

通信传输时间：匿名服务器与 LSP 通信时，数据在通信信道上传输所需的时间，包括匿名服务器将匿名请求发送给 LSP 所需的时间和 LSP 将候选集返回给匿名服务器所需的时间。

响应时间：即 LSP 查询处理的时间。LSP 收到匿名请求后，需要根据用户的查询范围、查询的兴趣点及匿名区对数据库进行检索，从而得到候选集。该时间主要受查询区域面积的影响，面积越大，检索时间越长。

精简时间：匿名服务器对候选集进行优化时，根据请求用户的位置和查询范围从候选集中选取用户请求对应查询结果所需的时间。该时间主要受兴趣点分布的影响，兴趣点分布越密集，候选集越大，匿名服务器精简时间越长。

由于通信传输时间受信道带宽的影响、精简时间受兴趣点分布的影响，难以测量。并且当通信环境、兴趣点分布不发生变化时，本方案的通信传输时间、精简时间略小于现有 K 匿名方案，不会影响本方案有效性的验证。因此，本方案中用户获取服务的时延主要通过匿名服务器的匿名时间和 LSP 的响应时间来衡量。

9.3 方案设计

9.3.1 初始阶段

本章提出的基于查询范围的匿名区构造方案基于现有 K 匿名方案进行处理，因此初始阶段选取任意 K 匿名方案构造匿名区，并将其作为处理阶段的输入。具体工作为设定用户的位置隐私保护需求 $p=\{K,A_{\min}\}$，并采用现有任意的 K 匿名方案，寻找其余 $K-1$ 个用户参与匿名，构造匿名区。根据采用 K 匿名方案的不同，匿名区分为圆形匿名区和矩形匿名区。其中，隐私值 K 表示匿名区中应包含用户的最小个数，使请求用户的身份至少与 $K-1$ 个匿名用户混淆；隐私值 $A_{\min}$ 表示子匿名区的最小面积，使用户的位置至少与 $A_{\min}$ 大小的区域相混淆。

9.3.2 处理阶段

处理阶段负责完成匿名区的处理工作。通过对匿名区进行处理，在保证用户隐私安全的前提下，使 LSP 的查询区域面积减少，从而提高 K 匿名的服务质量。如图 9.6 所示，处理阶段的输入为初始阶段生成的匿名区，输出为经过处理后得到的 n 个子匿名区，子匿名区的形状与输入的匿名区形状相同。其中，n 值的大小与子匿名区集合(cloaking region set, CS)的更新次数有关，初始值为 K，CS 每完成一次更新，n 值减 1。处理阶段主要分两个步骤：子匿名区集合 CS 的生成和子匿名区集合 CS 的更新。

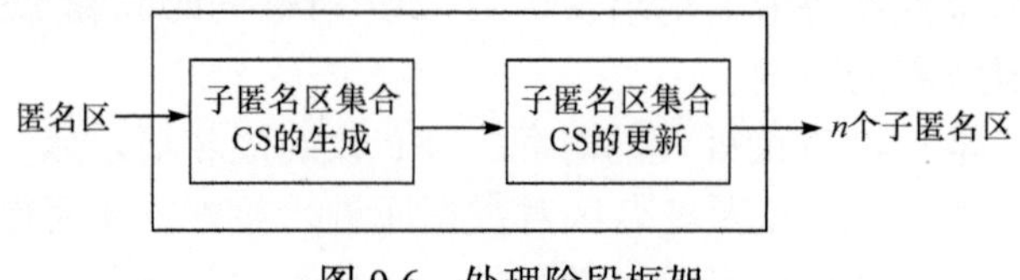

图 9.6 处理阶段框架

1. 子匿名区集合 CS 的生成

在子匿名区集合 CS 的生成阶段，匿名服务器首先检索匿名区，获取匿名用户 $u_0,u_1,\cdots,u_{K-1}$ 的位置信息 $L_0(x_0,y_0),L_1(x_1,y_1),\cdots,L_{K-1}(x_{K-1},y_{K-1})$，并根据检索得到的位置信息，为每个用户生成一个区域，即子匿名区。最终得到子匿名

区的集合 $\mathrm{CS}=\{\mathrm{AR}_0,\mathrm{AR}_1,\cdots,\mathrm{AR}_{K-1}\}$。为保证攻击者即使得到子匿名区，也推测不出用户的具体位置，需将用户随机分布在子匿名区内。对于每个子匿名区，应保证区域形状与输入的匿名区形状相同，区域面积不小于 $A_{\min}$，且匿名用户不处于区域的中心位置，即

$$\begin{cases}\mathrm{centre}(\mathrm{AR}_i)\neq L_i(x_i,y_i)\\ \mathrm{Area}(\mathrm{AR}_i)=A_{\min}\end{cases}\tag{9.1}$$

其中，AR_i 表示包含第 i 个位置 $L_i(x_i,y_i)$ 的子匿名区，$0\leqslant i\leqslant K-1$，$L_0(x_0,y_0)$ 表示发送服务请求用户的位置；$\mathrm{centre}(\mathrm{AR}_i)$ 表示子匿名区 AR_i 的中心位置；$\mathrm{Area}(\mathrm{AR}_i)$ 表示子匿名区 AR_i 的面积。

匿名服务器生成子匿名区集合 CS 后，根据用户的查询范围 r 计算 CS 中子匿名区 AR_i 对应的查询区域 QAR'_i 的面积。

2. 子匿名区集合 CS 的更新

匿名服务器通过计算子匿名区集合 CS 中任意两个子匿名区合并后对应的查询区域面积，并以此为依据完成对 CS 的更新操作。为了有效减小查询区域面积，降低 LSP 检索兴趣点的开销，子匿名区集合 CS 更新结束后，应保证子匿名区 AR'_i 对应的查询区域 QAR_i 的面积之和最小，即

$$\min\sum_{i=0}^{n-1}S(\mathrm{QAR}'_i)\tag{9.2}$$

其中，QAR'_i 表示子匿名区集合 CS 更新完成后的第 i 个子匿名区，$0\leqslant i\leqslant n-1$；$0\leqslant n\leqslant K$。匿名服务器迭代执行 CS 的更新操作，直至不满足更新条件。具体步骤包括：从子匿名区集合 CS 中筛选出两个子匿名区 AR_x 和 AR_y，以及判断是否对子匿名区集合 CS 进行更新。

1) 从子匿名区集合 CS 中筛选出两个子匿名区 AR_x 和 AR_y

选取集合 CS 中子匿名区两两进行合并。设在子匿名区集合 CS 中，第 i 个子匿名区 AR_i 和第 j 个子匿名区 AR_j 合并形成了新的子匿名区 $\mathrm{AR}_{i,j}$。$\mathrm{AR}_{i,j}$ 不仅包含 AR_i 和 AR_j 中所有的匿名用户，区域形状也与 AR_i 和 AR_j 相同，并保证 $\mathrm{AR}_{i,j}$ 的区域面积不小于 $A_{\min}$，参与匿名的用户均不在子匿名区 $\mathrm{AR}_{i,j}$ 的中心位置，即

$$\begin{cases}\mathrm{centre}(\mathrm{AR}_{i,j})\neq L_i(x_i,y_i)\\ \mathrm{centre}(\mathrm{AR}_{i,j})\neq L_j(x_j,y_j)\\ \mathrm{Area}(\mathrm{AR}_{i,j})\geqslant A_{\min}\end{cases}\tag{9.3}$$

如图 9.7 所示，子匿名区 AR_i 与 AR_j 合并为子匿名区 $AR_{i,j}$。$AR_{i,j}$ 不仅包含子匿名区 AR_i 中的匿名用户 u_1、u_2，也包含子匿名区 AR_j 中的匿名用户 u_3，$AR_{i,j}$ 的区域形状为圆形，与 AR_i、AR_j 的形状相同，匿名用户 u_1、u_2、u_3 均不处于子匿名区的中心位置。虽然图 9.7 为圆形子匿名区合并示例，但本方案不仅限于圆形匿名区，对矩形匿名区也适用。

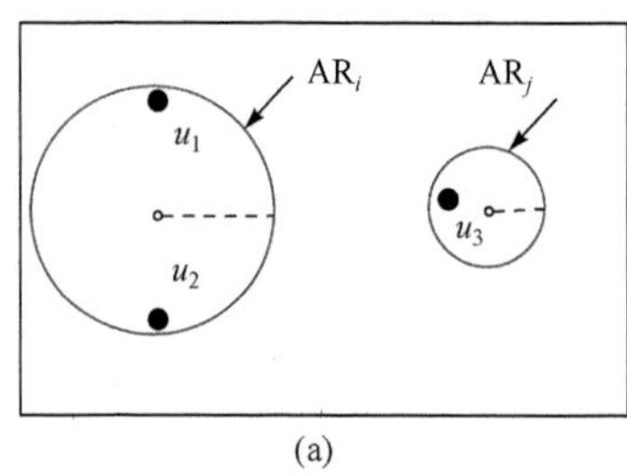

(a)

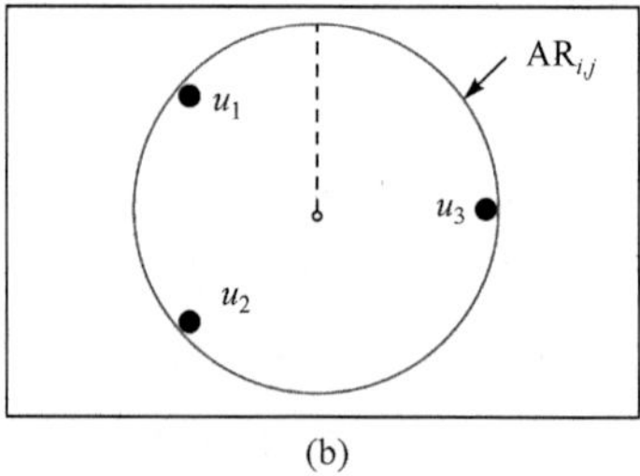

(b)

图 9.7　圆形子匿名区合并示例

子匿名区合并完成后，计算子匿名区 $AR_{i,j}$ 对应的查询区域面积 $S(QAR_{i,j})$，计算公式详见 9.2.3 小节。并从查询区域面积集合 $\{S(QAR_{i,j})| 0\leqslant i\leqslant k, 0\leqslant j\leqslant k, i\neq j\}$ 中挑选出最小值，其对应的子匿名区即为 $AR_{x,y}$，由 $AR_{x,y}$ 得出第 x 个子匿名区 AR_x 和第 y 个子匿名区 AR_y，其中 x 为 i 的一个特定取值，y 为 j 的一个特定取值。

2) 判断是否对子匿名区集合 CS 进行更新

为保证本方案能有效减小 LSP 的查询区域，避免出现查询区域面积增大的情况，需要比较 AR_x、AR_y 合并前后的查询区域面积，以此判断是否对子匿名区集合 CS 进行更新：

若 $S(QAR_x)+S(QAR_y)\leqslant S(QAR_{x,y})$，则不执行子匿名区集合 CS 的更新操作；

若 $S(QAR_x)+S(QAR_y)>S(QAR_{x,y})$，则更新子匿名区集合 CS，即将子匿名区 AR_x 和 AR_y 替换为 $AR_{x,y}$，其中 $S(QAR_x)$ 表示 AR_x 的查询区域面积、$S(QAR_y)$ 表示 AR_y 的查询区域面积，$S(QAR_{x,y})$ 表示 $AR_{x,y}$ 的查询区域面积。

重复执行子匿名区 CS 的更新操作，直至不满足更新条件。此时，子匿名区集合 $CS=\{AR'_0, AR'_1, \cdots, AR'_{n-1}\}$，即完成了对匿名区的构造。最终得到的子匿名区集合 CS 由 n 个子匿名区构成，其中 AR_0 表示组成匿名区的第 0 个子匿名区。

本方案中，匿名服务器选择合并后对应的查询区域面积最小的子匿名区 AR_x 和 AR_y 进行 CS 的更新判断，因此在每次子匿名区集合 CS 更新完成后，均会得到查询面积最小的子匿名区 $\mathrm{AR}_{x,y}$。通过比较 AR_x 和 AR_y 合并前后对应的查询区域面积判断是否对CS进行更新，避免出现查询区域面积增大、服务质量降低的情况。因此，当匿名服务器采用本方案完成匿名时，构造的匿名区 $\mathrm{CS}=\{\mathrm{AR}'_0,\mathrm{AR}_1,\cdots,\mathrm{AR}'_{n-1}\}$ 能确保其对应的查询面积最小，即 $\min\sum_{i=0}^{n-1}S(\mathrm{QAR}'_i)$

综上所示，基于查询范围的 K 匿名区构造方案如算法 9.1 所示。

算法 9.1 基于查询范围的 K 匿名区构造方案

输入：K 个位置 $L_0(x_0,y_0),\cdots,L_{K-1}(x_{K-1},y_{K-1})$，查询范围 r，隐私需求 $A_{\min}$；
输出：子匿名区域集合 CS；

---

1. **for** each $i=0$ to $K-1$ do　　//子匿名区域集合 CS 的生成
2. 　　$\mathrm{AR}_i \leftarrow \mathrm{Gen}(L_i(x_i,y_i))$ 使得
　　$\mathrm{centre}(\mathrm{AR}_i) \neq L_i(x_i,y_i)$ 且 $\mathrm{Area}(\mathrm{AR}_i)=A_{\min}$；
3. 　　$\mathrm{CS} \leftarrow \mathrm{AR}_i$；
4. 　　$\mathrm{QAR}_i \leftarrow \mathrm{Gen}(\mathrm{AR}_i,r)$ 并计算 $S(\mathrm{QAR}_i)$；
5. **end for**
6. **while** IsUpdate(CS) do　　//子匿名区域集合 CS 的更新
7. 　　**for** each $\mathrm{AR}_i,\mathrm{AR}_j$ from CS and $i \neq j$
8. 　　　　$\mathrm{AR}_{i,j} \leftarrow \mathrm{Gen}(\mathrm{AR}_i,\mathrm{AR}_j)$ 使得
　　　　$\mathrm{Area}(\mathrm{AR}_{i,j}) \geqslant A_{\min}$ 且
　　　　$\mathrm{centre}(\mathrm{AR}_{i,j}) \neq L_i(x_i,y_i)$，同时 $\mathrm{centre}(\mathrm{AR}_{i,j}) \neq L_j(x_j,y_j)$；
9. 　　　　$\mathrm{QAR}_{i,j} \leftarrow \mathrm{Gen}(\mathrm{AR}_{ij},r)$ 并计算 $S(\mathrm{QAR}_{i,j})$；
10. 　　**end for**
11. 　　**select** $\mathrm{AR}_x,\mathrm{AR}_y$ from CS let
　　　　$S(\mathrm{QAR}_{x,y})=\arg\min\{S(\mathrm{QAR}_{i,j})\}$；
12. 　　**if** $S(\mathrm{QAR}_x)+S(\mathrm{QAR}_y)>S(\mathrm{QAR}_{x,y})$
13. 　　　　从 CS 中删除 $\mathrm{AR}_x,\mathrm{AR}_y$；
14. 　　　　$\mathrm{CS} \leftarrow \mathrm{AR}_{x,y}$；
15. 　　**end if**
16. **end while**
17. **return** CS

9.4 方 案 分 析

本节从安全性和时间复杂度两方面进行理论分析。分析表明，本章所提方案能够抵御各种攻击，具有较高的安全性，可以满足用户的位置隐私需求；同时，算法的时间复杂度较低，不会给匿名服务器带来较大开销。

9.4.1 安全性分析

本章提出基于查询范围的 K 匿名区构造方案，具有较高的安全性。以下针对 9.2.2 小节定义的攻击模型，从抵御攻击能力方面进行安全性分析，并与现有的 K 匿名方案进行横向对比。

1. 抵御攻击能力分析

1) 身份关联攻击

抵御身份关联攻击的关键是匿名区满足 K 匿名。当匿名区包含的用户数大于等于 K 时，如果攻击者推测出请求用户真实身份的概率不超过 $1/K$，那么认为能够抵御身份关联攻击。在本方案中，匿名服务器获取 K 个匿名用户的位置信息，并为每个用户随机生成子匿名区，使得最终构造的子匿名区集合 $\mathrm{CS}'=\{\mathrm{AR}_0',\mathrm{AR}_1,\cdots,\mathrm{AR}_{n-1}'\}$ 仍包含 K 个匿名用户，从而实现 K 匿名。并且匿名服务器在发送匿名请求时，会去除用户的身份标识，即使攻击者获取匿名查询请求 $Q=<\mathrm{CS},r,\mathrm{POI}>$，也无法推测出请求用户的身份。因此，本方案能有效抵御身份关联攻击。

2) 区域面积攻击

抵御区域面积攻击的关键是匿名区满足 $A_{\min}$。当匿名区面积大于等于 $A_{\min}$ 时，如果攻击者推测出请求用户位置的概率不超过 $1/A_{\min}$，那么认为能够抵御区域面积攻击。本方案在生成子匿名区集合 CS 时，每个子匿名区 AR_i 的面积等于用户位置隐私需求匿名区的最小面积 $A_{\min}$。然而，本方案在执行子匿名区集合 CS 的更新操作时，子匿名区 $\mathrm{AR}_{x,y}$ 仍满足 $\mathrm{Area}(\mathrm{AR}_{x,y})\geqslant A_{\min}$，使得最终构造的子匿名区集合 $\mathrm{CS}'=\{\mathrm{AR}_0',\mathrm{AR}_1,\cdots,\mathrm{AR}_{n-1}'\}$ 满足匿名区的最小面积 $A_{\min}$，攻击者无法推测出用户的真实位置，因此本方案能够抵御区域面积攻击。

3) 中心点攻击

抵御中心点攻击的关键是匿名用户不以较高的概率处于区域的中心位置。当匿名用户不处于中心位置时，认为能够抵御中心点攻击。本方案在生成子匿名区集合 CS 时，每个子匿名区 AR_i 满足 $\mathrm{centre}(\mathrm{AR}_i)\neq L_i(x_i,y_i)$；在执行子匿名区集合 CS 的更新操作时，子匿名区 $AR_{x,y}$ 满足 $\text{centre}\left(AR_{i,j}\right) \neq L_i\left(x_i, y_i\right)$ 和 $\text{centre}\left(AR_{i,j}\right) \neq L_j\left(x_i, y_i\right)$，使得最终构造的子匿名区集合 $CS' = \left\{AR'_0, AR_1, \cdots, AR'_{n-1}\right\}$ 的中心不存在匿名用户，攻击者无法推测出用户的真实位置。因此，本方案能够抵御中心点攻击。

4) 求交集攻击

抵御求交集攻击的关键是匿名集合具有共同用户。当共同用户数大于等于 K 时，攻击者无法从 K 个共同用户中推测出真实请求的用户，认为能够抵御求交集攻击。本方案将第一次请求的匿名用户作为共同用户，根据 K 个共同用户的位置信息构造出匿名区，使得每次请求构造的匿名区均包含这 K 个共同用户，攻击者无法缩小用户集合的范围。本方案通过生成多个子匿名区实现匿名，不存在匿名区呈爆炸式增长。因此，本方案能够抵御求交集攻击。

2. 安全性对比

本小节将本方案与 Casper 方案[5]、Hilbert 方案[143]、KAA 方案[12]和第 3 章提出的 DALP 方案的安全性进行对比，结果如表 9.1 所示。其中，“Y”表示可以抵抗相应的攻击；而“N”则表示不能抵抗。

表 9.1 安全性对比

方案	身份关联攻击	区域面积攻击	中心点攻击	求交集攻击
Casper 方案	Y	Y	Y	N
Hilbert 方案	Y	N	Y	N
KAA 方案	Y	N	Y	N
DALP 方案	Y	Y	Y	N
本方案	Y	Y	Y	Y

Casper 方案采用四叉树的思想构造匿名区，通过迭代检索的方式实现 K 匿名，因此能够抵御身份关联攻击。Casper 方案中，每个叶子节点均满足 $A_{\min}$，使得最终构造的匿名区满足 $A_{\min}$，因此能够抵御区域面积攻击。匿名用户的分布没有规律，因此也能够抵御中心点攻击。但是 Casper 方案没有考虑当用户连续请求服务时，因为攻击者可以通过分析推测出真实请求的用户，所以无法抵御求交集攻击。

Hilbert 方案采用空间曲线填充的方式实现 K 匿名，能够抵御身份关联攻击和中心点攻击。但匿名区为最小矩形边界，不满足 $A_{\min}$，因此不能抵御区域面积攻击。当用户连续请求服务时，攻击者通过求交集缩小共同用户集，增大了推测出真实请求用户身份的概率，因此该方案无法抵御求交集攻击。

KAA 方案通过 FindMAC 算法寻找匿名用户实现 K 匿名，能够抵御身份关联攻击，匿名用户随机分布在匿名区内，也能够抵御中心点攻击。但构造的匿名区为最小圆形边界，区域面积存在小于 $A_{\min}$ 的情况，甚至可能为 1 个点，因此不能抵御区域面积攻击。当用户连续请求服务时，存在匿名区呈爆炸式增长的问题，导致 LSP 拒绝服务，因此无法抵御求交集攻击。

DALP 方案采用历史足迹的方式实现 K 匿名，并满足 $A_{\min}$ 隐私约束，能够抵御身份关联攻击、区域面积攻击和中心点攻击。但是，当用户连续请求服务时，需要预先向匿名服务器提交未来的运动轨迹，若用户运动轨迹与提交的轨迹偏离，匿名服务器需要重新为用户构造匿名区，此时，共同用户数小于 K，攻击者可以较大概率推测出真实用户的身份，因此该方案在用户偏离预设轨迹时无法抵御求交集攻击。

安全性分析表明，本方案具有抵抗身份关联攻击、区域面积攻击、中心点攻击和求交集攻击的能力，与现有 K 匿名方案相比，具有较高的安全性，能够满足用户的位置隐私需求。

9.4.2 时间复杂度分析

当匿名服务器收到用户发送的服务请求时，采用本方案完成匿名区的处理工作。首先获取匿名用户的位置信息，并根据位置隐私需求构造子匿名区集合 CS，共包含 K 个子匿名区。因此，子匿名区集合 CS 构造的时间复杂度为 $O(K)$。子匿名区集合 CS 构造完成后，匿名服务器以 LSP 查询处理的区域面积为判定标准，完成子匿名区集合 CS 的更新操作。首先需要将子匿名区 AR_i 和 AR_j 合并成新的子匿名区 $\mathrm{AR}_{i,j}$，共需合并 C_K^2 次，其时间复杂度为 $O(K^2)$；然后匿名服务器计算合并得到的子匿名区 $\mathrm{AR}_{i,j}$ 对应的查询区域面积，共需计算 C_K^2 次，其时间复杂度为 $O(K^2)$；最后通过最小值计算筛选出子匿名区集 AR_x、AR_y，其时间复杂度为 $O(K^2)$。筛选出子匿名区 AR_x、AR_y 后，通过与子匿名区 $\mathrm{AR}_{x,y}$ 比较查询区域面积的大小，完成子匿名区集合 CS 的更新操作，其时间复杂度为 $O(1)$。因此，子匿名区集合 CS 完成一次更新操作的时间复杂度为 $O(K^2)+O(K^2)+O(1)=O(K^2)$。子匿名区集合 CS 的更新操作须执行多次，直到不满足更新条件。在此过程中的最优和最差情况分别如下。

最优情况：子匿名区集合 CS 仅执行一次更新操作，最终包含 K 个子匿名区。此时，本方案所需的时间复杂度为

$$O_{\text{best}}=O(K)+O(K^2)=O(K^2) \tag{9.4}$$

最差情况：子匿名区集合CS执行 $K-1$ 次更新操作，最终包含一个子匿名区。此时，本方案所需的时间复杂度为

$$O_{\text{worst}}=O(K)+O\left((K-1)\times K^2\right)=O\left(K^3\right) \tag{9.5}$$

9.5 实　　验

9.5.1 实验数据及平台

与第 3 章类似，本章仍采用基于网络的移动对象生成器(network-based generator of moving objects, NGMO)生成实验数据[126]。其以德国城市奥尔登堡交通网络图为基础，图的大小为 16km×16km，通过设置移动对象数量、速度等参数模拟生成用户的位置信息，如图 9.8 所示，为城市中不同用户的运动轨迹。

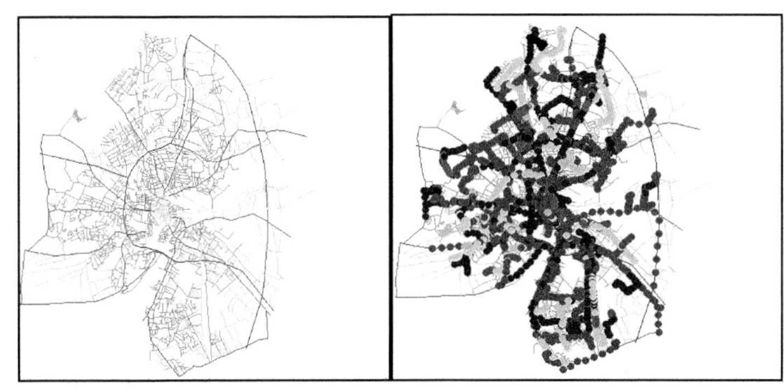

图 9.8　奥尔登堡交通模拟图

本章设定位置隐私需求 K 值为 5～25，最小匿名区面积 $A_{\min}=160000\text{m}^2$。为评估 LSP 的查询开销，本章模拟构造了餐馆、酒店、医院和停车场等 500000 个兴趣点，并采用 R 树[153]结构存取这些兴趣点。R 树是常用的存储高维数据的平衡树，能有效提高在高维空间中的搜索效率。实验环境为 3.20GHz 的 Intel 酷睿 i5 处理器，4GB 内存，实验的算法均由 C++编程实现，程序运行在 Windows 7 环境下。

9.5.2 LSP 查询处理实验

本章已从理论分析得出 K 匿名的服务质量不是由匿名区面积决定，而是由查询区域面积决定，现从实验进行验证。实验模拟 LSP 查询处理过程，通过改变查询区域的面积，观察其对 LSP 查询处理时间的影响。

如图 9.9 所示，LSP 的查询处理时间与查询区域面积正相关，查询处理时间随着查询区域面积的增大而增大。例如，当查询区域面积为 5km² 时，LSP 的查询处理时间为 0.16s,而当查询区域面积增长到 30km² 时，LSP 的查询处理时间则增加到 4.72s。

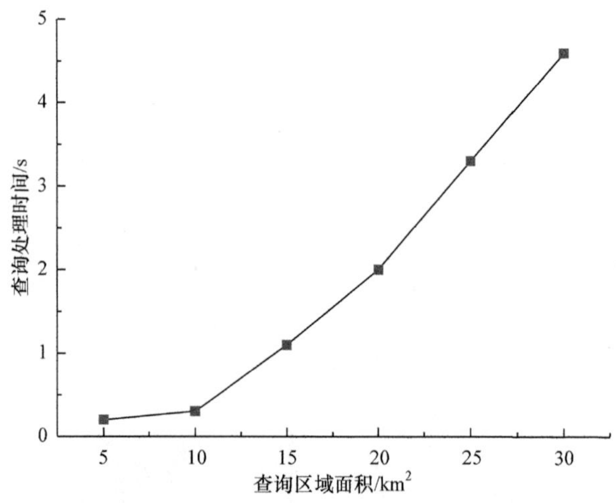

图 9.9　查询区域面积对 LSP 的查询处理时间的影响

9.5.3　本方案的有效性

本章所提方案以现有任意 K 匿名方案构造的匿名区作为输入，对其进行处理，使得最终构造的匿名区对应的查询区域面积减小，提高了服务质量。本章已通过安全性分析得出本方案能够满足用户的位置隐私需求；从时间复杂度分析得出本方案不会给匿名服务器带来较大的计算开销，通过实验说明本方案能有效提高 K 匿名的服务质量。

1. 快照场景下的有效性

实验选取 Casper 方案[5]与本方案进行对比，说明本方案能够有效提高 K 匿名的服务质量。Casper 方案构造的匿名区为矩形，因此本方案的子匿名区也为矩形。其中，Casper 方案作为经典的 K 匿名构造方案，已被大量引用，具有快速构造匿名区的优点，同时，也具有较高的安全性，能够满足位置隐私需求 $p=\{K,A_{\min}\}$。

1) LSP 的查询区域面积比较

本章通过理论分析得出 K 匿名的服务质量由查询区域面积决定，因此试图减小 LSP 查询区域面积，以提高 K 匿名的服务质量。实验结果表明，本章所提方案有效减小了查询区域面积，并且随着 K 值的增加，减小的程度越显著。如

图 9.10 所示，当隐私值 K =5 时，Casper 方案中 LSP 查询区域面积为 20.58 km^2，本方案中 LSP 的查询区域面积为 5.38 km^2，相较于 Casper 方案减少了 15.2 km^2；而当隐私值 K =25 时，Casper 方案中 LSP 查询区域面积为 73.14 km^2，本方案中 LSP 的查询区域面积为 24.39 km^2，相较于 Casper 方案减少了 48.75 km^2。

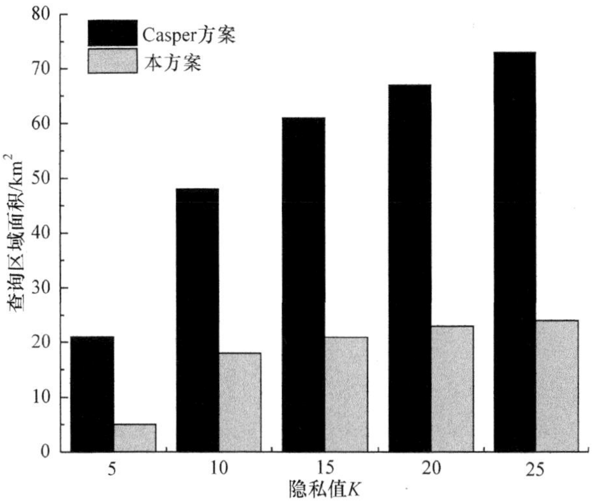

图 9.10　隐私值 K 对 LSP 的查询区域面积的影响

2) 服务质量比较

本方案可有效减少 LSP 的查询开销及用户获取服务的时延，提高 K 匿名的服务质量。实验结果如图 9.11 和图 9.12 所示，分别为匿名服务器的匿名时间及 LSP 的查询处理时间。

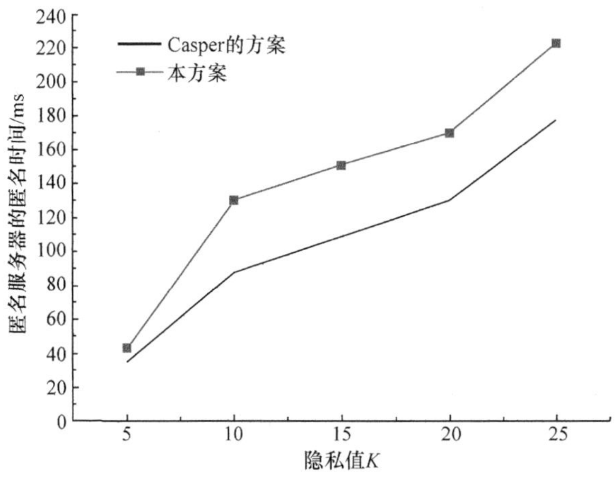

图 9.11　隐私值 K 对匿名服务器的匿名时间的影响

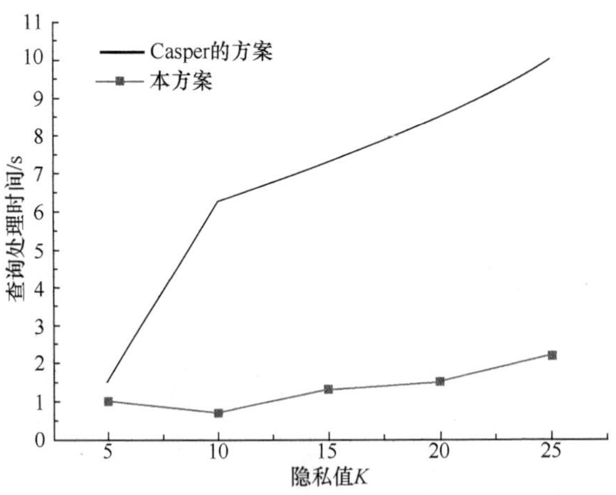

图 9.12　隐私值 K 对 LSP 的查询处理时间的影响

观察图 9.12 可知，一方面，本方案能减少 LSP 检索兴趣点的开销。例如，当隐私值 K =25 时，Casper 方案中 LSP 查询处理时间为 10.140s，而本方案处理时间为 2.286s，相较于 Casper 方案减少了 7.854s；另一方面，结合图 9.11 和图 9.12 可知，本方案能有效减少用户获取服务的时延，以隐私值 $K=25$ 为例，Casper 方案中匿名服务器的匿名时间为 177.275ms，LSP 查询处理时间为 10.140s，则用户获取服务查询结果的时间为 10.140+0.177=10.317(s)，而本方案中匿名服务器的匿名时间为 222.697ms，LSP 查询处理时间为 2.286s，因此，用户获取服务的时延为 2.286+0.223=2.509(s)，相较于 Casper 方案的 10.317s 减少了 10.317−2.509=7.808s。由此可见，本方案能显著地降低 LSP 的查询开销和用户获取服务的时延，从而提高服务质量。

本方案虽然给匿名服务器带来了额外的时间开销，但远远小于 LSP 减少的时间开销，因此，不会出现用户时延增加的情况。如图 9.11 可知，本方案中匿名服务器的匿名时间略大于 Casper 方案，并随着隐私值 K 的增加，差值越大。这是由于本方案是根据 K 个匿名用户的位置完成对匿名区的处理，K 值越大，处理的时间也就越长。例如，当隐私值 K =5 时，Casper 方案的匿名服务器的匿名时间为 35.536ms，本方案的匿名服务器的匿名时间为 43.262ms，匿名区构造时间增加了 43.262−35.536=7.726(ms)；而当隐私值 K =25 时，Casper 方案的匿名服务器的匿名时间为 177.275ms，本方案的匿名服务器的匿名时间为 222.697ms，匿名区构造时间增加了 222.697−177.275=45.422(ms)。但本方案中 LSP 查询处理时间远小于 Casper 方案，随着 K 值的增大，程度越明显。如图 9.12 所示，当隐私值 K =5 时，Casper 方案中服务器查询处理时间为 1.727s，本方案的查询处理时间为 0.932s，相较于 Casper 方案减少了 1.727−0.932=0.795(s)；而当隐私值 K =25 时，本方案相较于 Casper 方案减少了 10.140−2.286=7.854(s)。由此可见，本方案能够有效地降低用户的时延，并随着 K 值的增加，效果越显著。

3) 参数变化对本方案的影响

本小节分析用户隐私值 K 、用户的查询范围 r 对本方案服务质量的影响。实验结果如图 9.13 所示。

从图 9.13 可以看出，随着 K 值的增大，匿名服务器构造匿名区时间明显增加，这是由于 K 值越大，寻找匿名用户所需的时间越长，构造匿名区的时间也就越长，同时也会引起 LSP 查询处理时间的增加。观察发现，无论是匿名服务器构造匿名区时间，还是 LSP 查询处理时间，在 K 值从 5 变化到 10 时增加较快，从 10 变化到 25 时增长较慢，这是由于本方案的输入为 Casper 构造的匿名区，Casper 方案为实现快速匿名，采用四叉树结构，当叶子节点中的用户数不满足隐私需求时，检索父亲节点，会造成匿名用户数出现迅速增长的情况。通过实验可以得出，随着 K 值的增加，LSP 的查询开销增大，用户获取服务的时延也增大，基于位置服务的服务质量降低。

从图 9.13 还可以看出，r 值的变化对匿名服务器构造匿名区时间的影响较小，呈增加态势，而对 LSP 查询处理时间影响较大。这是由于匿名服务器在匿名区构造时，r 值增加虽然引起了本方案中子匿名区更新次数的增加，但该过程所需的时间较短，LSP 查询区域会随着用户查询范围 r 的增大而增加，使得 LSP 查询处理时间也不断增大。综合上述结果可知，随着 r 值的增加，用户的服务质量降低。

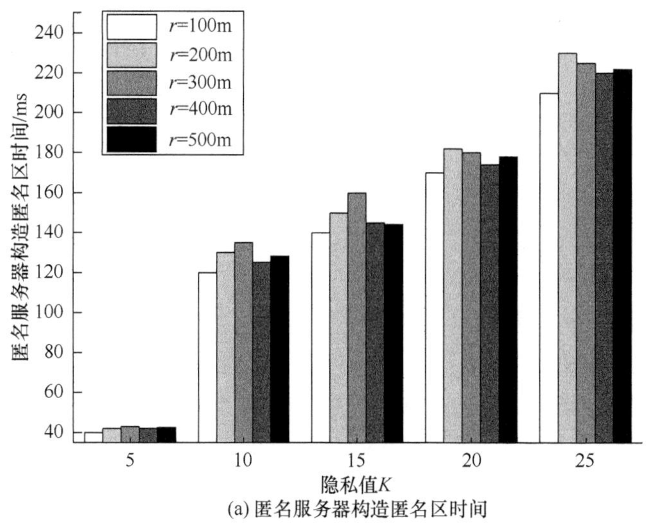

(a) 匿名服务器构造匿名区时间

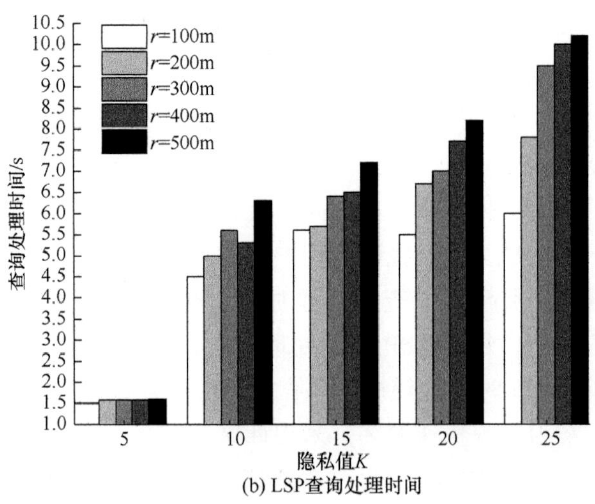

(b) LSP查询处理时间

图 9.13　参数变化对本方案的影响

综合上述结果可知，本方案在不给匿名服务器带来较大计算开销的同时，显著地减小了查询区域的面积，降低了 LSP 的查询开销，同时降低了用户获取服务的时延，从而有效地提高了 K 匿名的服务质量。

2. 连续场景下的有效性

实验模拟用户连续请求服务，将本方案与 KAA 方案[12]进行比较，说明本方案的有效性。KAA 方案构造的匿名区为圆形，因此本方案构造的子匿名区也为圆形。实验设定用户连续请求的次数为 30 次，通过设置不同的隐私值 K，观察对 LSP 的查询处理开销、用户获取服务时延的影响，说明本方案在连续场景下的有效性。本章采用 KAA 方案进行对比，这是由于现有 K 匿名方案为解决连续请求下匿名区呈爆炸式增长的问题时，要求用户预先发送自己未来的轨迹给匿名服务器，当用户运动轨迹与提交轨迹偏移时，不能保证用户的隐私，而 KAA 方案在保护连续请求下的用户隐私时，不需要向 LSP 预先提交轨迹序列，安全性较高。

1) 隐私需求变化对查询处理开销的影响

当用户连续请求服务时，本方案不会给 LSP 带来较大的时间开销，本章从 LSP 的查询区域面积和查询处理时间进行说明。

本章所提方案能有效降低 LSP 的查询区域面积。如图 9.14 所示，与 KAA 方案相比，经过本章处理的匿名区，对应的查询区域面积显著降低。例如，当隐私值 K =25 时，KAA 方案中 LSP 的查询区域面积为 66.99 km^2，而本方案中 LSP 的查询区域面积为 11.87 km^2，查询区域面积降低了 82.28%。

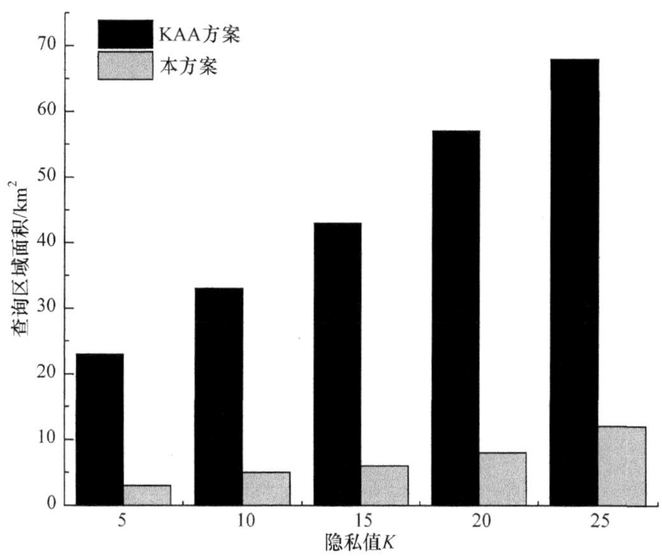

图 9.14　连续请求下隐私值 K 对查询区域面积的影响

本章所提方案能有效降低 LSP 的查询处理时间。由表 9.2 可知，与 KAA 方案相比，本方案中 LSP 的查询处理时间显著降低。例如，当隐私值 K=25 时，KAA 方案中 LSP 的查询处理时间为 15.101s，而本方案中 LSP 的查询处理时间为 0.88s，查询处理时间减少显著。

表 9.2　查询处理时间比较　(单位：s)

K	5	10	15	20	25
KAA 方案	2.279	5.726	8.809	11.538	15.101
本方案	0.14	0.38	0.501	0.765	0.88

2) 隐私需求变化对用户获取服务时延的影响

当用户连续请求服务时，本方案不会给用户带来较大的服务时延，如图 9.15 所示，与 KAA 方案相比，本方案中用户获取服务的时延显著降低。例如，当隐私值 K=15 时，KAA 方案中用户获取服务的时延为 9.181s，而本方案中用户获取服务的时延为 0.891s，相对于 KAA 方案降低了 90.30%，用户获取服务的时延显著降低。并且随着 K 值的增大，KAA 方案中用户获取服务的时延迅速增加，而采用本方案保护位置隐私时，用户获取服务的时延增长较为平缓。例如，当 K 值取 5～25 时，KAA 方案中用户获取服务的时延从 2.653s 增长到 15.471s，增加了 12.818s，而本方案中用户获取服务的时延从 0.521s 增长到 1.284s，增加了 0.763s。由此可见，本方案可有效提高连续请求下 K 匿名的服务质量，并且隐私值 K 越大，本方案的效果越显著。

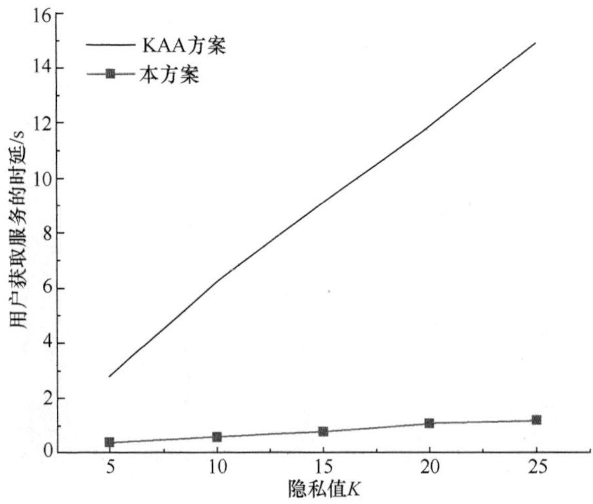

图 9.15　连续请求下隐私值 K 对用户获取服务的时延的影响

9.6　结　　论

本章通过理论分析及实验得出现有解决方案不能提高 K 匿名的服务质量，并指出 K 匿名的服务质量不仅与匿名区面积有关，也与用户的查询范围相关。因此，将用户的查询范围引入匿名区的构造，提出基于查询范围的 K 匿名区构造方案。该方案以现有任意 K 匿名方案构造的匿名区作为输入，并根据匿名用户的位置构造出 K 个子匿名区，通过计算对应的查询区域面积，以此为依据完成子匿名区集合的更新，使最终构造的匿名区对应的查询区域面积减小。安全性分析表明，本方案能抵御身份关联攻击、区域面积攻击、中心点攻击和求交集攻击，与现有 K 匿名方案相比，具有较高的安全性。时间复杂度分析表明，本方案中匿名服务器的计算开销小。实验结果表明，本方案在快照场景和连续场景下，能够有效地减少 LSP 的查询开销和用户获取服务的时延，提高 K 匿名的服务质量。

第10章 基于密文搜索的LBS中位置隐私保护方案

10.1 引 言

本章旨在进一步完善用户位置隐私保护方案，同时探索提高服务精准度的方法。从 LBS 的隐私保护角度出发，针对 LBS 中位置隐私和查询隐私泄露问题，结合可搜索加密的密文搜索技术，定义位置隐私保护安全模型，阐述模型的系统结构和工作原理。在模型的基础上，提出基于密文搜索的 LBS 中位置隐私保护(location privacy protection in LBS based on searchable encryption, LBSPP-BSE)方案的模型及其具体算法，实现基于密文搜索的 LBS 中位置隐私保护，同时提高服务精准度。针对 LBS 方案在实际应用中的可行性、隐私保护和服务的精准度三个方面的问题，本章的贡献体现在以下三个方面。

(1) 在基于密文搜索的方案上，结合密文搜索的高效性，提出安全有效的 LBS 中位置隐私保护系统。

(2) 加入基于可信第三方密钥机制，对用户的位置信息和查询信息进行加密处理，查询过程以密文检索的形式进行匹配，有效地保护了 LBS 用户的位置隐私和查询隐私。

(3) 针对 LBS 中的精准度问题，本章方案中采取对用户的位置信息直接进行加密，不存在假位置，提高 LBS 的精准度。

最后，本章对方案的密文搜索和解密的正确性做了严格证明，验证本章设计方案的正确性。通过安全分析，证明方案的安全属性，该方案可以抵抗未授权用户基于背景知识的攻击以及未授权用户进行的共谋攻击。然而，本章设计方案通信开销较大，需要更进一步研究探索。

10.2 密文搜索方案分析

在现有的基于可搜索加密的密文搜索机制(图 10.1)中，通常由 3 个参与者构成：数据拥有者(data owner)、用户(user)和云服务器(cloud server)。数据拥有者对其所拥有的数据明文文件集合 F 通过加密密钥进行加密，生成密文集合 S，上传到云服务器。为了确保密文形式的文件可以被用户准确检索，须在数据明文文件集合 F 组建可搜索的密文索引文件 I，与上述步骤一样，将经过加密以后的密文索引文件 I 上传至云服务器。云服务器此时获得了数据拥有者经过加密后上传的密文索引文件 I 和密文文件集合 S，用户通过授权后，才可进行密文搜索。云服务器根据用户所提出的请求条件进行检索，并将检索到的数据信息以密文形式返回给请求用户[154]。

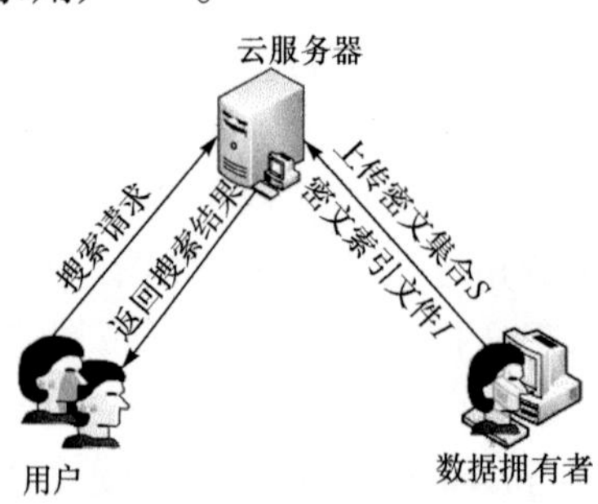

图 10.1　密文搜索机制

从文献[155]和[156]可知，可搜索加密存在两种危险的攻击，即选择关键字攻击(selective keyword attack，SKA)和关键字猜测攻击(keyword guessing attack，KGA)。

SKA：SKA 是由 Boneh 等[156]首次提出的，定义了在可搜索加密体系下遭受 SKA 的保护方案。为了提高加密密文中关键字的隐私性，密文搜索方案需要通过加密的方式来对其进行保护。根据定义，在遭受 SKA 的保护方案中，如果服务器不知道关键字搜索陷门，则无法知道加密密文中的任何关键字[157]。因此，该方案有效保护了所选关键字的隐私。然而，这一方案的局限性是当关键字搜索陷门被暴露时，并不能保证关键字的隐私，KGA 概念则对这一问题进行了充分考虑。

KGA：KGA 是由 Jin 等首次提出的，学者们构建了一种可以抵抗 KGA 的可搜索加密方案[155]。攻击者可以在可搜索加密的任何阶段发起 KGA。为了确保能够随时发起攻击，攻击者必须拥有所有关键字的密文信息，通过获取关键字陷门信息，不断测试关键字的密文来执行 KGA。一旦攻击者获取一次包含关键字的匹配密文，便可以发现与陷门相对应的关键字信息。在 KGA 模式下，如果关键字集合很小，使用传统的基于公钥的加密关键字非对称可搜索方案将很难保证安全性。

在本章所罗列的可搜索加密方案对比中，将安全性以可否抵抗 SKA 和 KGA 作为衡量标准，如果达不到其中一个指标，那么该方案的安全性就无从保证。

10.2.1　对称可搜索加密技术

在文献[158]中，作者构建了一种基于指数函数和陷门模糊性的高效对称可搜索加密技术，并增加了一个特殊的限制定义，即通过加密数据库中的关键字，使加密后的关键字具有一定的模糊性。该方案同时实现了检索的高效性和安全性。在文献[159]中，为了减少密文搜索过程中所用的时间和计算量，作者主要将对称可搜索加密的运算速率和计算复杂度做了集中改良，缺点是没有考虑实施过程中安全性对功能的影响。

在文献[160]中，作者构建了一种动态存储的对称可搜索加密方案。在该方案中，用户可以存放一个动态的服务器密文文件集，以实现在后期的检索过程中，快速执行密文关键字的检索。在此过程中，泄露给服务器的信息相当少，同时不需要服务器执行数据的上传和下载工作，服务器将此工作完全依托于云存储服务器，而非云计算。在该模式下，服务器不知晓存储文件的数量和长度，只有文件被检索时，服务器才能判定该文件是否被存储于服务器上。但遗憾的是，该方案不支持多关键字检索，且文件不显示搜索的具体内容和索引关键字。如果服务器不可信，则安全性无法保证。表 10.1 对现有部分对称可搜索加密方案，包括文献[159]～[162]方案的性能做了比较。

表 10.1　现有部分对称可搜索加密方案比较

方案	方案保护技术	密钥长度	KGA	SKA	安全性
文献[159]方案	RSA-DOAEP	$3\|l\|$	—	√	一般
文献[160]方案	密钥加密	$\|l\|$	√	√	高
文献[161]方案	BF	$\|l\|$	—	√	高
文献[162]方案	伪随机函数	$\|l\|+1$	√	—	一般

说明：$|l|$ 代表公钥属性长度、√代表此方案可以抵抗该攻击。

10.2.2　非对称可搜索加密技术

长期以来，非对称可搜索加密技术一直被作为可搜索加密技术的研究重点。2004 年，Boneh 等[163]首次定义了公钥可搜索加密的基本概念，给出了详细的构造方案，主要解决了加密邮件的路由分发问题，该方案的安全性建立在双线性映射困难性问题基础上。2010 年，Zhang 等[164]设计了一种可以同时搜索密文关键字以及密文信息的非对称可搜索加密技术，在使用关键字检索的非对称可搜索加密技术中，数据拥有者将其他用户可以检索出的数据信息关键字及其相关数据信息，经过加密后存储于云服务器中。

在文献[165]所提出的方案中，通过公钥对搜索的关键字进行加密，再通过加密关键字对信息进行检索，该方案未能解决现实设计中攻击者可能获得模糊关键字的问题。在文献[166]中，详细介绍并设计了一种通过时间信息释放的非对称可搜索加密方案，通过该加密方案，解决了基于时间敏感信息的密文搜索问题。该方案以公钥时间释放的可搜索加密方案为基础，建立了一种新的模型，搜索者只能检索到含有相关关键字的目标密文信息，其优势在于释放时间以后才产生关键字。

在基于关键字搜索的非对称可搜索加密技术的基础上，2010 年，Fang 等[167]设计了一种通过允许测试查询，增强了可搜索加密模型下具有解密功能方案的安全性。同时，在没有随机预言的增强模型中提出了一种通过关键字匹配的非对称可搜索加密方案，在一定程度上提高了检索效率。

2011 年，Ibraimi 等[168]设计了一种基于邮件背景的公钥授权可搜索加密方案，且在标准模型中给出了安全证明。该方案中，数据拥有者将自身生成的授权信息发送给指定的服务器，用户通过服务器授权后才能在密文环境中进行信息检索。该方案的主要特点是密文具有可搜索性和可解密性，因此不仅可以搜索描述文档的关键字，还可以搜索文档内部的关键字。但在安全性和检索效率方面还存在不足，需要进一步改进。

文献[169]中，具体描述了三种不同的可搜索解密方案，通过去除冗余陷门算法来提高支持联合关键字搜索的代理重加密方案的效率。文献[170]和[171]选取了在信息存储环境中的较优方案，通过采取代理重加密技术，在一定程度上提高了加密方案的效率。文献[170]同时还使用了排除冗余陷门生成算法，简化了解密计算的复杂度，提高了方案的运行效率。

在以上非对称可搜索加密方案中，都是通过设置不同的困难问题来保证方案的安全性。表 10.2 对以上具有代表性方案的安全性做了比较。

表 10.2　非对称可搜索加密方案比较

方案	困难问题	公钥长度	KGA	SKA	安全性
文献[167]方案	q-ABDHE SXDH	$3\|l\|$	√	√	高
文献[168]方案	BDH	$\|l\|$	√	√	一般
文献[170]方案	q-ABDHE SXDH	$\|l\|$	√	√	高
文献[171]方案	4-MDDH	$3\|l\|$	—	√	一般

说明：$|l|$ 代表公钥属性长度、√代表此方案可以抵抗该攻击。

在以上方案中，只有文献[167]、[168]和[170]方案同时考虑了 KGA、SKA，文献[171]方案只考虑了其中一方面的攻击，其安全性仍存在一定问题。

10.2.3　基于属性的可搜索加密技术

随着研究的不断深入，学者们提出了基于属性的可搜索加密技术，基于属性的加密(attribute-based encryption，ABE)[172-175]技术被认为是一种在云存储中具有细粒度访问控制的有效加密方法。ABE 可以分为两种类型，基于密钥策略属性的加密(key-policy attribute-based encryption, KP-ABE)[172]和基于密文策略属性的加密(ciphertext-policy attribute-based encryption, CP-ABE)[173]。KP-ABE 方案是指密文与属性集相关联，并且用户的私人密钥与访问策略相关联。当且仅当密文的属性集能够满足用户密钥的访问策略时，用户才能解密密文。CP-ABE 方案是指密文与访问策略相关联，并且用户的私人密钥与属性集相关联。当且仅当密文的属性集能够满足密文的访问策略时，用户才能解密密文。

目前，研究人员已经提出了许多 ABE 方案[176,177]，它们提供了安全的数据访问控制，并克服了基于属性的加密方案中一对一加密模式的缺点。然而，用户的属性是动态的，可以随时间改变，因此这些方案仍然在实践中存在使用缺陷。

2013 年，Kaushik 等[178]首次提出了基于属性的密文检索技术，该技术结合了基于属性加密和可搜索加密两项技术的优点，通过使用访问控制技术大大降低了云服务器的存储空间，有效地提高了检索效率。

2014 年，李双等[179]提出了基于属性的可搜索加密方案的定义和构造算法，此方案与公钥可搜索加密的不同之处在于基于属性的可搜索加密方案是适应群组的公钥加密搜索方案，主要实现了最基本的基于公钥加密的多方可搜索性，采取的是效率较低的树型访问控制结构。此外，因为在陷门生成的过程中加入了私钥信息，所以在将陷门上传至云服务器的过程中，极有可能会将用户私钥泄露。同年，Zheng 等[180]提出了一种基于可验证属性的关键字搜索(verifiable attribute-based keyword search ,VABKS)方案，介绍了基于可验证属性的关键字搜索。该方案是建立在外包加密数据的基础上进行安全云计算，允许数据拥有者根据访问策略将控制搜索密文数据功能外包给云，迫使云忠实地执行搜索。该方案不仅将检索过程转接在云服务器上执行，还可以验证云服务器是否执行了正确的检索操作，实现了检索的机密性和完整性。

2016 年，Liang 等[181]提出了一种基于质量的中间重加密搜索方案，该方案首次将基于特征的可搜索加密和基于特征的中间重加密结合起来，在一定程度上提高了实用性。但由于采用了 KP-ABE 方案，通过对数据属性进行选择性的描述，数据拥有者很难决定谁可以对加密数据进行解密，导致该方案的访问策略并不是很完美，仍需进一步改进。

2019 年，胡媛媛等[182]提出了一种基于属性的可实现隐私保护的密文可搜索方案，结合了线性秘密共享方案(linear secret sharing scheme，LSSS)访问结构和代理重加密技术，使检索效率更加灵活高效，并且在很大程度上减少了存储空间。

以上所述的密文搜索方案中，采用了不同的访问结构以提高方案的安全性，表 10.3 对其中具有代表性的方案进行对比。

表 10.3 基于属性的可搜索加密方案比较

方案	困难问题	访问结构	密钥长度	KGA	SKA	安全性
文献[178]方案	BDHE	LSSS	$\|l\|+2$	√	√	高
文献[180]方案	DLA	树形	$2\|l\|+2$	√	√	高
文献[181]方案	BDHE	树形	$\|l\|$	—	√	一般
文献[182]方案	q-BDHE	LSSS	$\|l\|+2$	√	√	高

说明：$|l|$ 代表公钥属性长度、√代表此方案可以抵抗该攻击。

在以上方案中，除了 Liang 等[181]的方案只考虑了 SKA，其他方案都可以同时抵御 KGA、SKA，具有很高的安全性。

考虑到安全性，基于属性的公钥可搜索加密方案的一个重要应用场景是云存储服务，在该应用场景下，用户不但可以直接检索到自身所需密文数据，下载到本地设备后，再通过解密操作进行解密，还可以实现数据的存储和检索功能。使用基于公钥密文搜索方案的云存储系统，在实际应用中可节约用户大量的通信开销和存储开销。

10.3 方案设计

10.3.1 基于位置属性的密文搜索模型

为了能够将基于属性的可搜索加密方案更好地应用到 LBS 中位置隐私保护方案中，本章在胡媛媛等[182]构建的基于属性密文可搜索方案的基础上进行了三个方面的改进。

第一，本章对云服务器进行了重新定义，集中了传统的数据拥有者和云服务器，该服务器包含数据拥有者和云存储两个模块。

第二，在私钥生成算法中引入用户位置信息，提高方案的安全性。

第三，在密文搜索方案中引入用户位置信息，使方案更切合 LBS 的服务模式。改进后的密文搜索方案模型如图 10.2 所示。

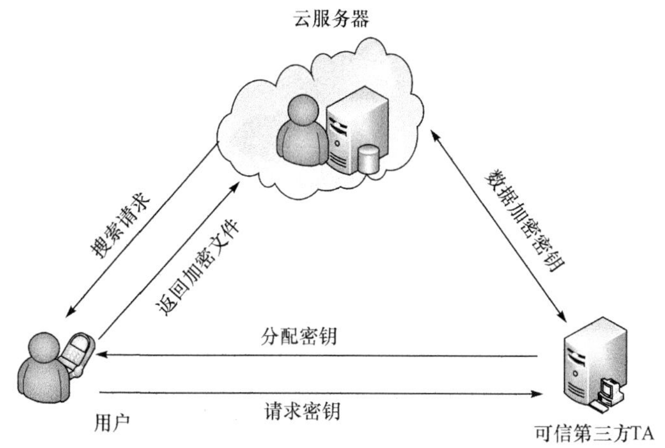

图 10.2　改进后的密文搜索方案模型

本章所展示的密文搜索方案模型涉及三个模块，分别为云服务器、可信第三方和用户，每个模块的具体功能如下。

1) 云服务器

在改进后的密文搜索方案模型中，云服务器是一个特殊的服务器，将数据拥有者和云存储服务器进行集中，视为其他方案中数据拥有者和云服务器的综合体，不但承担着对用户所请求的关键字信息的匹配，还承担着对数据拥有者上传到本服务器的关键字信息的加密功能。

2) 可信第三方

在本章提出的密文搜索方案模型中，对可信第三方做两个定义，第一，其是完全可信的，不会主动向其他的用户透露请求用户的检索信息；第二，根据用户的请求生成公私钥对，公钥用来加密被检索的数据，私钥通过安全信道传输给用户，用来解密返回的密文数据。

3) 用户

用户根据自身需求向云服务器发送检索请求，云服务器经过密文检索算法将用户所请求密文数据返回给用户，用户通过安全信道获得可信第三方发送的私钥，使用私钥对已经获得密文数据进行解密。

10.3.2 LBSPP-BSE 方案构造与隐私形式化

1. 方案构造

本方案主要包括 6 个步骤：初始化、私钥生成、加密密文、产生陷门、搜索匹配、解密密文，下面对其进行介绍。

1) 初始化：$\text{Setup}\left(1^{\mu},U\right)\to\left(\text{PK},\text{MSK}\right)$

可信第三方执行初始化算法。选择安全随机参数 μ 和全局的属性集合 U，生成系统公共密钥 PK 。可信第三方保存系统主密钥 MSK 。

2) 私钥生成：$\text{KeyGen}\left(\text{PK},\text{MSK},U_a\right)\to\text{SK}$

可信第三方执行私钥生成算法。输入系统公钥 PK 和主密钥 MSK ，以及用户的属性集合 U_a ，输出用户私钥 SK 。

3) 加密密文：$\text{Encryption}\left(\text{PK, As},\text{Loc}_{\text{D}},w\right)\to\text{CPH}$

LBS 的服务器执行关键字加密算法。通过系统公钥 PK 、数据拥有者(如银行、餐厅)的位置信息 Loc_{D} 、访问结构 $\text{As}=\left(M,\varphi,\Lambda\right)$ 和需要加密的关键字 w (数据拥有者被检索索引，如银行、餐厅等)生成相关密文文件 CPH ，以备用户查询。

4) 产生陷门：$\text{TokenGen}\left(\text{PK},\text{SK},\text{Loc}_{\text{U}},W,d\right)\to\text{TK}$

用户执行陷门生成算法。输入系统公钥 PK、用户私钥 SK 、待查的关键字 W 、用户的位置信息 Loc_{U} 和搜索半径 d ，生成相关的搜索陷门 TK 。

5) 搜索匹配：$\text{Search}\left(\text{PK},\text{CPH},\text{TK}\right)\to\text{CPH}_i$或$F$

LBS 的服务器在密文环境下执行搜索算法。将系统公钥 PK 、密文文件 CPH 和陷门 TK 作为系统输入，假设用户的属性集合 U_a 满足相关的访问结构 $\text{As}=\left(M,\varphi,\Lambda\right)$ ，且 $D\leqslant d$ (D 表示数据拥有者的位置)，则系统输出相关的密文文件 CPH_i ，如果不然，则输出 F ，表示失败。

6) 解密密文：$\text{Decrypt}\left(\text{PK},\text{SK},\text{CPH}_i\right)\to m/\perp$

用户执行解密算法。对于返回后的原始密文，输入系统公钥 PK 、用户私钥 SK 和返回后的密文文件 CPH_i ，如果输出 m ，表示用户查询相关信息搜索成功，并且说明用户私钥中的属性完全可以满足密文中的访问结构，随即便可成功解密密文，否则表示搜索失败。

2. 隐私形式化

本章所提出的位置隐私保护方案是结合密文搜索的方案构建的，加入了可信第三方的方案，可以有效地保护用户的位置信息。方案的安全模型定义游戏如下。

初始化：挑战者 B 初始化系统，生成系统公钥 PK 和主密钥 MSK ，并将 PK

发送给敌手A，自己保留主密钥 MSK。

询问阶段 1：敌手 A 针对已有的属性 $S_1,\cdots,S_K$ 进行密钥询问，挑战者 B 执行 KeyGen 私钥生成算法得到用户私钥 SK，并发送给敌手 A。

挑战：敌手 A 提交两条长度相同的明文 M_0、M_1 和挑战的访问结构 $\{(M_1, \varphi_1, \Lambda_1),\cdots, (M_i, \varphi_i, \Lambda_i)\}$。敌手 A 不能询问哪些属性集合满足访问结构。挑战者 B 随机选择 $\beta\in\{0, 1\}$，然后使用访问结构密文，并将密文发送给敌手 A。

猜想：对手输出 β 的猜测 $\beta'\in\{0, 1\}$。如果 $\beta=\beta'$，攻击者赢得上述游戏。攻击者的优势定义为 $|\Pr[\beta=\beta']-\frac{1}{2}|$。

定义 10.1　如果任意多项式时间的挑战者，假设优势忽略不计，且赢得上述游戏，则证明本章所提出的方案是安全的。

定义 10.2　**LBS**：LBS 的服务请求信息在本章中用三元组的形式表示，每一个 LBS 形式化表示为

$$\text{LBS} =(\text{Loc}_\text{U},W,d) \tag{10.1}$$

其中，$\text{Loc}_\text{U}=(x_\text{U},y_\text{U})$ 表示用户的位置信息；W 表示用户的查询信息；d 表示用户所设置的查询范围。

定义 10.3　**位置信息隐私**：在进行LBS 时，用户A 需要向 LBS 的服务器发送请求信息 $(\text{Loc}_\text{U},W,d)$，攻击者可以通过 Loc_U 推断用户的身份信息以及查询的兴趣点，从而获得用户的隐私信息。

定义 10.4　**查询隐私**：对于用户U 和数据库DB，查询隐私是指用户U 在DB 中进行密文查询的记录，服务器很难判断用户所查询到的值，即 LBS 的服务器根本无法确定用户到底对什么信息感兴趣。

10.3.3　LBSPP-BSE 方案算法设计

本方案主要包括 6 个步骤：初始化、私钥生成、加密密文、产生陷门、搜索匹配、解密密文，下面进行详细描述。

1) 初始化：$\text{Setup}(1^\mu,U)\to(\text{PK},\text{MSK})$

可信第三方执行 Setup 算法，输入安全随机参数 μ 和全局的属性集合 $U=\{u_1,u_2,\cdots,u_n\}$ $(|U|=n)$。首先选择两个阶为素数 p 的循环群 G 和 G_T，随机选择两个生成元 $g,g_1\in G$，选取三个随机数 $a,b,c\in Z_p$，然后选择随机值 $u_1,u_2,\cdots,u_n\in G$，散列函数 $H_1:\{0,1\}^*\to Z_p$，$H_2:\{0,1\}^*\to Z_p$，公共系统公钥 PK：

$$\text{PK}=\{g_1,\ g^a,g^b,\ g^c,e(g,\ g)^{bc},\ U\}$$

可信第三方保存系统主密钥 $\text{MSK}=\{a,b,c\}$。

2) 私钥生成：$\text{KeyGen}(\text{PK},\text{MSK},U_a)\to\text{SK}$

可信第三方执行 KeyGen 算法，输入系统公钥 PK 和主密钥 MSK，以及用户的属性集合 U_a。选取随机值 $t\leftarrow Z_p$，计算 $K=g^{bc+at}$，$L=g^t$，随机选择 $s_i\leftarrow Z_p, s_i\in U_a$，$K_i=\left(u_i^{s_i}\right)^t$。输出用户私钥 $\text{SK}=\left\{K,\ L,\{K_i\}_{s_i\in U_a}\right\}$ 并发送给用户，由用户保存。

3) 加密密文：$\text{Encryption}(\text{PK},\ \text{As},\text{Loc}_\text{D},m,w)\to\text{CPH}$

LBS 的服务器执行加密算法。输入系统公钥 PK、访问结构 $\text{As}=(M,\varphi,\Lambda)$、数据拥有者(如银行、餐厅)的位置信息 Loc_D、待加密信息 m 和待加密的关键字 w (如银行、餐厅)。其中 $\text{Loc}_\text{D}=\left(x_{\text{D}_i},y_{\text{D}_i}\right)$，$x_{\text{D}_i}$、$y_{\text{D}_i}$ 分别表示数据拥有者(如银行、餐厅)位置的横纵坐标。访问结构 As 中，M 是 $l\times n$ 的矩阵，φ 是一个单映射函数，将矩阵的每一行映射成用户的属性，$\Lambda=\left(t_{\varphi(1)},\cdots,t_{\varphi(t)}\right)\in {Z_p}^t$，从第一行到第 l 行，计算 $\lambda_{\varphi(i)}\leftarrow\vec{v}\cdot M_i$，其中 M_i 是矩阵 M 第 i 行对应的向量。

首先选择两个随机值 $q_1,q_2\leftarrow Z_p$，然后选择一组随机值构成随机向量 $\vec{v}=(q_2,y_2,\cdots,y_n)\in Z_p$，其中 q_2 是共享秘密，再选择一组随机值 $r_1,\cdots,r_l\leftarrow Z_p$。$I\subset\{1,\cdots,l\}$，$I=\{i,\varphi(i)\in U_a\}$。

服务器中已经上传信息 m (如银行、餐厅)，根据不同信息生成相应的关键字 w_i 以及所对应的位置信息，关键字生成如图 10.3 所示。

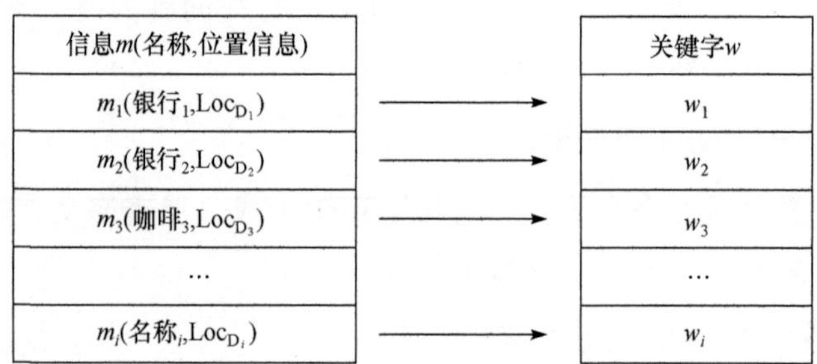

图 10.3　关键字生成

密文计算如下：

$A=me(g,g)^{bcq_2}$，$B=g^{q_2}$，$B_1={g_1}^{q_2}$，$C_x=g^{a\lambda x}\left(u_{\varphi(x)}^{t_{\varphi(x)}}\right)^{-r_x}$，$D_x=g^{r_x}$，$W_1=g^{cq_1}$，$W_2=g^{b(q_1+q_2)}g^{aH_1(w)q_1}$。

输出密文 $\text{CPH}=\left\{A,\ B,\ B_1,\ x\in[1,l],\{C_x,D_x\},W_1,W_2\right\}$。密文生成如图 10.4 所示。

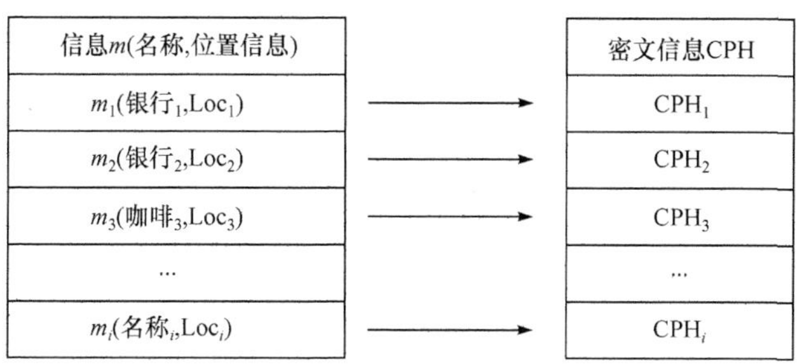

图 10.4　密文生成

4) 产生陷门：$\text{TokenGen}(\text{PK},\text{SK},\text{Loc}_\text{U},W,d) \to \text{TK}$

用户执行 TokenGen 算法，输入系统公钥 PK 、用户私钥 SK 、用户的位置信息 Loc_U 、查询信息 W 和用户设置的查询半径 d 。

为了保护用户的查询隐私，并允许对加密的位置数据进行正确搜索，具有当前位置坐标 $\text{Loc}_\text{U} = (x_\text{U}, y_\text{U})$ 的查询用户 U 需要在查询请求提交到云服务器之前对其进行加密。在本章中，生成一个查询陷门分两步进行。

首先，用户 U 的选择期望查询目标被表示为 W (如 W =银行)，并使用可信第三方授予的公钥 PK 和用户在初始化阶段由自己随机选择的安全随机参数 μ 将 W 加密为 $h_1(W)^{\text{PK}}$ 和 $h_1(W)^{\text{PK}\mu}$ 。

然后，用户 U 根据自己的位置信息 $\text{Loc}_\text{U} = (x_\text{U}, y_\text{U})$ 选择随机值 $\sigma \leftarrow Z_p$ ，$T_1 = \left(g^b g^{aH_1(w)}\right)^\sigma$ ，$T_2 = (g)^{\sigma c}$ ，$T_3 = K^\sigma = g^{(bc+at)\sigma}$,$T_4 = L^\sigma = g^{t\sigma}$ ，$x \in U_a$ ，$T_x = (K_x)^\sigma = \left(u_x^{S_x}\right)^{t\sigma}$ 。

最后，w 的查询陷门可以表示为

输出陷门：$\text{TK} = \left\{h_1(W)^{\text{PK}}, h_1(W)^{\text{PK}\mu}, T_1, T_2, T_3, T_4, T_x\right\}_{S_x \in U_a}$ 。

5) 搜索匹配：$\text{Search}(\text{PK},\text{CPH},\text{TK}) \to \text{CPH}_i$或$F$

云服务器执行 Search 算法，输入系统公钥 PK 、密文文件 CPH 和陷门 TK ，然后进行相关查询。假设用户的属性集合 U_a 满足访问结构 (M,φ,Λ) ，则一定存在一组值 $\{\omega_i \in Z_p\}_{i\in I}$ ，使得 $\sum_{i\in I}\omega_i\lambda_i = q_2$ ，其中 $I \subset \{1,2,\cdots,l\}$ ，$I = \{i,\varphi(i) \in U_a\}$ 。

计算过程如下：

$$\text{Eroot} = \prod_{iel}\left(e(C_i,T_4)e\left(D_i,T_{\varphi(i)}\right)\right)^{\omega_i}$$

$$E_1 = e(W_2,T_2)\cdot \text{Eroot},\ E_2 = e(W_1,T_1)\cdot e(T_3,B)$$

$$D = \sqrt{\left(\text{Eroot}(x_\text{U} - x_i)\right)^2 + \left(\text{Eroot}(y_\text{U} - y_i)\right)^2}$$

如果 $E_1 = E_2$ 且 $D \leqslant d$，则系统输出对应的密文文件 CPH_i，并将查询到的密文信息发回给用户，如果不然，则输出 F，表示失败。

6) 解密密文：$\mathrm{Decrypt}\left(\mathrm{PK},\mathrm{SK},\mathrm{CPH}_i\right) \to m/\perp$

用户执行 Decrypt 算法，输入系统公钥 PK、用户私钥 SK 和查询后的密文文件 CPH_i。如果搜索成功，代表存在相关查询密文信息，那么 LBS 的服务器会返回查询结果的密文信息，说明用户私钥中的属性已经满足了密文中的访问结构，已经找到一组值 $\left\{\omega_i \in Z_p\right\}_{i\in I}$，使得 $\sum_{i\in I}\omega_i\lambda_i = q_2$ 成立，即可成功解密密文。那么用户应先计算：

$$\mathrm{SK} = \frac{e(B,K)}{\prod_{i\in I}\left(e\left(C_i,L\right)e\left(D_i,K_i\right)\right)^{\omega_i}} \tag{10.2}$$

再计算：

$$\mathrm{CPH}_i / \mathrm{SK} = \frac{me(g,g)^{bcq_2}}{\dfrac{e(B,K)}{\prod_{i\in I}\left(e\left(C_i,L\right)e\left(D_i,K_i\right)\right)^{\omega_i}}} = \frac{me(g,g)^{bcq_2}}{e\left(g^{q_2},g^{bc}\right)} = \frac{me(g,g)^{bcq_2}}{e(g,g)^{bcq_2}} = m \tag{10.3}$$

通过解密，用户可以得到所需信息 m；否则解密失败。

10.4 方案分析

10.4.1 正确性分析

本章方案的正确性将从搜索的正确性和解密算法的正确性两个方面来进行验证，具体验证如下。

1. 搜索的正确性

本方案搜索的正确性证明如下：

$$\begin{aligned}
\mathrm{Eroot} &= \prod_{i\in I}\left(e\left(C_i,T_4\right)e\left(D_i,T_{\varphi(\mathrm{i})}\right)\right)^{\omega_i} \\
&= \prod_{i\in I}\left(e\left(g^{a\lambda_i}\left(u_{\varphi(i)}^{t_{\varphi(i)}}\right)^{-r_i},g^{t\sigma}\right)e\left(g^{r_i},u_i^{S_i}\right)^{t\sigma}\right)^{\omega_i} \\
&= \prod_{i\in I}\left(e\left(g^{a\lambda_i},g^{t\sigma}\right)e\left(\left(u_{\varphi(i)}^{t_{\varphi(i)}}\right)^{-r_i},g^{t\sigma}\right)e\left(g^{r_i},u_i^{S_i}\right)^{t\sigma}\right)^{\omega_i} \qquad (10.4) \\
&= \prod_{i\in I}\left(e\left(g^{a\lambda_i},g^{t\sigma}\right)\right)^{\omega_i} \\
&= e(g,g)^{at\sigma q_2}
\end{aligned}$$

$$\begin{aligned}E_1&=e(W_2,T_2)\cdot \text{Eroot}\\&=e\left(g^{b(q_1+q_2)}g^{aH_1(w)q_1},g^{\sigma c}\right)e(g,g)^{at\sigma q_2}\\&=e\left(g^{b(q_1+q_2)},g^{\sigma c}\right)e\left(g^{aH_1(w)q_1},g^{\sigma c}\right)e(g,g)^{at\sigma q_2}\\&=e(g,g)^{b\sigma c(q_1+q_2)}e(g,g)^{a\sigma cq_1H_1(w)}e(g,g)^{at\sigma q_2}\end{aligned}\tag{10.5}$$

$$\begin{aligned}E_2&=e(W_1,T_1)e(T_3,B)\\&=e\left(g^{cq_1},\left(g^bg^{aH_1(W)}\right)^{\sigma}\right)e\left(g^{\sigma bc}g^{\sigma at},g^{q_2}\right)\\&=e\left(g^{cq_1},g^{\sigma b}\right)e\left(g^{cq_1},g^{aH_1(W)\sigma}\right)e\left(g^{\sigma bc},g^{q_2}\right)e\left(g^{\sigma at},g^{q_2}\right)\\&=e(g,g)^{b\sigma c(q_1+q_2)}e(g,g)^{a\sigma cq_1H_1(W)}e(g,g)^{at\sigma q_2}\end{aligned}\tag{10.6}$$

由式(10.4)～式(10.6)可以看出，当且仅当 $w=W$ 时，$E_1=E_2$ 成立，即密文中的关键字和用户所查询的关键字相匹配时，相关搜索才能够查询到，否则用户将得不到相关查询信息。

2. 解密算法的正确性

用户获得密文以后，需要通过用户私钥进行解密，才能获得所需要的明文信息，具体解密方案如下：

$$\begin{aligned}Z&=\frac{e(B,K)}{\prod_{i\in I}\left(e(C_i,L)e(D_i,K_i)\right)^{\omega_i}}\\&=\frac{e\left(g^{q_2},g^{ba+at}\right)}{\prod_{i\in I}\left(e\left(g^{a\lambda_i}\left(u_{\varphi(i)}^{t_{\varphi(i)}}\right)^{-r_i},g^t\right)e\left(g^{r_i},\left(u_i^{S_i}\right)^t\right)\right)^{\omega_i}}\\&=\frac{e\left(g^{q_2},g^{bc}\right)e\left(g^{q_2},g^{at}\right)}{\prod_{i\in I}\left(e\left(g^{a\lambda_i},g^t\right)e\left(\left(u_{\varphi(i)}^{t_{\varphi(i)}}\right)^{-r_i},g^t\right)e\left(g^{r_i},\left(u_i^{S_i}\right)^t\right)\right)^{\omega_i}}\\&=e\left(g^{q_2},g^{bc}\right)\end{aligned}\tag{10.7}$$

$$\frac{A}{Z}=\frac{me(g,g)^{bcq_2}}{e(g,g)^{bcq_2}}=m\tag{10.8}$$

由式(10.7)和式(10.8)可以看出，本章所提方案可以正确解密密文信息。

10.4.2 安全性分析

定理 10.1 假设判定性 q 双线性指数(decisional q-parallel bilinear diffie-Hell man exponent，q-BDHE)是一个困难问题，则本章方案在该随机预言模型下是安全的。

证明：假设在攻击游戏中存在一个时间多项式的攻击者，能以 $\Delta=\varepsilon$ 的优势赢得本方案，那么攻击者可以构造一个攻击者 C 进行 q-BDHE 假设，从而判断 $Q=e(g,g)^{a^{q+1}s}$，还是 $Q\in G_T$。攻击者 C 和敌手 A 实施如下 SKA 游戏。

攻击者 C 输入 (p,g,G,G_T,e)，q-BDHE 中的向量有 $\vec{v}$ 和 Q。

攻击者初始化：敌手 A 向攻击者 C 公布所需挑战的目标访问结构 $\left(M^{\wedge},\varphi^{\wedge},\Lambda^{\wedge}\right)$，其中 $M^{\wedge}$ 是一个 $l^*\times n^*$ 的矩阵，l^* 代表行数，n^* 代表列数，$l^*,n^*\leqslant q$，$\Lambda^*=\left(t^*_{\varphi(1)},\cdots,t^*_{\varphi(l)}\right)\in Z_p^l$，$\varphi(i)$ 对应属性，$t^*_{\varphi(i)}$ 对应属性值。

系统初始化：攻击者 C 选取一个阶为一个素数 p 的群 G，选取群 G 上的两个生成元 g 和 g_1。随机选择 $a^{\bullet},a\in Z_p^*$，令 $bc=a^{\bullet}+a^{q+1}$，攻击者 C 返回系统公钥 $\mathrm{PK}^{\bullet}=\left\{g^a,e(g,g)^{bc}\right\}$ 和系统的主密钥 $\mathrm{MSK}^{\bullet}=\{a,b,c\}$,其中攻击者 C 对私钥不可知。

敌手 A 向攻击者 C 提交两个长度相同的明文 M_0 和 M_1，敌手 A 不能询问哪些属性集合满足访问结构。挑战者 A 随机选择 $\beta\in\{0,1\}$，加密消息 M_b，并按照以下方法进行模拟通信。设置 $s_i=\varphi^{\wedge}(i)$，随机选择一个向量 $\vec{y}=\left(q_2,q_2\cdot a+\dot{y}_2,q_2\cdot a^2+\dot{y}_3,\cdots,q_2\cdot a^{n-1}+\dot{y}_n\in Z_p\right)$,然后选择 $\dot{r}_1,\dot{r}_2,\cdots,\dot{r}_l\in Z_p$,向量 $\vec{y}$ 分享秘密 q_2，对于所有的 $i\in\left\{1,2,\cdots,l^*\right\}$, R_i 表示所有的 $i\neq k$，$\varphi^{\wedge}(i)=\varphi^{\wedge}(k)$。攻击者 C 选择 $A^*\in\{0,1\}^{2k}$ 计算，默认 $Q\cdot e\left(g^{q_2},g^{\dot{a}}\right)=\dfrac{A^*}{M_b}$，同时定义 $B^*=g^{q_2}$，$B_1^*=g_1^{q_2}$，$i=1,2,\cdots,n^*$，

$$C_i^*=\left(u_{\varphi(i)}^{t_{\varphi(i)}}\right)^{-\dot{r}_i}\left(\prod\nolimits_{j=2,\cdots,n^*}\left(g^a\right)^{M^{\wedge}_{i,j}\dot{y}_i}\right)g^{b_i\cdot q_2\cdot\left(-Z_x^*\right)}\cdot\prod_{k\in R_i}\prod_{j=1,\cdots,n^*}\left(\left(g^{a^j q_2\left(\frac{b_i}{b_k}\right)}\right)^{M^{\wedge}_{k,j}}\right)^{-1}$$

$$D_i^*=g^{\dot{r}_i+sb_i}$$

因此，创建的密文为 $\mathrm{CT}^*=\left(A^*,B^*,B_1^*,C_i^*,D_i^*\right)_{1\leqslant i\leqslant n}$。

若 $Q=e(g,g)^{a^{q+1}s}$,则 CT^* 是一个有效的密文信息。

敌手 A 给出猜测值 $\beta^{\bullet}\in\{0,1\}$，当且仅当 $\beta^{\bullet}=\beta$，攻击者 C 输出 1 时，即输出 $Q=e(g,g)^{a^{q+1}s}$，否则输出 0。当输出 $Q=e(g,g)^{a^{q+1}s}$ 时，挑战者获得有效密文 M_b。根据定义，挑战者 A 能够猜到正确密文具有不可忽略的优势 ε，因此猜测正确概率为

$$\Pr=\left[\beta^{\bullet}\neq\beta\,|\left(\vec{y},Q=e(g,g)^{a^{q+1}s}\right)=0\right]=\frac{1}{2}+\varDelta \tag{10.9}$$

当输出结果为 0 时，说明敌手获取不到任何关于密文的信息，因此，猜测正确概率为

$$\Pr=\left[\beta^{\bullet}\neq\beta\,|\left(\vec{y},Q\in G_{\mathrm{T}}\right)=0\right]=\frac{1}{2} \tag{10.10}$$

由上可知，攻击者 C 在 q-BDHE 模拟中具有 $\frac{\varepsilon}{2}$ 的不可忽略优势。

定理 10.2　在 LBSPP-BSE 模型下，q-BDHE 假设成立，那么本方案就可以抵抗共谋攻击。

证明: 在 SKA 游戏中，攻击者尝试区分 $g^{b(q_1+q_2)}g^{aH_1(w_1)q_1}$ 和 $g^{b(q_1+q_2)}g^{aH_1(w_0)q_1}$。挑战者随机选择 $\varTheta\in Z_p$，$g^{\varTheta}\in G$，如果攻击者赢得共谋攻击游戏的优势为 ε，那么其有 $\frac{\varepsilon}{2}$ 的概率来区分 $g^{\varTheta}$ 与 $g^{a(t_1+t_2)+t_1H_1(w_1)}$。

挑战者重新建立系统，对于用户的属性有 $\forall U_a\in[1,|U|]$，挑战者选择一个生成元 $g\in G$，随后选择 $U_x\in G$，$a,b,c\in Z_p$，将随机参数 $\{g^a,g^b,g^c,u_1,\cdots,u_n\}$ 发送给攻击者 C。攻击者 C 选择一个要挑战的访问结构 $(M,\varphi,\varLambda)$ 发送给挑战者。

第一阶段：敌手 A 可以在任意多项式时间条件下多次查询以下预言机。

(1) $\partial_{\mathrm{KeyGen}}(U_a)$：挑战者输入用户属性集 U_a，随后挑战者执行密钥生成算法，随机地选择一个参数 $t,t\in Z_p$，计算 $K=g^{ac}g^{bt}$，$L=g^t$，$K_i=\left(u_i^{s_i}\right)^t$，$\forall S_i\in U_a$。挑战者将 $\left\{U_a,K,L,\{K_i\}_{\forall S_i\in U_a}\right\}$ 返回给挑战者。

(2) $\partial_{\mathrm{KeyGen}}(U_a,w)$：挑战者首先查询预言机 $\partial_{\mathrm{KeyGen}}$ 生成的私钥 $\mathrm{SK}=\left\{U_a,K,L,\{K_i\}_{\forall S_i\in U_a}\right\}$，然后选择随机值 $\sigma\in Z_p$，再计算 $T_1=\left(g^bg^{H(W)}\right)^{\sigma}$，$T_2=g^{\sigma c}$，$T_3=K^{\sigma}=g^{\sigma bc}g^{\sigma at}$，$T_4=L^{\sigma}=g^{\sigma t}$，$\forall x\in U_a,T_x=(K_x)^{\sigma}=\left(u_x^{s_x}\right)^{\sigma t}$，最后将陷门 $\mathrm{TK}=\left\{h_1(W)^{\mathrm{PK}},h_1(W)^{\mathrm{PK}\mu},T_1,T_2,T_3,T_4,T_x\right\}_{s_x\in U_a}$ 发送给攻击者 C。假如属性集合能够满足

访问结构，那么将关键字 w 加入 L_{KW}。

攻击者 C 发送两个长度相同的关键字 $w_0, w_1 \notin L_{\mathrm{KW}}$，然后挑战者随机产生两个值 $q_1, q_2 \in Z_p$，利用线性共享矩阵共享秘密 q_2。挑战者随机选择 $\lambda \in \{0,1\}$，若 $\lambda = 0$，挑战者随机选择 $\Theta \in \mathrm{Z}_p$，计算 $W_1 = g^{cq_1}$，$W_2 = g^{\Theta}$，$W_3 = g^{q_2}$，$C_x = g^{a\lambda_x}\left(u_{\varphi(x)}^{t_{\varphi(x)}}\right)^{-r_x}$，$D_x = g^{r_x}$，否则计算 $g^{a(t_1+t_2)+t_1 H_1(w)}$。

第二阶段：若攻击者 C 能够从预言机的输出中构造出 $e(g,g)^{\Theta a(q_1+q_2)}$，那么攻击者 C 就可以区分 g^{Θ} 和 $g^{a(q_1+q_2)}$。因此，本章需要证明攻击者只能以可忽略的优势构造出 $e(g,g)^{\Theta a(q_1+q_2)}$，说明敌手就只能以可忽略的优势来赢得 SKA 游戏。

一般的模型中，ϑ_0和ϑ_1代表从 Z_p 到一个元素个数为 p^3 集合的内射函数，敌手 A 只能以可以忽略的概率从 ϑ_0和ϑ_1 的映射中猜中元素。因此，本章只考虑敌手 A 在预言机输出中构造 $e(g,g)^{\delta a(q_1+q_2)}$ 的概率。

考虑对 g^{δ} 如何构造 $e(g,g)^{\delta a(q_1+q_2)}$，$q_1$ 只在 cq_1 中出现，为了构造 $e(g,g)^{\delta a(q_1+q_2)}$，$\delta$ 需要包含 c。设 $\delta = \delta' c$，攻击者 C 为了构造 $e(g,g)^{\delta a(q_1+q_2)}$，还需要构造 $\delta \cdot acq_2$。此过程需使用 q_2和$ac+bt$，这是由于 $q_2(ac+bt) = q_2 ac + q_2 bt$。攻击者 C 需要消去 $q_2 bt$，并使用 λ_i、r_i、t，λ_i 根据访问结构 (M,φ,Λ) 共享 q_2。因为当且仅当密钥中的属性集合在满足密文中的访问结构的情况下才可以被重构，所以根据这些元组信息无法构造出 $q_2 bt$。因此可以得出，在本章方案中，敌手只能以一个微不足道的优势发起共谋攻击，证明结束。

定理 10.3　本方案可以抵抗未授权用户基于背景知识的攻击。

证明：在传统的基于 LBS 的位置隐私保护方案中，基于加密方案的位置隐私保护方案基本分为两大类，即基于隐私信息检索(private information retrieval，PIR)的隐私保护技术与基于空间转换的 LBS 隐私保护技术。然而基于隐私信息检索的隐私保护技术中，通常使用优化方法无法解决理论上算法复杂度较高的问题，确保攻击者不能对用户的查询信息进行分类获取，从而达到保护用户查询信息隐私的目的，但是无法保护用户的位置隐私。基于空间转换的 LBS 隐私保护技术是通过使用加密技术，将用户的位置信息 $\mathrm{Loc_U}$ 和请求信息 W 使用空间转换技术转换到一个不同的空间中。但是，仅能保证一次查询的隐私。

为了克服以上问题，本章引入了公私钥体制，使得用户的位置信息和请求信息在完全的密文状态进行。本章将用户的请求信息 $(\mathrm{Loc_U}, W, d)$ 通过陷门生成算法，生成密文陷门 TK，$\mathrm{Loc}_{\mathrm{U}}$ 为用户的真实位置信息，d 为用户设置的查询半径。系统选择随机值 $\sigma \leftarrow Z_p$，$T_1=\left(g^b g^{aH_1(w)}\right)^{\sigma}$，$T_2=g^{\sigma c}$，$T_3=K^{\sigma}=g^{\sigma(bc+at)}$，$T_4=L^{\sigma}=g^{\sigma t}$，$x\in U_a$，$T_x=\left(K_x\right)^{\sigma}=\left(u_x^{s_x}\right)^{\sigma t}$，输出陷门 $\mathrm{TK}=\left\{h_1(W)^{\mathrm{PK}},h_1(W)^{\mathrm{PK}\mu},\right.$ $\left.T_1,T_2,T_3,T_4,T_x\right\}_{s_x\in U_a}$。

首先通过密文搜索算法，用户获得想要查询的密文文件 CPH，输入私钥 SK 进行解密密文信息。然后计算：

$$\frac{e(B,K)}{\prod_{i\in I}\left(e\left(C_i,L\right)e\left(D_i,K_i\right)\right)^{\omega_i}}=e(g,g)^{\alpha s} \tag{10.11}$$

最后用 $A/e(g,g)^{bcq_2}$ 恢复用户所需要的明文信息 m，因为用户进行 LBS 查询的过程中，是以密文的形式进行，所以攻击者很难获得用户真实的查询信息明文。因此，本方案可以抵抗未授权用户基于背景知识的攻击。

10.4.3　方案分析

本方案与位置隐私保护采用加密技术的文献[183]和[184]在保护方法、位置隐私、查询隐私、保密性及是否抗共谋攻击等方面进行比较，相关性能对比如表 10.4 所示。

表 10.4　安全性比较

方案	保护方法	位置隐私	查询隐私	保密性	是否抗共谋攻击
文献[183]方案	空间加密	√	—	一般	否
文献[184]方案	BM	√	√	高	否
本方案	BM	√	√	高	是

由表 10.4 可以看出，文献[183]方案是通过对用户的位置信息进行匿名处理后再进行加密处理，虽然在安全性上有所提高，但是并未考虑查询隐私；文献[184]方案对用户的位置隐私和查询隐私都做了保护，但是和文献[183]方案一样并未考虑共谋攻击。

本方案在设计过程中，充分考虑了用户的位置隐私和查询隐私，通过使用加密的方案，对用户位置服务请求信息进行了加密处理，通过 TokenGen 算法生成相关的陷门 TK，再以密文的形式执行 Search 算法，对用户提供 LBS 全过程形成了一个完善的保护机制，充分地保护了用户的位置隐私。与此同时，引入了访问结构，保证了方案可以抵抗共谋攻击，较前两种方案具有更高的安全性。

本章用$|H\theta|$表示属性个数，Θ表示通信的开销，将本方案与文献[183]方案和文献[184]方案的输入位置个数、公钥长度、通信代价、通信开销和服务精准性做了比较，性能对比如表 10.5 所示。

表 10.5　本方案与其他隐私保护方案性能比较

方案	输入位置个数	公钥长度	通信代价	通信开销	服务精准度
文献[183]方案	K	$3\|H\theta\|$	$K\Theta(n)$	大	一般
文献[184]方案	1	$3\|H\theta\|$	$\Theta(n)$	一般	高
本方案	1	$2\|H\theta\|$	$\Theta(n)$	一般	高

结合表 10.4 和表 10.5，本方案与文献[183]方案比较，在安全性、通信开销和服务精准度等方面都有绝对的优势。本方案与文献[184]方案比较，虽然在保密性和服务精准度方面具有相同的优势，但是可以抵抗共谋攻击，而文献[184]方案并未考虑。

通过以上对比不难发现，本方案虽然在通信开销方面和文献[184]方案一样，这是基于密码学对于位置隐私保护的难点，但在相同的通信开销上，本方案实现了对位置隐私和查询隐私同时保护，并且毫不影响服务精准度，能够抵抗共谋攻击。因此，本方案是更加安全有效的。

10.5　结　　论

本章结合可搜索加密的密文搜索技术，通过引入查询距离参数、密文距离计算功能和用户解密方式，构建了基于密文搜索的 LBS 中位置隐私保护方案模型，并给出了具体算法。在实现基于密文搜索的 LBS 中位置隐私保护的同时，提高了服务精准度。模型主要对现有的基于属性的可搜索加密方案做了三个方面的改进，一是对云服务器进行了重新定义，使云服务器的功能更加强大；二是在私钥生成中引入了用户位置信息，提高了方案的安全性；三是在密文搜索方案中引入用户位置信息，改进后的方案更加适合 LBS 模式。对本章提出的 LBSPP-BSE 方案，从搜索和解密算法两个方面进行了验证，确保了方案算法的正确性；引入 q-BDHE 困难问题，通过定理证明，保证了方案的安全性。同时，与现有方案在保密性、安全性和服务精准度方面进行了对比分析，证明了本方案更加安全有效。

第 11 章　总结与展望

11.1　总　　结

人们在享受 LBS 所带来的便捷生活的同时，个人隐私安全信息也面临被泄露的风险。从位置信息中，攻击者可以分析出 LBS 使用者的住址、工作地点、生活习性等。此外，研究人员发现，由于人们的活动具有很强的规律性，获得人们的位置信息不仅对当前时刻的隐私构成威胁，而且也存在泄露将来某一时刻位置信息的风险。LBS 带来的位置隐私泄露问题主要可以分为四类，即敏感地区信息泄露、用户自身轨迹泄露、用户身份信息泄露和用户敏感信息的泄露。根据隐私泄露程度的不同，位置隐私面临的威胁又可以分为三种，即物理威胁、推理威胁与联合攻击。其中，物理威胁只涉及用户的物理位置信息，推理威胁会危及用户的个人身份信息，联合攻击则影响了用户的生活环境。因此，位置隐私的泄露是导致以上威胁的根本原因。

为了解决位置隐私泄露所带来的种种问题，许多位置隐私保护方法相继被提出，其中主要的方法可大致分为①基于 K 匿名的位置隐私保护机制；②基于假位置的位置隐私保护机制；③基于坐标变换的位置隐私保护机制；④基于混合区的位置隐私保护机制。除了上述方法之外，国内外学者也对信息加密传输开展了一些研究，利用密码学安全协议的方法实现精确查询下的位置隐私保护。

本书针对上述 LBS 中位置及轨迹隐私保护的若干问题展开了研究。其中，对现有位置隐私保护方法与轨迹隐私保护存在的问题与LBS在查询过程中涉及的隐私问题进行了探讨，考虑了诸多具体问题。本书主要研究工作可以概括为 LBS 下的位置隐私保护、轨迹隐私保护和其他位置隐私保护方案，如图 11.1 所示。

1) 位置隐私保护

在 LBS 中，匿名区的构造依赖于节点间的相互合作。然而，现有方案很少考虑其他用户为服务请求者提供帮助以协助其建立匿名区的意愿问题，使得这些方案实用性较差。针对此问题，本书在分布式模型中引入半可信的第三方云服务器，提出了一种基于本地信誉存储的 K 匿名激励机制。

由于现有的大部分工作对用户的位置隐私和服务质量需求统一处理，忽略了不同位置的用户具有不同的隐私和服务质量需求。同时，这些方案容易造成匿名区增长速度过大。因此，采用集中式模型提出了一个连续 LBS 请求下的

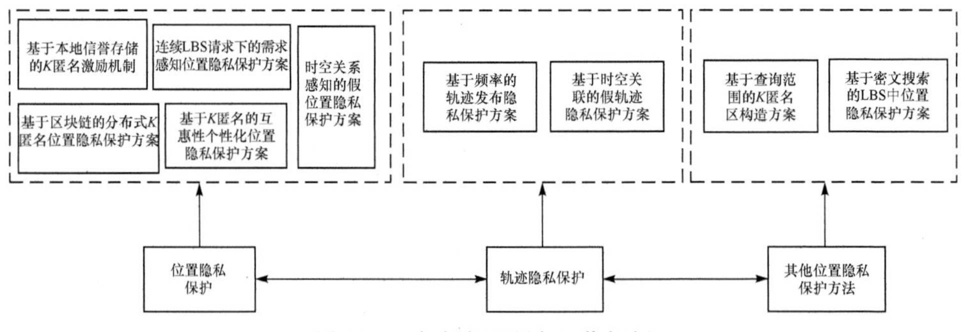

图 11.1　本书主要研究工作概括

需求感知位置隐私保护方案。

随后，同样针对连续 LBS 请求进行探究，对于现有的假位置隐私保护方法无法解决连续查询下位置隐私泄露的问题，在独立式模型下提出了时空关系感知的假位置隐私保护方案。

此外，也对分布式位置隐私保护方法进行了研究。其中，针对现有分布式 K 匿名位置隐私保护方案均未考虑匿名区构造过程中存在的位置泄露和位置欺骗行为，使得自利的请求用户会泄露协作用户的真实位置，而自利的协作用户也会提供虚假的位置导致 LSP 能识别出请求用户的真实位置。针对该问题，提出了一种基于区块链的分布式 K 匿名位置隐私保护方案。同时，考虑到已有分布式 K 匿名工作无法兼顾用户的互惠性与个性化需求，提出了一种基于 K 匿名的互惠性个性化位置隐私保护方案。

2) 轨迹隐私保护

近年来，轨迹隐私保护也得到了研究者的广泛关注。

针对轨迹隐私保护中存在的问题，提出了一种基于频率的轨迹发布隐私保护方案。该方案采用集中式模型，主要解决对于已经发布的轨迹数据集，攻击者根据所掌握的部分知识，对轨迹数据进行分析和推理的情况。

随后，具体分析了轨迹数据中前后位置间具有的时空关联性，采用独立式模型，提出了一种基于时空关联的假轨迹隐私保护方案。

3) 其他位置隐私保护方法

除此之外，还提出了一些其他隐私保护方法。考虑到现有 K 匿名方案在匿名区构造过程中未考虑用户的查询范围，导致当参与匿名的用户分布离散时，存在服务质量差的问题，使用集中式模式提出了一个基于范围查询的 K 匿名区构造方案。随后，同样采用集中式模型，对基于密文搜索的 LBS 中位置隐私保护方案展开研究。该研究旨在进一步完善用户位置隐私保护的方案，同时探索提高服务精准度的方法。

还有许多 LBS 中用户位置隐私保护方法被相继提出，本书对此进行了简要介绍。但由于新的研究成果层出不穷且本书的篇幅有限，无法悉数介绍这一领域的所有工作，感兴趣的读者可以通过查阅有关文献了解。

11.2 展　望

尽管有关位置隐私领域的文献相当多，待解决的问题依然也非常多。本节介绍位置隐私保护领域未来可能的研究方向。前两个方向注重理论研究，后三个方向则更具现实价值。

1) 位置隐私保护方法的评价度量

评估保护机制的效率并非易事。正如全书所展示的，位置隐私保护方法存在着非常多的细分类别，每一种细分类别都具有较强的异质性。因此，认为一个重要的研究方向是通过在隐私、效用和性能这三个维度上定义一个可接受的评价标准，来评估实现位置隐私保护方法的统一评价。

2) 设计新的保护技术

尽管本书介绍了一系列具有代表性的保护技术，但是如何设计更好的位置隐私保护技术，使得用户在确保位置隐私的同时获得其所期望的服务质量依然是一个值得被研究的问题。差分隐私自 2006 年被提出后就受到了学术界的广泛关注，一些学者也提出将差分隐私应用于位置隐私保护。未来，如何设计更安全的位置隐私保护机制，其所依赖的模型不一定是差分隐私，也有可能是传统的隐私保护模型，如 K 匿名、L 多样性等，这将始终是一个值得关注的问题。

3) 数据集

位置隐私保护方法的研究往往需要在真实数据集上进行实验验证。目前，一些研究团队已经公开了他们收集的用户位置或轨迹数据集，但这类数据集依然非常有限。缺乏大型数据集使得研究人员在实际条件下测试其所提方案的性能变得十分困难，因此如何在保护位置隐私的同时收集与共享数据以推进位置隐私研究是一个非常重要的问题。

4) 用户对隐私的关注

大多数用户没有意识到与自身位置或轨迹数据有关的风险。同时，目前也缺乏提高用户对自身隐私关注度方面的工具。一项研究表明，人们愿意分享自己的移动轨迹，以换取少量金钱或礼物。因此，研究者应该就如何提高用户对自身隐私的关注度展开研究，甚至开发工具来增进他们对自身隐私的了解。

5) 实现问题

位置隐私保护机制会被用户广泛使用，需要能够通过简单的方式实现。目前在这方面的研究依然相对较少，尽管已有开发团队开始关注 LBS 隐私保护机制的实现问题，其软件界面如图 11.2 所示，但是现有的大部分位置隐私保护机制依然无法兼容当前的主流 LBS 模式。因此，对 LBS 中位置隐私保护机制的实现问题进行研究，甚至设计合适的激励机制以推进 LSP 对隐私保护机制的应用，都是很有意义的工作。

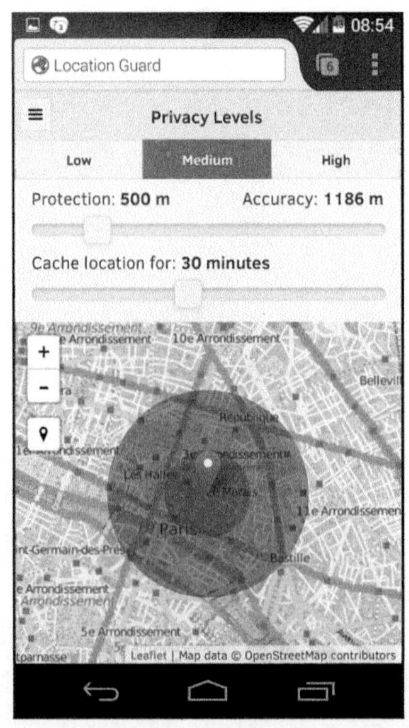

图 11.2　已实现的位置隐私保护软件界面

导航定位系统技术已经融入人们的生活很多年了，这是大多数消费者在听到 LBS 这一术语时的想法。但是 LBS 技术随着时代的发展，其形式也变得更加丰富多彩。从 POI 检索、导航、位置社交，再到可预见的室内 LBS 技术，LBS 总是以新颖的技术形式出现在人们的生活中。相信在不久的将来，随着人工智能、区块链、5G 通信技术及物联网的日益普及，LBS 也会迎来新一轮的创新，同时一定会带来更大的隐私保护挑战！

正如日本著名经济学家野口悠纪雄在《区块链革命：分布式自律型社会出现》一书中畅想的一个场景，自动贩卖机在未来不仅能收钱，还能够自己花钱。借助基于区块链的电子货币机器可以拥有自己的“钱包”，这意味着机器可以每个月自动通知机器维护厂商来做机器保养，并从自己的“钱包”里支付，除了保养费，还有定期的电费、场地租金等，都可以由机器完成。同时，机器可以利用机器学习等技术优化自己的进货种类和比例。LBS 在这个场景下则成了串联各实体的纽带，机器必须明确自身所在的位置，即使机器有了位置变动(如被挪动到其他商圈)，也要保证能够基于位置来进行自己的业务。在上述的场景中，机器变成了一个有信息量的实体。如果攻击者利用 LBS 中的技术弱点来盗窃机器或者远程控制机器，导致其业务往来信息被泄露或遭盗用，将会给运营机器背后的公司带来经济损失，泄露的信息甚至会影响在机器上消费的客户隐私安全。

在技术日新月异的 21 世纪，以上种种设想并不遥远。如果没有与 LBS 相关的隐私保护技术，那么人们的美好设想有可能在一夜之间灰飞烟灭。假如用户的位置隐私、身份隐私等个人隐秘信息不能够得到保证，那么 LBS 技术的应用会让私人生活曝光在网络中，给了不法分子可乘之机。这样的隐私泄露事件一旦发生，将会对 LBS 技术的发展带来毁灭性的打击。显而易见，人们是不会选择没有隐私保护机制的 LBS。在上述的情况到来之前，人们有必要投入大量的精力和时间聚焦于 LBS 的隐私保护研究与标准的制定。相信，随着各项技术与规则的发展与落实，LBS 必将给人们的生活带来新的变革。

参 考 文 献

[1] DING J, GRAVANO L, SHIVAKUMAR N. Computing geographical scopes of web resources[C].Proceedings of the 26th International Conference on Very Large Data Bases, San Francisco, 2000: 545-556.

[2] MONTJOYE Y , CESAR A, VERLEYSEN M , et al. Unique in the crowd: The privacy bounds of human mobility[J]. Scientific Reports, 2013, 3(6):1-5.

[3] MONTJOYE Y , RADAELLI L , SINGH V , et al. Unique in the shopping mall: On the reidentifiability of credit card metadata[J]. Science, 2015, 347(6221):536-539.

[4] GRUTESER M, GRUNWALD D. Anonymous usage of location-based services through spatial and temporal cloaking[C]. Proceedings of the 1st International Conference on Mobile Systems, Applications and Services, New York, 2003: 31-42.

[5] MOKBEL M F, CHOW C, WALID G. The new casper: Query processing for location services without compromising privacy[C]. Proceedings of the 32nd International Conference on Very Large Data Bases, Seoul, 2006: 536-539.

[6] GEDIK B, LIU L. Location privacy in mobile systems: A personalized anonymization model[C]. IEEE International Conference on Distributed Computing Systems, New York, 2005: 620-629.

[7] YIU M, JENSEN C, HUANG X, et al. Spacetwist: Managing the trade-offs among location privacy, query performance, and query accuracy in mobile services[C]. 2008 IEEE 24th International Conference on Data Engineering, Cancun, 2008: 366-375.

[8] CHOW C, MOKBEL M, AREF W. Casper: Query processing for location services without compromising privacy[J]. ACM Transactions on Database Systems, 2009, 34(4): 1-24.

[9] BAMBA B, LIU L, PESTI P, et al. Supporting anonymous location queries in mobile environments with privacy grid[C]. Proceedings of the 17th International Conference on World Wide Web, Beijing, 2008: 237-246.

[10] POOLSAPPASIT N, RAY I. Towards achieving personalized privacy for location-based services[J]. Transactions on Data Privacy, 2009, 2(1): 77-99.

[11] WANG J, LI Y, YANG D, et al. Achieving effective *k*-anonymity for query privacy in location-based services[J]. IEEE Access, 2017(1): 545-556.

[12] XU T, CAI Y. Location anonymity in continuous location-based services[C]. Proceedings of the 15th International Symposium on Geographic Information Systems, New York, 2007: 39.

[13] PAN X, MENG X, XU J. Distortion-based anonymity for continuous queries in location-based mobile services[C]. 17th ACM SIGSPATIAL International Symposium on Advances in Geographic Information Systems, Seattle, 2009: 256-265.

[14] XU T, CAI Y. Feeling-based location privacy protection for location-based services[C]. Proceedings of the 2009 ACM Conference on Computer and Communications Security, Chicago, 2009: 348-357.

[15] WANG Y, XU D, HE X, et al. L2P2: Location-aware location privacy protection for location-based services[C]. 2012 Proceedings IEEE INFOCOM, Orlando, 2012: 1996-2004.

[16] HASAN C, AHAMED S. An approach for ensuring robust safeguard against location privacy violation[C]. IEEE Computer Software & Applications Conference, New York, 2010: 82-91.

[17] MOURATIDIS K, YIU M. Anonymous query processing in road networks[J]. IEEE Transactions on Knowledge & Data Engineering, 2009, 22(1): 2-15.

[18] KIM Y, HOSSAIN A, HOSSAIN A, et al. Hilbert-order based spatial cloaking algorithm in road network[J]. Concurrency & Computation Practice & Experience, 2012, 2(1): 71-85.

[19] CHOW C Y, MOKBEL M F, LIU X. A peer-to-peer spatial cloaking algorithm for anonymous location-based service[C]. Proceedings of the 14th Annual ACM International Symposium on Advances in Geographic Information Systems, New York, 2006: 171-178.

[20] GHINITA G, KALNIS P, SKIADOPOULOS S. PRIVE: Anonymous location-based queries in distributed mobile systems[C]. Proceedings of the 16th International Conference on World Wide Web, Alberta, 2007: 371-380.

[21] GHINITA G , KALNIS P , SKIADOPOULOS S. MobiHide: A mobilea peer-to-peer system for anonymous location-based queries[C]. International Symposium on Spatial and Temporal Databases, Boston, 2007: 71-85.

[22] SUN G , LIAO D , LI H, et al. L2P2: A location-label based approach for privacy preserving in LBS[J]. Future Generation Computer Systems, 2017(74): 375-384.

[23] 许明艳, 赵华, 季新生, 等. 基于用户分布感知的移动 P2P 快速位置匿名算法[J]. 软件学报, 2018, 29(7):30-40.

[24] CHOW C, MOKBEL M, LIU X. Spatial cloaking for anonymous location-based services in mobile peer-to-peer environments[J]. Geoinformatica, 2011, 15(2): 351-380.

[25] KIM H I, SHIN Y S, CHANG J W. A grid-based cloaking scheme for continuous queries in distributed systems[C]. 2011 IEEE 11th International Conference on Computer and Information Technology, Paphos , 2011:71-85.

[26] PENG T , LIU Q, MENG D , et al. Collaborative trajectory privacy preserving scheme in location-based services[J]. Information Sciences, 2017 (387):165-179.

[27] ZHANG S B, LI X, TAN Z Y, et al. A caching and spatial *K*-anonymity driven privacy enhancement scheme in continuous location-based services[J]. Future Generation Computer Systems-The International Journal Of Science, 2019, 94: 40-50.

[28] ZHONG G, HENGARTNER U. A distributed *k*-anonymity protocol for location privacy[C]. 2009 IEEE International Conference on Pervasive Computing and Communications, Kyoto, 2009: 1-10.

[29] TAKABI H, JOSHI J B, KARIMI H. A collaborative *k*-anonymity approach for location privacy in location-based services[C]. 2009 5th International Conference on Collaborative

Computing: Networking, Applications and Worksharing, Washington D C, 2009: 1-9.

[30] CHE Y, YANG Q, HONG X. A dual-active spatial cloaking algorithm for location privacy preserving in mobile peer-to-peer networks[C]. Wireless Communications & Networking Conference, Paris, 2012: 2098-2102.

[31] ZHANG J D, CHOW C Y. REAL: A reciprocal protocol for location privacy in wireless sensor networks[J]. IEEE Transactions on Dependable and Secure Computing, 2015, 12(4): 458-471.

[32] 王涛春，刘盈，金鑫，等. 群智感知中基于 k 匿名的位置及数据隐私保护方法研究[J]. 通信学报, 2018, 39(S1): 176-184.

[33] YANG D, FANG X, XUE G. Truthful incentive mechanisms for k-anonymity location privacy[C]. 2013 Proceedings IEEE Infocom, Turin, 2013: 2994-3002.

[34] ZHANG Y, TONG W, ZHONG S. On designing satisfaction-ratio-aware truthful incentive mechanisms for k-anonymity location privacy[J]. IEEE Transactions on Information Forensics & Security, 2016, 11(11):2528-2541.

[35] FEI F, LI S, DAI H, et al. A K-anonymity based schema for location privacy preservation[J]. IEEE Transactions on Sustainable Computing, 2019, 4(2):156-167.

[36] GONG X, CHEN X, XING K, et al. Personalized location privacy in mobile networks: A social group utility approach[C]. 2015 IEEE Conference on Computer Communications, Hong Kong, 2015: 1008-1016.

[37] GONG X, CHEN X, XING K, et al. From social group utility maximization to personalized location privacy in mobile networks[J]. IEEE/ACM Transactions on Networking, 2017, 25(3): 1-14.

[38] KIDO H, YANAGISAWA Y, SATOH T. Protection of location privacy using dummies for location-based services[C]. Proceedings of the 21st International Conference on Data Engineering, IEEE Computer Society, Tokyo, 2005: 1248.

[39] KIDO H, YANAGISAWA Y, SATOH T. An anonymous communication technique using dummies for location-based services[C]. Proceedings of the 2005 International Conference on Pervasive Services, IEEE Computer Society, Washington D C, 2005: 88-97.

[40] LU H, CHRISTIAN S, YIU M. Pad: Privacy-area aware, dummy-based location privacy in mobile services[C]. Proceedings of the Seventh ACM International Workshop on Data Engineering for Wireless and Mobile Access, New York, 2008: 16-23.

[41] SUZUKI A, IWATA M, ARASE Y ,et al. A user location anonymization method for location based services in a real environment[C]. 18th ACM SIGSPATIAL International Symposium on Advances in Geographic Information Systems, San Jose, 2010: 398-401.

[42] NIU B, LI Q, ZHU X, et al. Achieving k-anonymity in privacy-aware location-based services[C]. IEEE Infocom 2014-IEEE Conference on Computer Communications, Toronto, 2014: 754-762.

[43] NIU B, LI Q, ZHU X, et al. Enhancing privacy through caching in location-based services[C]. 2015 IEEE Conference on Computer Communications, Hong Kong, 2015: 1017-1025.

[44] CHEN S, SHEN H . Semantic-aware dummy selection for location privacy preservation[C]. 2016 IEEE Trustcom/BigDataSE/ISPA, Tianjin, 2016: 752-759.

[45] ZHANG C, LI F. A voronoi-based dummy generation algorithm for privacy-aware location-based services[C]. 2016 IEEE First International Conference on Data Science in Cyberspace, Changsha, 2016: 561-566.

[46] YANG X, WANG B, YANG K, et al. A novel representation and compression for queries on trajectories in road networks[J]. IEEE Transactions on Knowledge and Data Engineering, 2018, 30(4): 613-629.

[47] HAYASHID S, AMAGATA D, HARA H , et al. Dummy generation based on user-movement estimation for location privacy protection[J]. IEEE Access, 2018, 6: 22958-22969.

[48] KANG J, STEIERT D, LIN D, et al. MoveWithMe: Location privacy preservation for smartphone users[J]. IEEE Transactions on Information Forensics and Security, 2019, 15: 711-724.

[49] MA C S, YAN Z S, CHEN C W, et al. SSPA-LBS: Scalable and social-friendly privacy-aware location-based services[J]. IEEE Transactions on Multimedia, 2019, 21(8): 2146-2156.

[50] 梁慧超, 王斌, 崔宁宁, 等. 路网环境下兴趣点查询的隐私保护方法[J].软件学报, 2018, 29(3): 703-720.

[51] 夏兴有, 白志宏, 李婕, 等. 基于假位置和 Stackelberg 博弈的位置匿名算法[J].计算机学报, 2019, 42(10): 2216-2232.

[52] DUCKHAM M, KULIK L. A formal model of obfuscation and negotiation for location privacy [C]. Pervasive Computing, Third International Conference, PERVASIVE 2005, Munich, 2005: 152-170.

[53] ARDAGNA C, CREMONINI M, DAMIANI E, et al. Location privacy protection through obfuscation-based techniques[J]. Data and Applications Security XXI, 2007, 4602: 47-60.

[54] YIU M, JENSEN C, MILLER J, et al. Design and analysis of a ranking approach to private location-based services[J]. ACM Transactions on Database Systems, 2011, 36(2): 1-42.

[55] LI M, SALINAS S, THAPA A, et al. n-CD: A geometric approach to preserving location privacy in location-based services[C]. 2013 Proceedings IEEE INFOCOM, Turin, 2013: 3012-3020.

[56] LUO J N, YANG M H. Unchained cellular obfuscation areas for location privacy in continuous location-based service queries[J]. Wireless Communications and Mobile Computing, 2017, 2017: 1-15.

[57] DAMIANI M, ELISA B, SILVESTRI C. Protecting location privacy through semantics-aware obfuscation techniques[C]. IFIP Internation Conference on Trust Management(IFIP TM), Trondheim, 2008: 231-245.

[58] GHINITA G, DAMIANI M, SILVESTRI C, et al. Preventing velocity-based linkage attacks in location-aware applications[C]. Proceedings of the 17th ACM Sigspatial International Conference on Advances in Geographic Information Systems, Seattle, 2009: 246-255.

[59] ARDAGNA C A, CREMONINI M, GIANINI G. Landscape-aware location-privacy

protection in location-based services[J]. Journal of Systems Architecture, 2009, 55(4): 243-254.

[60] KACHORE V, LAKSHMI J, NANDY S. Location obfuscation for location data privacy[C]. 2015 IEEE World Congress on Services, New York, 2015: 213-220.

[61] LI F, WAN S, NIU B, et al. Time obfuscation-based privacy-preserving scheme for location-based services[C]. 2016 IEEE Wireless Communications and Networking Conference Workshops, Doha, 2016: 465-470.

[62] TAKBIRI N, HOUMANSADR A, GOECKEL D L, et al. Limits of location privacy under anonymization and obfuscation[C]. IEEE International Symposium on Information Theory, Aachen, 2017: 764-768.

[63] BERESFORD A R, STAJANO F. Location privacy in pervasive computing[J]. IEEE Pervasive Computing, 2003, 2(1): 46-55.

[64] HUANG L, MATSUURA K, YAMANE H, et al. Enhancing wireless location privacy using silent period[C]. Wireless Communications & Networking Conference, New Orleans, 2005: 1187-1192.

[65] PALANISAMY B, LIU L. Protecting location privacy with mix-zones over road networks[C]. Proceedings of the 27th International Conference on Data Engineering, Hannover, 2011: 494-505.

[66] YING B, MAKRAKIS D, MOUFTAH H T. Dynamic mix-zone for location privacy in vehicular networks[J]. IEEE Communications Letters, 2013, 17(8): 1524-1527.

[67] PALANISAMY B, LIU L. Effective mix-zone anonymization techniques for mobile travelers[J]. GeoInformatica, 2014, 18(1): 135-164.

[68] LIU X, LI X. Privacy preserving techniques for location based services in mobile networks[C]. Parallel & Distributed Processing Symposium Workshops & Phd Forum, Shanghai, 2012: 2474-2477.

[69] SUN Y, ZHANG B, ZHAO B, et al. Mix-zones optimal deployment for protecting location privacy in VANET[J]. Peer-to-Peer Networking and Applications, 2015, 8(6): 1108-1121.

[70] GUO N, MA L, GAO T. Independent mix zone for location privacy in vehicular networks[J]. IEEE Access, 2018,6: 16842-16850.

[71] XU Z, ZHANG H, YU X. Multiple mix-zones deployment for continuous location privacy protection[C]. Trustcom/BigDataSE/ISPA, Tianjin, 2016: 760-766.

[72] ARAIN Q A, DENG Z, MEMON I, et al. Map services based on multiple mix-zones with location privacy protection over road network[J]. Wireless Personal Communications, 2017, 97(3): 2617-2632.

[73] ARAIN Q A, DENG Z L, MEMON I, et al. Location privacy with dynamic pseudonym-based multiple mix-zones generation over road networks[J]. Wireless Personal Communications, 2017: 97(3): 3645-3671.

[74] ARAIN Q A, MEMON I, DENG Z, et al. Location monitoring approach: Multiple mix-zones with location privacy protection based on traffic flow over road networks[J]. Multimedia Tools and Applications, 2017, 77(5): 5563-5607.

[75] FREUDIGER J, MANSHAEI M H, HUBAUX J P, et al. On non-cooperative location privacy: A game-theoretic analysis[C]. ACM Conference on Computer & Communications Security, Chicago, 2009: 324-337.

[76] YING B, MAKRAKIS D, HOU Z. Motivation for protecting selfish vehicles location privacy in vehicular networks[J]. IEEE Transactions on Vehicular Technology, 2015, 64(12): 5631-5641.

[77] BINDSCHAEDLER V, SHOKRI R. Synthesizing plausible privacy-preserving location traces[C]. IEEE Symposium on Security and Privacy (S&P), San Jose, 2016: 546-563.

[78] ANDRÉS M E, BORDENABE N E, CHATZIKOKOLAKIS K, et al. Geo-Indistinguishability: Differential privacy for location-based systems[C]. ACM Conference on Computer and Communications Security, Berlin, 2013: 901-914.

[79] DEWRI R. Local differential perturbations: Location privacy under approximate knowledge attackers[J]. IEEE Transactions on Mobile Computing, 2013, 12(12): 2360-2372.

[80] XIAO Y, XIONG L. Protecting locations with differential privacy under temporal correlations[C]. Proceedings of the 22rd International Conference on Computer and Communications Security, Denver, 2015: 1298-1309.

[81] XIAO Y, XIONG L, ZHANG S, et al. Location cloaking with differential privacy via hidden Markov model[J]. The VLDB Journal, 2017, 10(12): 1901-1904.

[82] WANG L, ZHANG D, YANG D, et al. Differential location privacy for sparse mobile crowdsensing[C]. 2016 IEEE 16th International Conference on Data Mining, Barcelona, 2016: 1257-1262.

[83] WANG L, YANG D, HAN X, et al. Location privacy-preserving task allocation for mobile crowdsensing with differential geo-obfuscation[C]. International World Wide Web Conferences, Perth, 2017:627-636.

[84] ELSALAMOUNY E, GAMBS S. Differential Privacy Models for Location-Based Services[M]. Catalonia : IIIA-CSIC, 2016.

[85] YANG M, ZHU T, XIANG Y, et al. Density-based location preservation for mobile crowdsensing with differential privacy[J]. IEEE Access, 2018, 6: 14779-14789.

[86] FUNG E, KELLARIS G, PAPADIAS D. Combining differential privacy and PIR for efficient strong location privacy[C]. International Symposium on Spatial and Temporal Databases, HongKong, 2015:295-312.

[87] GAO S, XINDI M A, ZHU J, et al. APRS: A privacy-preserving location-aware recommender system based on differentially private histogram[J]. Science China(Information Sciences), 2017(11): 297-306.

[88] 吴云乘, 陈红, 赵素云, 等.一种基于时空相关性的差分隐私轨迹保护机制[J]. 计算机学报, 2018, 41(2): 309-322.

[89] TANG L A, ZHENG Y, XIE X, et al. Retrieving *k*-nearest neighboring trajectories by a set of point locations[C]. Advances in Spatial and Temporal Databases-12th International Symposium, Minneapolis, 2011:223-241.

[90] XU T. Exploring historical location data for anonymity preservation in location-based

services[C]. IEEE the Conference on Computer Communications, Pheonix, 2008:547-555.
[91] 杨静，张冰，张健沛，等.基于图划分的个性化轨迹隐私保护方法[J].通信学报，2015, 36(3): 5-15.
[92] 王超，杨静，张健沛．基于轨迹位置形状相似性的隐私保护算法[J]．通信学报，2015, 36(2): 148-161.
[93] 王爽，周福才，吴丽娜．移动对象不确定轨迹隐私保护算法研究[J]．通信学报，2015, 36(Z1): 98-106.
[94] GRUTESER M, LIU X. Protecting Privacy in Continuous Location-Tracking Applications[M]. Piscataway: IEEE Educational Activities Department, 2004.
[95] FUNG B, CAO M, DESAI B C, et al. Privacy protection for RFID data[C]. Proceedings of the 2009 ACM symposium on Applied Computing, Honolulu, 2009: 1528-1535.
[96] CHEN R, FUNG B C M, MOHAMMED N, et al. Privacy-preserving trajectory data publishing by local suppression[J]. Information Sciences, 2013, 231: 83-97.
[97] TERROVITIS M, POULIS G, MAMOULIS N, et al.Local suppression and splitting techniques for privacy preserving publication of trajectories[J]. IEEE Transations on Knawledge & Data Engineering, 2017, 29(99): 1466-1479.
[98] YOU T H, PENG W C, LEE W C. Protecting moving trajectories with dummies[C]. 2007 International Conference on Mobile Data Management, Mannheim, 2007: 278-282.
[99] LEI P R, PENG W C, SU I J, et al. Dummy-based schemes for protecting movement trajectories[J]. Journal of Information Science and Engineering, 2012, 28(2): 335-350.
[100] WU X, SUN G. A novel dummy-based mechanism to protect privacy on trajectories[C]. 2014 IEEE International Conference on Data Mining Workshop, Shenzhen, 2014: 1120-1125.
[101] 李凤华，张翠，牛犇，等.高效的轨迹隐私保护方案[J].通信学报, 2015, 36(12): 114-123.
[102] NIU B, ZHANG Z, LI X, et al. Privacy-area aware dummy generation algorithms for location-based services[C]. IEEE International Conference on Communications, Sydney, 2014: 957-962.
[103] GEDIK B, LIU L. Protecting location privacy with personalized *k*-anonymity: Architecture and algorithms[J]. IEEE Transactions on Mobile Computing, 2007, 7(1): 1-18.
[104] FREUDIGER J, SHOKRI R, HUBAUX J P. On the optimal placement of mix zones[J]. Lecture Notes in Computer Science, 2009, 5672: 216-234.
[105] ADAR E, HUBERMAN B A. Free riding on Gnutella[J]. First Monday, 2000, 5(10):1-22.
[106] GOLLE P, LEYTONBROWN K, MIRONOV A I. Incentives for sharing in peer-to-peer networks[C]. Electronic Commerce, Second International Workshop, Heidelberg, 2001: 75-87.
[107] NOWAK M, SIGMUND K. A strategy of win-stay, lose-shift that outperforms tit-for-tat in the Prisoner's Dilemma game[J]. Nature, 1993, 364(6432): 56-58.
[108] LEVIN D, LACURTS K, SPRING N, et al. Bittorrent is an auction: Analyzing and improving bittorrent's incentives[C]. ACM Sigcomm Conference on Applications, Seattle, 2008: 243-254.

[109] LEIBOWITZ N, RIPEANU M, WIERZBICKI A. Deconstructing the kazaa network[C]. The Third IEEE Workshop on Internet Application,San Jose, 2003: 112-120.

[110] JOHNSON D, MENEZES A, VANSTONE S. The elliptic curve digital signature algorithm [J]. International Journal of Information Security, 2001, 1(1): 36-63.

[111] GAMAL T E. A public key cryptosystem and a signature scheme based on discrete logarithms[J]. IEEE Transactions on Information Theory, 1985, 31(4): 469-472.

[112] BERNSTEIN D J, DUIF N, LANGE T, et al. High-speed high-security signatures[J]. Journal of Cryptographic Engineering, 2012, 2(2): 77-89.

[113] DANIEL J B. Curve25519: New diffie-hellman speed records[C]. 9th International Conference on Theory and Practice of Public-Key Cryptography, New York, 2006: 207-228.

[114] BERNSTEIN D J, LANGE T.eBACS: Ecrypt benchmarking of cryptographic systems[J]. 2009, 17 : 236-250.

[115] BELLARE M, GARAY J A, RABIN T. Fast batch verification for modular exponentiation and digital signatures[C]. International Conference on the Theory and Applications of Cryptographic Techniques, Espoo, 1998: 236-250.

[116] BERNSTEIN D J, DUIF N, LANGE T, et al. High-speed high-security signatures[C]. The 13th International Conference on Cryptographic Hardware and Embedded System, Nara, 2011:124-142.

[117] SHOKRI R, THEODORAKOPOULOS G, LE BOUDEC J Y, et al. Quantifying location privacy[C]. 2011 IEEE Symposium On Security And Privacy, Berkeley, 2011: 247-262.

[118] ZEIMPEKIS V, GIAGLIS G M, LEKAKOS G. A taxonomy of indoor and outdoor positioning techniques for mobile location services[J]. ACM SigeCom Exchanges, 2002, 3(4): 19-27.

[119] 周傲英, 杨彬, 金澈清, 等. 基于位置的服务: 架构与进展[J]. 计算机学报, 2011(7): 3-19.

[120] LIU H, DARABI H, BANERJEE P, et al. Survey of wireless indoor positioning techniques and systems[J]. IEEE Transactions on Systems, Man, and Cybernetics, Part C (Applications and Reviews), 2007, 37(6): 1067-1080.

[121] GU Y, LO A,NIEMEGEERS I.A survey of indoor positioning systems for wireless personal networks[J].IEEE Communications Surveys & Tutorials, 2009, 11(1): 13-32.

[122] BAHL P, PADMANABHAN V N, BAHL V, et al. RADAR:An in-building RF-based user location and tracking system[C]. 2000 IEEE Conference on Computer Communications, Tel-Aviv, 2000: 775-784.

[123] PATWARI N, KASERA S K.Robust location distinction using temporal link signatures[C]. Proceedings of the 13th Annual ACM International Conference on Mobile Computing and Networking, New York, 2007: 111-122.

[124] CHINTALAPUDI K, PADMANABHA I A, PADMANABHAN V N. Indoor localization without the pain[C]. Proceedings of the 16th Annual International Conference on Mobile Computing and Networking, Chicago, 2010: 173-184.

[125] SEN S, RADUNOVIC B, CHOUDHURY R R, et al. You are facing the Mona Lisa: Spot localization using PHY layer information[C]. Proceedings of the 10th International Conference on Mobile systems, Applications, and Services, New York, 2012: 183-196.

[126] BRINKHOFF T.A framework for generating network-based moving objects[J]. Geoinformatica, 2002, 6(2): 153-180.

[127] WANG X, MU Y, CHEN R. One-round privacy-preserving meeting location determination for smartphone applications[J]. IEEE Transactions on Information Forensics and Security, 2016, 11(8): 1712-1721.

[128] YU R, KANG J, HUANG X, et al. MixGroup: Accumulative pseudonym exchanging for location privacy enhancement in vehicular social networks[J]. IEEE Transactions on Dependable and Secure Computing, 2015, 13(1): 93-105.

[129] WANG X, PANDE A, ZHU J, et al. STAMP: Enabling privacy-preserving location proofs for mobile users[J]. IEEE/ACM Transactions on Networking, 2016, 24(6): 3276-3289.

[130] OLTEANU A M, HUGUENIN K, SHOKRI R, et al. Quantifying interdependent privacy risks with location data[J]. IEEE Transactions on Mobile Computing, 2016, 16(3): 829-842.

[131] LIU X, LIU K, GUO L, et al. A game-theoretic approach for achieving *k*-anonymity in location based services[C]. IEEE INFOCOM, Turin, 2013: 2985-2993.

[132] WU Y, CHEN H, ZHAO S. Differentially private trajectory protection based on spatial and temporal correlation[J]. Chinese Journal of Computers, 2018, 41(2):309-322.

[133] MASCETTI S, FRENI D, BETTINI C,et al. Privacy in geo-social networks: Proximity notification with untrusted service providers and curious buddies[J]. The VLDB Journal—The International Journal on Very Large Data Bases,Secaucus, NJ, 2011,20(4): 541-566.

[134] SCHLEGEL R, CHOW C Y, HUANG Q, et al. User-defined privacy grid system for continuous location-based services[J]. IEEE Transactions on Mobile Computing, 2015, 14(10): 2158-2172.

[135] VU K, ZHENG R, GAO J. Efficient algorithms for *k*-anonymous location privacy in participatory sensing[C]. IEEE INFOCOM, Orlando, 2012: 2399-2407.

[136] CHOW C Y, MOKBEL M F, BAO J, et al. Query-aware location anonymization for road networks[J]. GeoInformatica, 2011, 15(3): 571-607.

[137] HWANG R H, HUANG F H. SocialCloaking: A distributed architecture for *k*-anonymity location privacy protection[C]. 2014 International Conference on Computing, Networking and Communications,Honolulu, 2014: 247-251.

[138] HWANG R H, HSUEH Y L, WU J J, et al. SocialHide: A generic distributed framework for location privacy protection[J]. Journal of Network and Computer Applications, 2016, 76: 87-100.

[139] CHOW C Y, MOKBEL M F. Enabling private continuous queries for revealed user locations[C]. International Symposium on Spatial and Temporal Databases, Berlin, 2007: 258-275.

[140] SHAO Q F, JIN C Q, ZHANG Z, et al. Blockchain: Architecture and research progress[J]. Chinese Journal of Computer, 2018, 41(5): 969-988.

[141] BENISI N Z , AMINIAN M, JAVADI B. Blockchain-based decentralized storage networks: A survey[J]. Journal of Network and Computer Applications, 2020, 162:102656.

[142] NAKAMOTO S. Bitcoin: A peer-to-peer electronic cash system[EB/OL]. [2018-07-28]. https://bitcoin.org/.

[143] KALNIS P, GHINITA G, MOURATIDIS K, et al. Preventing location-based identity inference in anonymous spatial queries[J]. IEEE Transactions on Knowledge and Data Engineering, 2007, 19(12): 1719-1733.

[144] GHINITA G, ZHAO K, PAPADIAS D, et al. A reciprocal framework for spatial *k*-anonymity[J]. Information Systems, 2010, 35(3):299-314.

[145] NIU B, ZHU X, LI W, et al. A personalized two-tier cloaking scheme for privacy-aware location-based services[C]. 2015 International Conference on Computing, Networking and Communications, Anaheim, 2015: 94-98.

[146] ZHAO D, MA J, WANG X, et al. Personalized Location Anonymity-A Kernel Density Estimation Approach[M]. Berlin: Springer International Publishing, 2016.

[147] XU H, YANG J, ZHANG Y, et al. Study on personalized location privacy preservation algorithms based on road networks[C]. International Conference on Algorithms and Architectures for Parallel Processing, Zhangjiajie, 2015: 35-45.

[148] 卢开澄. 计算机密码学[M]. 北京:清华大学出版, 1998.

[149] MOHAMMED N, FUNG B, DEBBABI M. Walking in the crowd: Anonymizing trajectory data for pattern analysis[C]. Proceedings of the 18th ACM conference on Information and knowledge management, Singapore, 2009: 1441-1444.

[150] TERROVITIS M, MAMOULIS N. Privacy preservation in the publication of trajectories [C]. Mobile Data Management, Beijing, 2008: 65-72.

[151] TAN K W, LIN Y, MOURATIDI K. Spatial cloaking revisited: Distinguishing information leakage from anonymity[C]. International Symposium on Spatial and Temporal Databases. Springer Berlin Heidelberg, Aalborg, 2009: 117-134.

[152] LI T C, ZHU W T. Protecting user anonymity in location-based services with fragmented cloaking region[C]. IEEE International Conference on Computer Science and Automation Engineering. IEEE, Zhangjiajie, 2012: 227-231.

[153] GUTTMAN A, STONEBRAKER M. A dynamic index structure for spatial searching[C]. Proceedings of the 13th ACM Sigmod International Conference on Management of Data, Amsterdam, 1983: 47-57.

[154] 陈超群, 李志华. 一种面向隐私保护的密文检索算法[J]. 计算机科学, 2016, 43(z2): 346-351.

[155] 王玲玲, 马春光, 刘国柱. 基于位置服务的隐私保护机制度量研究综述[J]. 计算机应用研究, 2017, 34(3): 647-652.

[156] BONEH D, WATERS B. Conjunctive, subset, and range queries on encrypted data[C]. Theory of Cryptography Conference, Berlin, 2007: 535-554.

[157] SHEN J, LIU D, SHEN J, et al. Privacy preserving search schemes over encrypted cloud data: A comparative survey[C]. 2015 First International Conference on Computational Intelligence Theory, Systems and Applications , Ilan, 2015: 197-202.

[158] YOSHINO M, NAGANUMA K, SATOH H. Symmetric searchable encryption for database applications[C]. 2011 14th International Conference on Network-Based Information Systems, Tirana, 2011: 657-662.

[159] BELLARE M, BOLDYREVA A, O′ NEILL A. Deterministic and efficiently searchable encryption[C]. Annual International Cryptology Conference, Berlin, 2007: 535-552.

[160] CURTMOLA R, GARAY J, KAMARA S, et al. Searchable symmetric encryption: Improved definitions and efficient constructions[J]. Journal of Computer Security, 2011, 19(5): 895-934.

[161] GOH E J. Secure indexes[J]. IACR Cryptology ePrint Archive, 2003, 216: 1-18.

[162] CHANG Y C, MITZENMACHER M. Privacy preserving keyword searches on remote encrypted data[J]. Applied Cryptography and Network Security, 2005, 3531: 442-455.

[163] BONEH D, DI CRESCENZO G, OSTROVSKY R, et al. Public key encryption with keyword search[C]. International Conference on the Theory and Applications of Cryptographic Techniques, Berlin, 2004: 506-522.

[164] ZHANG B, WANG X M. Public key encryption schemes search with keyword[J]. Computer Engineering, 2010, 36(6): 155-157.

[165] SIAD A. Anonymous identity-based encryption with distributed private-key generator and searchable encryption[C]. 2012 5th International Conference on New Technologies, Mobility and Security, Istanbul, 2012: 1-8.

[166] YUAN K, LIU Z, JIA C, et al. Public key timed-release searchable encryption[C]. Emerging Intelligent Data and Web Technologies, Xi'an, 2013: 241-248.

[167] FANG L, WANG J, GE C, et al. Decryptable public key encryption with keyword search schemes[J]. International Journal of Digital Content Technology & Its Applications, 2010, 4(4): 141-150.

[168] IBRAIMI L, NIKOVA S, HARTEL P H, et al. Public-key encryption with delegated search[C]. International Conference on Applied Cryptography and Network Security, Berlin, 2011: 532-549.

[169] RAHMAN D A, HENG S H, YAU W C, et al. Implementation of a conditional searchable encryption system for data storage[J]. Lecture Notes in Electrical Engineering, 2015, 330: 469-474.

[170] CHEN X, LI Y. Efficient proxy re-encryption with private key-word searching in untrusted storage[J].International Journal of Computer Network and Information Security, 2011, 3(2): 50-60.

[171] SHI Y, LIU J, HAN Z, et al. Attribute-based proxy re-encryption with keyword search[J]. PLoS One, 2014, 9(12): 1-24.

[172] GOYAL V, PANDEY O, SAHAI A, et al. Attribute-based encryption for fine-grained access control of encrypted data[C]. Proceedings of the 13th ACM Conference on

Computer and Communications Security, Alexandria, 2006: 89-98.

[173] BETHENCOURT J, SAHAI A, WATERS B. Ciphertext-policy attribute-based encryption [C]. 2007 IEEE Symposium on Security and Privacy , Oakland, 2007: 321-334.

[174] OSTROVSKY R, SAHAI A, WATERS B. Attribute-based encryption with non-monotonic access structures[C].Proceedings of the 14th ACM Conference on Computer and Communications Security, Alexandria, 2007: 195-203.

[175] BRENT W. Ciphertext-Policy Attribute-based encryption: An expressive, efficient, and provably secure realization[C]. International Workshop on Public Key Cryptography, Berlin, 2011: 53-70.

[176] LAI J, DENG R H, LI Y, et al. Fully secure key-policy attribute-based encryption with constant-size ciphertexts and fast decryption[C]. Proceedings of the 9th ACM Symposium on Information, Computer and Communications Security, Kyoto, 2014: 239-248.

[177] HORVÁTH M. Attribute-based encryption optimized for cloud computing[C]. International Conference on Current Trends in Theory and Practice of Informatics, Berlin, 2015: 566-577.

[178] KAUSHIK K, VARADHARAJAN V, NALLUSAMY R. Multi-user attribute based searchable encryption[C]. 2013 IEEE 14th International Conference on Mobile Data Management, Hong Kong, 2013, 2: 200-205.

[179] 李双，徐茂智.基于属性的可搜索加密方案[J].计算机学报, 2014, 37(5): 1017-1024.

[180] ZHENG Q, XU S, ATENIESE G. VABKS: Verifiable attribute-based keyword search over outsourced encrypted data[C]. IEEE INFOCOM 2014-IEEE Conference on Computer Communications, Toronto, 2014: 522-530.

[181] LIANG K , HUANG X , GUO F , et al. Privacy-preserving and regular language search over encrypted cloud data[J]. IEEE Transactions on Information Forensics and Security, 2016, 11(10): 1.

[182] 胡媛媛，陈燕俐，朱敏惠．可实现隐私保护的基于属性密文可搜索方案[J]．计算机应用研究, 2019, 36(4): 204-210.

[183] GUPTA R, RAO U. A hybrid location privacy solution for mobile LBS[J]. Mobile Information Systems, 2017, 2017(3):1-11.

[184] OU L, YIN H, QIN Z, et al. An efficient and privacy-preserving multiuser clouds-based LBS query scheme[J]. Security & Communication Networks, 2018, 2018: 1-8.